Die Berechnung der Zylinderschalen

Die Berechnung der Zylinderschalen

Von

Dr.-Ing. A. Aas-Jakobsen
Oslo

Mit 30 Abbildungen

Springer-Verlag Berlin Heidelberg GmbH
1958

ISBN 978-3-642-52629-9   ISBN 978-3-642-52628-2 (eBook)
DOI 10.1007/978-3-642-52628-2

Vorwort

Die Grundlage der Schalenberechnung ist die mathematische Elastizitätstheorie, in der dem Zusammenhang zwischen Spannung und Deformation eine mathematische Formulierung gegeben wird. Die Spannungs-Dehnungsgesetze geben die Grundgleichungen der Elastizitätstheorie, d. h. die partiellen Differentialgleichungen, deren Integration die Deformationen und die Schnittgrößen vermittelt.

Die Hauptaufgaben der Elastizitätstheorie sind somit die Aufstellung der Grundgleichungen und die Integration der dazugehörigen partiellen Differentialgleichungen.

Die erste Aufgabe ist für ein Idealmaterial zu lösen, das dem HOOKEschen Gesetz folgt. Selbst wenn sich auch nicht annähernd sagen läßt, daß das Hauptmaterial der Schalenkonstruktionen — der Beton — dem HOOKEschen Gesetz folgt, haben Versuche ergeben, daß dies von geringer Bedeutung ist. Eine Betonkonstruktion bekommt sowohl Deformationen als Schnittgrößen in guter Übereinstimmung mit der entsprechenden Konstruktion aus dem Idealmaterial, was sich auch theoretisch nachweisen läßt.

Die zweite Hauptaufgabe der Schalentheorie — die Integration der partiellen Differentialgleichungen — ist noch schwieriger als die erste, die Aufstellung. Die Integration kann aber in ähnlicher Weise wie die Aufstellung der Differentialgleichung durchgeführt werden: Statt das vorliegende Integrationsproblem zu lösen, wird ein anderes gewählt, bei dem die idealisierten Randbedingungen und Belastungen eine einfache Lösung gestatten.

Die Berechnung wird — mit anderen Worten — für eine Schale durchgeführt, die aus einem Idealmaterial besteht und idealisierte Randbedingung und Belastung hat, um eine Integration zu ermöglichen. Diese Schale wird als „Modellschale" bezeichnet und wird so gewählt, daß sie annähernd dieselbe Spannungsverteilung wie die wirkliche Schale erhält, und übrig bleibt dann, mit einfachen Gleichgewichtsbedingungen lediglich noch die Bestimmung der Größe von Spannungen und Deformationen.

Es soll hier die Berechnung von Tonnendächern und Behältern behandelt werden. Wenn auch großes Gewicht darauf gelegt ist, die mathematischen Grundlagen zu entwickeln und klarzustellen, so ist der Leitgedanke der gewesen, zu einfachen Formeln und Zahlentafeln zu gelangen, die die Übersicht erleichtern und die Rechenarbeit vermindern. Überall sind Rechenbeispiele mit berücksichtigt, um den Leser mit dem Gebrauch der Formeln und der Tafeln vertraut zu machen, während die Beispiele den Einfluß der verschiedenen Faktoren gleichzeitig am besten veranschaulichen.

Die Berechnung von Zahlentafeln sowie die Kontrolle der Gleichungen und Zahlenbeispiele wurden von Ziv.-Ing. J. P. HAUKENES, B. TORGERSRUD und H. AAS, die Zeichnungen und das Manuskript von Frau VIDNES ausgeführt. Ich benutze die Gelegenheit auch hier meinen besten Dank auszusprechen.

Schließlich bin ich auch dem Verlag zu Dank verpflichtet für die ausgezeichnete Ausstattung des Buches und die wertvolle Hilfe bei sprachlichen Schwierigkeiten.

Oslo, im September 1958

Aas-Jakobsen

Inhaltsverzeichnis

Verzeichnis der Zahlentafeln

Bezeichnungen und Parameter

0.1 Abmessungen und elastische Verschiebungen

Die Bezeichnungen für die Schalenabmessungen und Verschiebungen sind:

h Schalenstärke
l Spannweite in der Längsrichtung
r Halbmesser des Kreiszylinders oder Scheitelhalbmesser bei Schalen mit veränderlichem Halbmesser
R Veränderlicher Halbmesser
φ Winkel gemessen vom Längsrand
φ_0 Randwinkel für den Längsrand
ψ Winkel gemessen vom Schalenscheitel
x, s, z Linkshandkoordinaten
$x = \xi\, r$
$s = \varphi\, r$
u, v, w Elastische Verschiebungen in den drei Achsenrichtungen
$\vartheta_\varphi, \vartheta_x$ Winkeländerung in der Ring- und Längsrichtung

Die Randbalken in der Längsrichtung haben:

h_0 Höhe des Randbalkens
$2F_0$ Querschnitt des Randbalkens
$2Q_0$ Belastung des Randbalkens
$2J_0$ Steifigkeit des Randbalkens
$2L$ Abstand zwischen den Randbalken (Bogenspannweite)

Die Rippen in der Ringrichtung haben:

a_φ Abstand zwischen den Ringrippen
b_φ Ringrippenbreite
h_φ Ringrippenhöhe

0.2 Die Schalenparameter

Eine isotrope Schale ist durch ihre Abmessungen h, l, L und r gegeben. Aus den Abmessungen werden dimensionslose Parameter gebildet, die zur Vereinfachung der Schreibweise und der Berechnung dienen

$F = E\, h/r(1 - \nu^2)$
E Elastizitätsmodul
ν Querzahl
$J = E\, h^3/12\, r^3 (1 - \nu^2)$
$\lambda = \pi\, r/l$
$\varrho = \sqrt[8]{(1 - \nu^2)\, \lambda^4 \cdot F/J} = 2{,}42 \sqrt{r/l}\, \sqrt[4]{r/h}$
$\varkappa = \lambda^2/\varrho^2$
$\omega = 1/\varrho^2$

$$k = h^2/12r^2 = J/F$$
$$k_1 = h^2/12r^2(1 - \nu^2)$$
$$\varepsilon = \varrho\,\varphi$$
$$\varepsilon_0 = \varrho\,\varphi_0$$

Die Ringrippenschalen haben

$$F_\varphi = E(a_\varphi\,h + b_\varphi\,h_\varphi)/(a_\varphi + b_\varphi)\,r(1 - \nu^2)$$
$$f_\varphi = F/F_\varphi$$
$$i_\varphi = J/J_\varphi$$
$$\varrho_\varphi = \varrho\,\sqrt[8]{i_\varphi}$$
$$\nu_\varphi = (1 - \nu\,f_\varphi)/(1 - \nu)$$
$$k_\varphi = J_\varphi/F$$

$e_\varphi\,r$ Schwerpunktsabstand von der Mittelfläche

Ringrippen symmetrisch um die Mittelfläche der Schale haben $e_\varphi = 0$ und

$$J_\varphi = E(a_\varphi\,h^3 + b_\varphi\,h_\varphi^3)/12(a_\varphi + b_\varphi)\,r^3(1 - \nu^2)$$

Ringrippen unterhalb oder oberhalb der Schale haben

$$e_\varphi = b_\varphi\,h_\varphi(h_\varphi - h)/2(a_\varphi\,h + b_\varphi\,h_\varphi)\,r$$
$$J_\varphi = E\,[(a_\varphi\,h^3 + b_\varphi\,h_\varphi^3)/3 - (a_\varphi\,h^2 + b_\varphi\,h_\varphi^2)^2/4(a_\varphi\,h + b_\varphi\,h_\varphi)]/(a_\varphi + b_\varphi)\,r^3(1 - \nu^2)$$

Die Randbalken in der Längsrichtung haben

$$J_0 = E\,F_0\,h_0^2/12r^4.$$

Die kontinuierlichen Schalen haben

$$\varrho_k = 1{,}2\varrho \quad \text{bzw.} \quad \varrho_k = 1{,}2\varrho_\varphi.$$

0.3 Die Schnittgrößen

Die deutschen Bezeichnungen für die Ring- und Längskräfte N_φ und N_x sowohl als für die Ring- und Längsmomente M_φ und M_x sind heute auch in der englischen und amerikanischen Schalenliteratur die üblichen. Sie werden deshalb auch hier verwendet. An Stelle der Doppelindexbezeichnung der Schubkräfte $N_{\varphi x}$ und $N_{x\varphi}$ wird S_φ und S_x eingeführt. Analog wird M_t für die Drillmomente anstatt $M_{\varphi x}$ und $M_{x\varphi}$ benutzt. Die Schnittgrößen je Längeneinheit der Schale werden somit

N_φ Längskraft in der φ-Richtung
N_x Längskraft in der x-Richtung
S_φ Schubkraft im Schnitt $\varphi = $ konst.
S_x Schubkraft im Schnitt $x = $ konst.
Q_φ Querkraft im Schnitt $\varphi = $ konst.
Q_x Querkraft im Schnitt $x = $ konst.
R_φ Resultierende Querkraft aus Q_φ und M_t
M_φ Ringmoment
M_x Längsmoment
M_t Drillmoment
S Zug im Randbalken

Die Schnittkräfte greifen in den Schwerpunktslinien an — auch bei Schalen mit exzentrischen Ringrippen.

0.4 Differentialquotienten und Lösungsfunktionen

Die Schreibweise der partiellen Differentialquotienten scheint ihre endgültige Form noch nicht gefunden zu haben. So werden $\partial f/\partial\varphi$, $f\,\dot{}$, f°, f_φ und f_{10} als Bezeichnung für die Ableitung in der Ringrichtung benutzt. Die letztere ist vorzuziehen und wird hier benutzt. Die Ableitungen sind entsprechend

$$\partial f/\partial\varphi = f_{10} \quad \partial^2 f/\partial\varphi^2 = f_{20}\cdots$$
$$\partial f/\partial\xi = f_{01} \quad \partial^2 f/\partial\xi^2 = f_{02}\cdots$$
$$\partial^2 f/\partial\varphi\,\partial\xi = f_{11} \quad \partial^3 f/\partial\varphi^2\,\partial\xi = f_{21}\cdots$$
$$\cdots\cdots\cdots$$
$$\Delta f = f_{20} + f_{02}$$
$$\Delta^2 f = \Delta\Delta f = f_{40} + 2 f_{22} + f_{04}$$
$$(\Delta + 1)\,f = f_{20} + f_{02} + f$$
$$\cdots\cdots\cdots\cdots$$
$$\cdots\cdots\cdots\cdots$$

Die Belastung am Längsrand hat

$$w = \sin\lambda\,\xi\cdot W$$

W Lösungsfunktion

$$W = e^{m\varphi}$$

m Wurzel der charakteristischen Gleichung

$$m_{1,2} = \alpha \pm i\,\beta$$
$$m_{3,4} = \gamma \pm i\,\delta$$
$$W = A\,W_A + B\,W_B + C\,W_C + D\,W_D$$

A, B, C, D Integrationskonstanten

$$W_A = e^{\alpha\,\varepsilon}\cos\beta\,\varepsilon \quad W_B = e^{\alpha\,\varepsilon}\sin\beta\,\varepsilon$$
$$W_C = e^{\gamma\,\varepsilon}\cos\delta\,\varepsilon \quad W_D = e^{\gamma\,\varepsilon}\sin\delta\,\varepsilon$$
$$\varepsilon = \varphi\,\varrho \text{ bzw. } \varphi\,\varrho_\varphi$$

Die Schnittgrößen haben die Form

$$N = \sin\lambda\,\xi\cdot M\cdot n_r, \text{ bzw. } \cos\lambda\,\xi\cdot M\cdot n_r$$

M expliziten Multiplikator
n_r Verteilungsfunktion für die Ringrichtung

$$n_r = A_n\,W_A + B_n\,W_B + C_n\,W_C + D_n\,W_D$$
$$A_n = a_n\,A + b_n\,B, \quad B_n = -b_n\,A + a_n\,B$$
$$C_n = c_n\,C + d_n\,D, \quad D_n = c_n\,D - d_n\,C$$

a_n, b_n, c_n, d_n Multiplikatoren der Integrationskonstanten

Belastungen am Längsrand sind durch die Verteilungsfunktionen m_φ, r_φ, n_φ, s_φ und n_x gegeben, wobei

$$M_\varphi = \sin\lambda\,\xi\cdot r\,m_\varphi$$
$$R_\varphi = \sin\lambda\,\xi\cdot \varrho\,r_\varphi$$
$$N_\varphi = \sin\lambda\,\xi\cdot \varrho^2\,n_\varphi$$
$$S_\varphi = \cos\lambda\,\xi\cdot \varrho^3\,s_\varphi/\lambda$$
$$N_x = \sin\lambda\,\xi\cdot \varrho^4\,n_x/\lambda^2$$

Die Belastung am Ringrand hat

$$w = \sin n\,\varphi\cdot X$$

n wird aus den Randbedingungen bestimmt
X Lösungsfunktion

$$X = e^{m\,\xi}$$

m Wurzel der charakteristischen Gleichung

$$m_{1,2} = \alpha \pm i\,\beta, \quad m_{3,4} = \gamma \pm i\,\delta$$
$$\eta = 2n\,\sqrt[4]{k_1}$$

1. Grundlagen der Schalentheorie

1.1 Geschichtliche Übersicht

Die Berechnungsgrundlage für die Schalen nach der mathematischen Elastizitätstheorie ist bei LOVE [*92.1*] zu finden. Die praktische Anwendung der Elastizitätstheorie für die Berechnung zylindrischer Schalen ist in erster Linie FINSTERWALDER [*33.1*], DONNELL [*33.2, 34.2*], FLÜGGE [*34.3*] und DISCHINGER [*35.1*] zu verdanken, deren Arbeiten für die Entwicklung der Schalentheorie von grundlegender Bedeutung gewesen sind. Eine Reihe von Verfassern hat die Theorie der Zylinderschalen bearbeitet, um zu vereinfachten Berechnungsmethoden zu gelangen. Die wichtigsten Beiträge dieser Art sind von VALETTE [*34.4*], SCHORER [*35.5*], AAS-JAKOBSEN [*39.2, 55.1*], WLASSOV [*44.2*], JENKINS [*47.8*], LUNDGREN [*49.5*], OLSEN [*51.8*], PARME [*52.1*], GIBSON and COOPER [*54.3*], TOTTENHAM [*54.8*], RABICH [*55.4, 56.4*], RÜDIGER und URBAN [*55.5*] und HOLAND [*56.2*] gebracht worden. Diese und auch andere Arbeiten sollen in den folgenden Abschnitten getrennt behandelt werden. Es sollen in diesem Abschnitt nur die grundlegenden Arbeiten besprochen werden.

FINSTERWALDER [*33.1*] macht die Annahme, daß für die Belastung des Längsrandes das Längs- und das Drillmoment gleich Null sind. Diese Annahme trifft bei Schalen mit hohen Ringrippen annähernd zu. Für Belastung am Ringrand macht FINSTERWALDER die Annahme, daß das Ring- und das Drillmoment gleich Null sind, eine Annahme, der hohe Längsrippen entsprechen.

DONNELL [*33.2*] gelangt nach Vereinfachungen, sowohl bei der Berechnung der Schnittgrößen aus den elastischen Verschiebungen als bei der Aufstellung der Gleichgewichtsbedingungen zu einer sehr einfachen Differentialgleichung, und verwendet dieses Lösungsverfahren zur Berechnung der Eigenwerte für Ring- und Längsknicken bei Schalen mit kleinen Deformationen.

DONNELLs Annahmen, die nur für isotrope Schalen gelten, sind von einer Reihe von Verfassern wie JENKINS, GIBSON, ZERNA, RÜDIGER und URBAN, NEUBER, HOFF u. a. verwendet worden.

Eine genauere Lösung für isotrope Schalen ist bei FLÜGGE [*34.3*] und bei DISCHINGER [*35.1*] zu finden. DISCHINGER stellt auch genaue Gleichungen für Schalen mit Ring- und Längsrippen auf.

1.2 Biegetheorie der isotropen Kreiszylinderschalen

Eine Zylinderschale mit der Schalenstärke h hat eine Mittelfläche mit dem Halbmesser r (Abb. 1). Diese Mittelfläche wird mit einem Koordinatensystem $x = \xi\, r$ in der Längsrichtung und $s = \varphi\, r$ in der

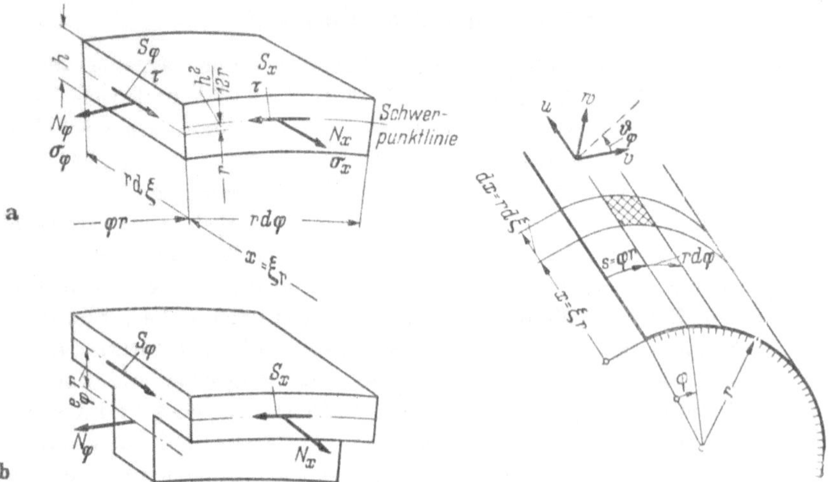

Abb. 1. Schalenelement mit Schnittgrößen in den Schwerpunktlinien
a) isotrope Schale   b) Ringrippenschale

Abb. 2. Koordinatensystem und elastische Verschiebungen

Ringrichtung versehen (Abb. 2), so daß ein Schalenpunkt durch die beiden dimensionslosen Koordinaten ξ und φ bestimmt ist. Die Schwerpunktachse im Schnitt $\varphi = $ konst. fällt mit der Linie der Mittelfläche zusammen, während im Schnitt $\xi = $ konst. der Abstand zwischen Schwerpunktfläche und Mittelfläche $h^2/12r$ beträgt (Abb. 1).

Die Mittelfläche habe die elastischen Verschiebungen u in der Längsrichtung, v in der Ringrichtung und w quer zur Schale (Abb. 2). Diesen Verformungen entsprechend treten die Längsspannungen σ_x und σ_φ sowie die Schubspannung τ auf. Der Zusammenhang zwischen Spannungen und Deformationen ist durch das HOOKEsche Gesetz definiert, das die Grundlage der mathematischen Elastizitätstheorie bildet.

$$\sigma_x = (\varepsilon_{\lambda z} + \nu\, \varepsilon_{\varphi z})\, E/(1 - \nu^2)$$

$$\sigma_\varphi = (\varepsilon_{\varphi z} + \nu\, \varepsilon_{x z})\, E/(1 - \nu^2)$$

$$\tau = \gamma_{\varphi x}\, E/2(1 + \nu).$$

Die spezifischen Verlängerungen $\varepsilon_{\varphi z}$ und ε_{xz} im Abstand z von der Mittelfläche der Schale betragen laut FLÜGGE [34.3]

$$\varepsilon_{xz} = u_{z01}/r$$

$$\varepsilon_{\varphi z} = (v_{z10} + w_z)/(r + z)$$

$$\gamma_{\varphi xz} = v_{z01}/r + u_{z10}/(r + z)$$

$$\partial f/\partial \xi = f_{01}, \quad \partial f/\partial \varphi = f_{10}.$$

Der geometrische Zusammenhang zwischen den Verschiebungen u, v und w der Mittelfläche und den Verschiebungen u_z, v_z und w_z in der Höhe z über der Mittelfläche lautet nach derselben Quelle (Abb. 3):

$$u_z = u - z\, w_{01}/r$$

$$v_z = v(1 + z/r) - z\, w_{10}/r$$

$$w_z = w.$$

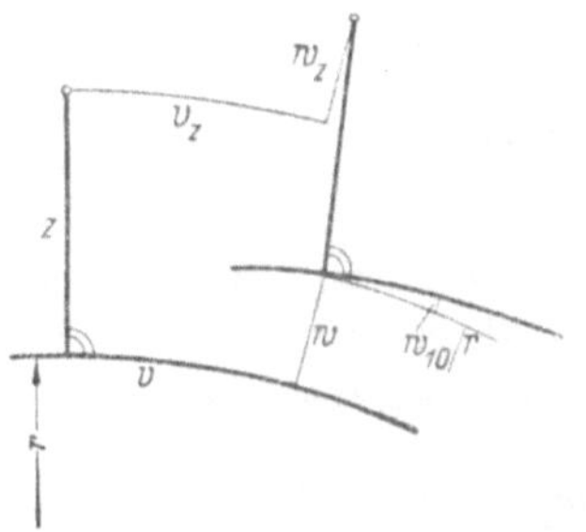
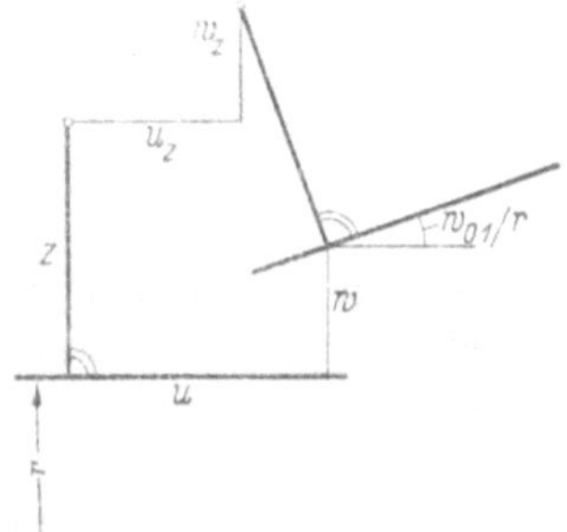

Abb. 3. Elastische Verschiebungen für einen Punkt im Abstand z von der Schalenmittelfläche

Die Ringkraft N_φ je Längeneinheit wird durch Integration der Ringspannungen σ_φ über die Schalenstärke erhalten (Abb. 4)

$$N_\varphi = \int \sigma_\varphi \, dz = \frac{Eh}{r(1 - v^2)} \int (v_{10} + w - w\,z/r + w\,z^2/r^2 - \cdots$$

$$- w_{20}\,z/r + w_{20}\,z^2/r^2 - \cdots + v\,u_{01} - v\,w_{02}\,z/r)\,dz.$$

Die Integrale haben bei isotropen Schalen die Grenzen $-h/2$ und $+h/2$ und die Ringkraft wird

$$N_\varphi = (v\,u_{01} + v_{10} + w)\,E\,h/r(1 - v^2) +$$

$$+ (w_{20} + w)\,(h^2/12\,r^2 + h^4/80\,r^4 + \cdots)\,E\,h/r(1 - v^2).$$

Die Schalen, die hier behandelt werden, haben $h \ll r$ und deshalb auch $h^2/r^2 \ll 1$. Als gute Annäherung gilt dann auch $1 + h^2/c\,r^2 = 1$ für $c > 1$ und

$$N_{\varphi} = (v\, u_{01} + v + w_{10})\, E\, h/r\,(1 - v^2) + (w_{20} + w)\, E\, h^3/r^3\,(1 - v^2)\, 12\,.$$

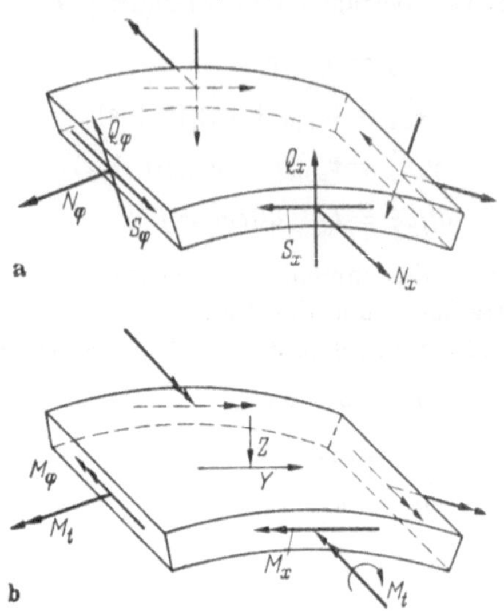

Abb. 4. Schnittkräfte und Momente

Die Integration von σ_x über die Schalenstärke liefert N_x und die Integration von τ liefert S_{φ} und S_x. Mit der Annäherung $1 + h^2/c\, r^2 = 1$ in den Sekundärgliedern werden die Längs- und Schubkräfte

$$N_{\varphi} = F\,(v\, u_{01} + v_{10} + w) + J\,(w_{20} + w)$$

$$N_x = F\,(u_{01} + v\, v_{10} + v\, w) - J\, w_{02}$$

$$S_{\varphi} = F\,(u_{10} + v_{01})\,(1 - v)/2 + J\,(w_{11} + u_{10})\,(1 - v)/2$$

$$S_x = F\,(u_{10} + v_{01})\,(1 - v)/2 - J\,(w_{11} - v_{01})\,(1 - v)/2$$

$$F = E\, h/r\,(1 - v^2)$$

$$J = E\, h^3/r^3\,(1 - v^2)\, 12\,.$$

Die Momente lassen sich durch Integration von $\sigma_{\varphi}\, z$, $\sigma_x\, z$ und $\tau\, z$ über die Schalenstärke ableiten, oder die Krümmungsgleichungen können benutzt werden. In der Längsrichtung bestehen — laut dem HOOKEschen Gesetz — die folgenden Beziehungen zwischen Momenten und Krümmungen

$$M_x - v\, M_{\varphi} = (1 - v^2)\, J\, r\, w_{02}\,.$$

In der Ringrichtung kann die Krümmungsvariation aus der Winkeländerung und der Änderung der Bogenlänge gefunden werden. Die

Winkeländerung und deren Variation ist

$$\vartheta_\varphi = (w_{10} - v)/r$$

$$\delta\vartheta_\varphi = d\varphi - \vartheta_{\varphi 10}\, d\varphi = d\varphi - (w_{20} - v_{10})\, d\varphi/r.$$

Die Variation der Bogenlänge ist

$$\delta\, ds = ds + \varepsilon_\varphi\, ds = r\, d\varphi + (v_{10} + w)\, d\varphi.$$

Die Krümmungsvariation in der Ringrichtung ist

$$d\varphi/ds - \delta\vartheta_\varphi/\delta\, ds = 1/r - (1 - w_{20}/r)/(r + v_{10} + w) = (w_{20} + w)/r^2.$$

Die Beziehungen zwischen den Momenten und der Krümmung ist nach dem HOOKEschen Gesetz

$$M_\varphi - \nu\, M_x = (1 - \nu^2)\, J\, r(w_{20} + w).$$

Die Momente M_x und M_φ sind auf die Schwerpunktflächen bezogen und M_x erhält kein zusätzliches Moment aus N_x. Auch das Drillmoment M_t soll auf die Schwerpunktflächen bezogen werden und ist dann gleich in den zwei Koordinatenrichtungen. Zunächst wird das Drillmoment $M_{x\varphi}$ im Schnitt $x = $ konst. abgeleitet, und dieses Moment wird auf die Mittelfläche bezogen. Die Verdrehung der Mittelfläche in der Längsrichtung ist

$$\vartheta_{\varphi 01} = (w_{11} - v_{01})/r.$$

Das Drillmoment $M_{x\varphi}$ der Mittelfläche im Schnitt $x = $ konst. ist bestimmt durch

$$M_{x\varphi}(1 + \nu) = (1 - \nu^2)\, J\, r^2\, \vartheta_{\varphi 01}.$$

Das Drillmoment M_t der Schwerpunktfläche wird

$$M_t = M_{x\varphi} + k\, r\, S_\varphi.$$

Es sind jetzt alle Momente auf die Schwerpunktflächen bezogen, so daß N_x und S_x keine zusätzlichen Momente geben. Diese Momente sind

$$M_\varphi = J\, r(w_{20} + w + \nu\, w_{02})$$

$$M_x = J\, r(w_{02} + \nu\, w_{20} + \nu\, w)$$

$$M_t = J\, r(1 - \nu)\, (w_{11} - v_{01}) + k\, r\, S_\varphi.$$

FLÜGGE leitet die folgenden Ausdrücke für die Momente ab

$$M_\varphi = J\, r(w_{20} + w + \nu\, w_{02})$$

$$M_x = J\, r[w_{02} - u_{01} + \nu(w_{20} - v_{10})].$$

FLÜGGE benutzt die Mittelfläche der Schale als Systemfläche, und N_x hat deshalb eine Exzentrizität von $k\, r = h^2/12r$ (Abb. 1). Das totale Längsmoment um die Schwerpunktachse wird sodann

$$M_x = [w_{20} - u_{01} + \nu(w_{20} - v_{10})]\, J\, r + [u_{01} + \nu(v_{10} + w)]\, F\, h^2/12r$$

$$= J\, r(w_{02} + \nu\, w_{20} + \nu\, w),$$

d. h. dasselbe Moment, das aus der Schalenkrümmung abgeleitet wurde.

Für M_φ ist FLÜGGES Gleichung in Übereinstimmung mit derjenigen, die aus den Krümmungsbedingungen abgeleitet werden kann, während die amerikanische Schalenliteratur, die ebenfalls die Krümmungsbedingungen zugrunde legt,

$$M_\varphi = J\,r\,(w_{20} - v_{10} + \nu\,w_{02})$$

benutzt. Bei der Ableitung dieser Gleichung für das Ringmoment ist die Variation in der Bogenlänge $\delta\,ds = ds + \varepsilon_\varphi\,ds$ nicht berücksichtigt worden. Eine entsprechende Näherung ist bei der Berechnung des Längsmomentes M_x zu finden. Weiter wird in der amerikanischen Schalenliteratur — sogar bei Lösungen, die den Anspruch erheben, genau zu sein — angenommen

$$S_x = S_\varphi = F\,(u_{10} + v_{01})\,(1 - \nu)/2$$
$$M_t = J\,r\,(1 - \nu)\,(w_{11} - v_{01}).$$

Diese Ausdrücke erfüllen nicht die Gleichgewichtsbedingung des Schalenelements gegen Verdrehung

$$S_x - S_\varphi + M_t/r = 0.$$

Ersetzt man die Querkraft Q_φ und das Drillmoment M_t durch eine resultierende Schnittkraft R_φ, die dieselben Momente und Deformationen in der Schale und im Randglied liefert wie Q_φ und M_t, ergeben sich berechnungsmäßige Vorteile. Diese resultierende Querkraft R_φ — mit derselben Richtung wie Q_φ — wird aus der Gleichgewichtsbedingung erhalten

$$R_\varphi = Q_\varphi + M_{t01}/r.$$

Zu beachten ist, daß die Ersatzlast M_{t01}/r Schubkräfte in den Randbalken erzeugt, und daß dies — um Gleichgewicht ins System zu bringen — durch Einzellasten $-M_t/r$ an den Ecken ausgeglichen werden muß. Werden Q_φ und M_t statt R_φ benutzt, so fallen die Einzellasten in den Ecken weg, da das System bereits im Gleichgewicht ist.

Ein Schalenelement mit einer äußeren Belastung, deren Komponenten Z und Y (Abb. 4) sind, hat die folgenden Gleichgewichtsbedingungen

$$M_{\varphi 10} + M_{t01} - r\,Q_\varphi - r\,k\,S_{x01} = 0$$
$$M_{x01} + M_{t10} - r\,Q_x + r\,k\,S_{\varphi 10} = 0$$
$$N_\varphi + Q_{\varphi 10} + Q_{x01} + r\,Z = 0$$
$$N_{\varphi 10} + S_{x01} - Q_\varphi + r\,Y = 0$$
$$M_t/r + S_x - S_\varphi = 0$$
$$N_{x01} + S_{\varphi 10} = 0.$$

Die Schnittkräfte Q_φ, Q_x, N_φ, S_x, S_φ und N_x werden aus diesen Gleichgewichtsbedingungen durch sukzessive Elimination gefunden

$$Q_x = M_{x01}/r + M_{t10}/r + k\,S_{\varphi10}$$
$$Q_\varphi = M_{\varphi10}/r + M_{t01}/r - k\,S_{x01}$$
$$N_\varphi = -Q_{\varphi10} - Q_{x01} - r\,Z$$
$$S_{x01} = -N_{\varphi10} + Q_\varphi - r\,Y$$
$$S_{\varphi01} = S_{x01} + M_{t01}/r\ .$$
$$N_{x02} = -S_{\varphi11}\ .$$

Auch die elastischen Verschiebungen u, v und w werden aus den Gleichgewichtsbedingungen bestimmt. Nach Beseitigung der Querkräfte sind

$$N_{x01} + S_{\varphi01} = 0$$
$$N_{\varphi10} + (1+k)\,S_{x01} - M_{\varphi10}/r - M_{t01}/r = -Y\,r$$
$$N_\varphi\,r + M_{\varphi20} + 2\,M_{t11} + M_{x02} = -Z\,r^2\ .$$

Die Schnittgrößen durch die Verschiebungen ausgedrückt werden eingesetzt und ergeben die drei Differentialgleichungen der isotropen Schale

$$a_1\,u + b_1\,v + c_1\,w = 0$$
$$a_2\,u + b_2\,v + c_2\,w = -\,Y\,r/F$$
$$a_3\,u + b_3\,v + c_3\,w = -Z\,r/F\ .$$

Die Operatoren $a_1 - c_3$ sind für $k = J/F = h^2/12\,r^2$

$$a_1\,f = 2\,f_{02} + (1-\nu)\,(1+k)\,f_{20}$$
$$b_1\,f = (1+\nu)\,f_{11}$$
$$c_1\,f = 2\,\nu\,f_{01} - 2\,k\,f_{03} + k(1-\nu)\,f_{21}$$
$$a_2\,f = (1+\nu)\,f_{11}/2$$
$$b\,f_2 = f_{20} + (1-\nu)\,(1+3\,k)\,f_{02}/2$$
$$c_2\,f = f_{10} - k(3-\nu)\,f_{12}/2$$
$$a_3\,f = \nu\,f_{01} + k(1-\nu)\,f_{21}$$
$$b_3\,f = f_{10} - k(1-\nu)\,f_{12}$$
$$c_3\,f = f + k(\Delta^2\,f + 2\,f_{20} + \nu\,f_{02} + f)\ .$$

Die Operatoren $a_1 - c_2$ sind dieselben, die aus den Verschiebungsgleichungen von DISCHINGER abgeleitet werden können. Die Operatoren $a_3 - c_3$ können aus der entsprechenden Gleichung bei DISCHINGER abgeleitet werden, wenn die Gleichgewichtsbedingung $k(N_{x01} + S_{q\,10}) = 0$ zugezählt wird.

Die Verschiebungen u und v werden aus den zwei ersten Gleichungen erhalten

$$(a_1\,b_2 - a_2\,b_1)\,u = (b_1\,c_2 - b_2\,c_1)\,w + b_1\,Y\,r/F$$

$$(a_1\,b_2 - a_2\,b_1)\,v = (-\,a_1\,c_2 + a_2\,c_1)\,w - a_1\,Y\,r/F.$$

Der gemeinsame Operator für u und v wird mit H bezeichnet, und die Operatoren für w mit U und V.

$$H\,u = U\,w + b_1\,Y\,r/F\,(1 - v)$$

$$H\,v = V\,w - a_1\,Y\,r/F\,(1 - v),$$

wenn noch durch $(1 - v)$ geteilt wird.

Die dritte Verschiebungsgleichung wird der Differentialoperation H unterworfen

$$a_3\,H\,u + b_3\,H\,v + c_3\,H\,w = -\,H\,Z\,r/F$$

und durch Einsetzen von $H\,u$ und $H\,v$ wird die Differentialgleichung für w erhalten

$$a_3\,U\,w + b_3\,V\,w + c_3\,H\,w = -\,H\,Z\,r/F + (a_1\,b_3 - a_3\,b_1)\,Y\,r/F\,(1 - v).$$

Die Auswertung der Operatoren gibt für isotrope Schalen

$$H\,f = (1 + k)\,f_{40} + 2\,(1 + k - v\,k)\,f_{22} + (1 + 3k)\,f_{04}$$

$$U\,f = f_{21} - v\,(1 + 3k)\,f_{03} + k\,(f_{05} - f_{41})$$

$$V\,f = 2\,k\,(f_{32} + f_{1i}) - (1 + k)\,f_{30} - (2 + v)\,f_{12}$$

und die Differentialgleichung für w wird

$$w_{80} + 4\,w_{62} + 2\,w_{60} + 6\,w_{44} + 2\,(4 - v)\,w_{42} + w_{40} + 4\,w_{26}$$

$$+\,6\,w_{24} + 2\,(2 - v)\,w_{22} + w_{08} + 2\,v\,w_{06} + \left(4 - 3\,v^2 + \frac{1 - v^2}{k}\right) w_{04} =$$

$$= (-\,\varDelta^2\,Z + Y_{30} + 2\,Y_{12} + v\,\dot{Y}_{12})\,r/J.$$

Die Gleichung kann in gekürzter Form geschrieben werden

$$\varDelta^2\,(\varDelta + 1)^2\,w + 2\,(1 - v)\,(w_{42} + w_{22} - w_{06}) + 3\,(1 - v^2)\,w_{04} +$$

$$(1 - v^2)\,w_{04}/k = (-\,\varDelta^2\,Z + Y_{30} + 2\,\dot{Y}_{12} + v\,Y_{12})\,r/J.$$

Die Lösung der inhomogenen Gleichung wird in Abschn. 2 behandelt und die Lösung der homogenen Gleichung in Abschn. 3 für die Belastung am Längsrand gegeben, während die Belastung am Ringrand in Abschn. 10 behandelt wird.

1.3 Biegetheorie der Kreiszylinderschalen mit symmetrischen Ringrippen

Die Schnittgrößen für Schalen mit Ringrippen symmetrisch um die Schalenfläche sind nach Abschn. 1.2

$$M_\varphi = J_\varphi\, r\,(w_{20} + w) + \nu\, J\, r\, w_{02}$$

$$M_x = J\, r\,(w_{02} + \nu\, w_{20} + \nu\, w)$$

$$M_t = (1 - \nu)\, J\, r\,(w_{11} - v_{01}) + k\, r\, S_\varphi$$

$$N_\varphi = F_\varphi\,(v_{10} + w) + \nu\, F\, u_{01} + J_\varphi\,(w_{20} + w)$$

$$N_x = F\,(u_{01} + \nu\, v_{10} + \nu\, w) - J\, w_{02}$$

$$S_\varphi = F\,(u_{10} + v_{01})\,(1 - \nu)/2 + J\,(w_{11} + u_{10})\,(1 - \nu)/2$$

$$S_x = F\,(u_{10} + v_{01})\,(1 - \nu)/2 - J\,(w_{11} - v_{01})\,(1 - \nu)/2.$$

Die Torsionsteifigkeit der Ringrippen und ihre längsabsteifende Wirkung werden nicht berücksichtigt.

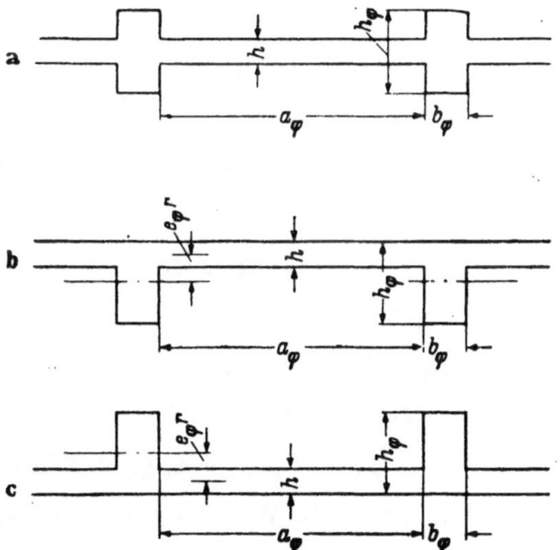

Abb. 5. Ringrippenschalen
a) Symmetrische Rippen   b) Rippen unterhalb der Schale
c) Rippen oberhalb der Schale

Es ist vorausgesetzt, daß alle Schnittgrößen in den Schwerpunktachsen der Querschnitte angreifen — daß also keine zusätzlichen Momente aus Exzentrizitäten der Schnittkräfte entstehen. F_φ und J_φ

sind Mittelwerte über die ganze Schale (Abb. 5a)

$$F_\varphi = E\,(a_\varphi\,h + b_\varphi\,h_\varphi)/(a_\varphi + b_\varphi)\,r\,(1 - \nu^2)$$

$$J_\varphi = E\,(a_\varphi\,h^3 + b_\varphi\,h_\varphi^3)/12\,(a_\varphi + b_\varphi)\,r^3(1 - \nu^2)$$

$$f_\varphi = F/F_\varphi,\ \ i_\varphi = J/J_\varphi,\ \ \nu_\varphi = (1 - \nu\,f_\varphi)/(1 - \nu)$$

a_φ Abstand zwischen den Ringrippen

b_φ Rippenbreite

h_φ Rippenhöhe.

Die Gleichgewichtsbedingungen sind dieselben wie in Abschn. 1.2 bei Ableitung für die isotropen Schalen, und die drei Differentialgleichungen zur Bestimmung der elastischen Verschiebungen u, v und w haben dieselbe Form wie für isotrope Schalen

$$a_1\,u + b_1\,v + c_1\,w = 0$$

$$a_2\,u + b_2\,v + c_2\,w = -Y\,r/F_\varphi$$

$$a_3\,u + b_3\,v + c_3\,w = -Z\,r/F_\varphi.$$

Die Operatoren $a_1 - c_3$ für Schalen mit symmetrischen Ringrippen sind dann

$$a_1\,f = 2f_{02} + (1 - \nu)\,(1 + k)\,f_{20}$$

$$b_1\,f = (1 + \nu)\,f_{11}$$

$$c_1\,f = 2\,\nu\,f_{01} - 2\,k\,f_{03} + k\,(1 - \nu)\,f_{21}$$

$$a_2\,f = (1 + \nu)\,f_\varphi\,f_{11}/2$$

$$b_2\,f = f_{20} + (1 - \nu)\,(1 + 3\,k)\,f_\varphi\,f_{02}/2$$

$$c_2\,f = f_{10} - k\,(3 - \nu)\,f_\varphi\,f_{12}/2$$

$$a_3\,f = \nu\,f_\varphi\,f_{01} + k\,(1 - \nu)\,f_\varphi\,f_{21}$$

$$b_3\,f = f_{10} - k\,(1 - \nu)\,f_\varphi\,f_{12}$$

$$c_3\,f = f + k_\varphi\,f_\varphi\,(f_{40} + 2\,i_\varphi\,f_{22} + i_\varphi\,f_{04} + 2f_{20} + \nu\,i_\varphi\,f_{02} + f).$$

Die Elimination gibt in derselben Weise wie für isotrope Schalen

$$H\,u = U\,w + b_1\,Y\,r/F_\varphi(1 - \nu)$$

$$H\,v = V\,w - a_1\,Y\,r/F_\varphi(1 - \nu)$$

$$H\,f = (1 + k)\,f_{40} + 2\,(\nu_\varphi + k\,f_\varphi - \nu\,k\,f_\varphi)\,f_{22} + (1 + 3\,k)\,f_\varphi\,f_{04}$$

$$U\,f = f_{21} + 2\,k\,(1 - f_\varphi)\,f_{23}/(1 - \nu) - \nu\,(1 + 3\,k)\,f_\varphi\,f_{03} + k\,(f_\varphi\,f_{05} - f_{41})$$

$$V\,f = 2\,k\,f_\varphi\,(f_{32} + f_{14}) - (1 + k)\,f_{30} + (f_\varphi\,\nu^2 + f_\varphi\,\nu - 2)\,f_{12}/(1 - \nu).$$

Die Differentialgleichung für w auf Operatorform ist

$$a_3\, U\, w + b_3\, V\, w + c_3\, H\, w = -H\, Z\, r/F_\varphi + (a_1\, b_3 - a_3\, b_1)\, Y\, r/F_\varphi\, (1-\nu).$$

Die Auswertung der Operatoren gibt folgende Differentialgleichung für die Lösungsfunktion w

$$w_{80} + 2(i_\varphi + \nu_\varphi)\, w_{62} + 2w_{60} + (f_\varphi + i_\varphi + 4i_\varphi\, \nu_\varphi)\, w_{44} +$$

$$+ 2(2i_\varphi + 2\nu_\varphi - i_\varphi\, \nu)\, w_{42} + w_{40} + 2i_\varphi(f_\varphi + \nu_\varphi)\, w_{26} +$$

$$+ 2(f_\varphi + 2i_\varphi\, \nu_\varphi)\, w_{24} + 2(i_\varphi + \nu_\varphi - i_\varphi\, \nu)\, w_{22} +$$

$$+ f_\varphi\, i_\varphi\, w_{08}' + 2f_\varphi\, i_\varphi\, \nu\, w_{06} + \left(f_\varphi + 3i_\varphi - 3f_\varphi\, i_\varphi\, \nu^2 + \frac{1 - f_\varphi\, \nu^2}{k_\varphi}\right) w_{04} =$$

$$= [-Z_{40} - 2\nu_\varphi\, Z_{22} - f_\varphi\, Z_{04} + Y_{30} + Y_{12}\, (2 - f_\varphi\, \nu - f_\varphi\, \nu^2)/(1-\nu)]\, r/J_\varphi.$$

Für $f_\varphi = i_\varphi = \nu_\varphi = 1$ werden die Operatoren und die Differentialgleichung der isotropen Schalen erhalten.

1.4 Biegetheorie der Kreiszylinderschalen mit Ringrippen unterhalb oder oberhalb der Schale

Die Querschnittsgrößen der Schale mit exzentrischen Ringrippen (Abb. 5b und 5c) sind

$$F_\varphi = E\,(a_\varphi\, h + b_\varphi\, h_\varphi)/(a_\varphi + b_\varphi)\, r_1\,(1 - \nu^2)$$

$$J_\varphi = E\,[(a_\varphi\, h^3 + b_\varphi\, h_\varphi^3)/3 - (a_\varphi\, h^2 + b_\varphi\, h_\varphi^2)^2/4\,(a_\varphi\, h + b_\varphi\, h_\varphi)]/$$

$$(a_\varphi + b_\varphi)\, r_1^3\,(1 - \nu^2)$$

$$r_1 = r/(1 + e_\varphi)$$

$$e_\varphi = b_\varphi\, h_\varphi(h_\varphi - h)/(a_\varphi\, h + b_\varphi\, h_\varphi)\, 2r_1$$

r_1 Halbmesser der Schwerpunktfläche für die Ringrichtung

$e_\varphi\, r_1$ Schwerpunktabstand der Schalenmittelfläche.

Das Ringmoment M_φ ist

$$M_\varphi = J_\varphi\, r\,(w_{20} + w) + \nu\, J\, r\, w_{02}.$$

Die übrigen Schnittgrößen sind dieselben wie die in Abschn. 1.3 für symmetrische Ringrippen.

Die Gleichgewichtsbedingung in der Ringrichtung ist

$$M_{\varphi 10} + M_{t01} - r_1\, Q_\varphi - r_1\,(k + e_\varphi)\, S_{x01} = 0.$$

Die weiteren Gleichgewichtsbedingungen sind dieselben wie bei isotropen Schalen, und sind in Abschn. 1.2 zu finden. Die Lösung wird in derselben Weise durchgeführt, wie in Abschn. 1.2 und 1.3 gezeigt wurde.

Die Gleichungen nach Abschn. 1.3 setzen voraus, daß die Rippensteifigkeit gleichmäßig über der Schale verteilt ist, und die Torsionssteifigkeit der Ringrippen werden nicht berücksichtigt. Als weitere Vereinfachung kann $\nu = 0$ benutzt werden, und es wird angenommen, daß die Schalensteifigkeit J gegenüber die Ringsteifigkeit J_φ so klein ist, daß die Sekundärglieder der Schnittgrößen vernachlässigt werden dürfen.

Die Schnittgrößen sind für $\nu = 0$ und $J_\varphi \gg J$

$$M_\varphi = J_\varphi\, r_1 (w_{20} + w)$$

$$N_x = F\, u_{01}$$

$$S_x = S_\varphi = F\,(u_{10} + v_{01})/2$$

$$N_\varphi = F_\varphi\,(v_{10} + w) + J_\varphi\,(w_{20} + w).$$

Das Momentengleichgewicht in der Ringrichtung liefert

$$M_{\varphi 10}/r_1 - e_\varphi\, S_{x01} - Q_\varphi = 0$$

$$Q_\varphi = J_\varphi\,(w_{30} + w_{10}) - e_\varphi\, S_{x01}.$$

Die übrigen Gleichgewichtsbedingungen sind

$$N_\varphi + Q_{\varphi 10} + Q_{x01} + r\,Z = 0$$

$$S_{x01} + N_{\varphi 10} - Q_\varphi + r\,Y = 0$$

$$N_{x01} + S_{\varphi 10} = 0.$$

Die Differentialgleichungen für die elastischen Verschiebungen u, v und w werden

$$u_{20} + 2u_{02} + v_{11} = 0$$

$$(u_{11} + v_{02})\,(1 + e_\varphi)\, f_\varphi/2 + v_{20} + w_{10} = -\,Y\,r/F_\varphi$$

$$e_\varphi\, f_\varphi\, u_{03} + v_{10} + w + k_\varphi\, f_\varphi\,(w_{40} + 2w_{20} + w) = -\,r\,Z/F_\varphi.$$

Diese Gleichungen haben die folgenden Operatoren

$$a_1\, f = f_{20} + 2f_{02}$$

$$b_1\, f = f_{11}$$

$$c_1\, f = 0$$

$$a_2\, f = (1 + e_\varphi)\, f_\varphi\, f_{11}/2$$

$$b_2\, f = f_{20} + (1 + e_\varphi)\, f_\varphi\, f_{02}/2$$

$$c_2\, f = f_{10}$$

$$a_3\, f = e_\varphi\, f_\varphi\, f_{03}$$

$$b_3\, f = f_{10}$$

$$c_3\, f = f + (f_{40} + 2f_{20} + f)\, J_\varphi/F.$$

Die Lösungsoperatoren werden

$$H f = (a_1 b_2 - a_2 b_1) f = f_{40} + 2 f_{22} + (1 + e_\varphi) f_\varphi f_{04}$$
$$U f = (b_1 c_2 - b_2 c_1) f = f_{21}$$
$$V f = (-a_1 c_2 + a_2 c_1) f = - (f_{30} + 2 f_{12}).$$

Die Differentialgleichung für w ist

$$a_3 U w + b_3 V w + c_3 H w = -H Z r/F_\varphi + (a_1 b_3 - a_3 b_1) Y r/F_\varphi,$$

was nach der Differentiation ergibt

$$w_{80} + 2 w_{62} + 2 w_{60} + (1 + e_\varphi) f_\varphi w_{44} + 4 w_{42} + w_{40} + 2 (1 + e_\varphi) f_\varphi w_{24} +$$

$$+ 2 w_{22} + (1 + e_\varphi) f_\varphi w_{04} + (e_\varphi w_{24} + e_\varphi w_{04} + w_{04}) F/J_\varphi =$$

$$= (-Z_{40} - 2 Z_{22} - f_\varphi Z_{04} - e_\varphi f_\varphi Z_{04} + Y_{30} + 2 Y_{12} - e_\varphi f_\varphi Y_{14}) r/J_\varphi.$$

Das Momentengleichgewicht in der Ringrichtung gilt für Schalen mit Rippen unterhalb der Schale. Wo die Ringrippen oberhalb der Schale liegen (Abb. 5 c), ist

$$Q_\varphi = M_{\varphi 10}/r_2 + e_\varphi S_{x 01}$$
$$r_2 = r (1 + e_\varphi).$$

Die übrigen Gleichungen erhalten keine Änderungen, und die Lösung für Ringrippen oberhalb der Schale wird also gefunden, wenn e_φ mit negativen Vorzeichen in die Lösung für Ringrippen unterhalb der Schale eingeführt wird. Das Ringmoment ist

$$M_\varphi = r_2 J_\varphi (w_{20} + w).$$

Die übrigen Schnittgrößen haben dieselben Gleichungen wie für Schalen mit unten liegenden Ringrippen, nur ist zu beachten, daß r_1 in F_φ und J_φ durch r_2 ersetzt werden muß.

2. Flächenlasten. Membrantheorie

2.1 Geschichtliche Übersicht

Die allgemeine Lösung für das kreiszylindrische Rohr wurde von MIESEL [30.3] und REISSNER [33.4] aufgestellt. REISSNER benutzt seine Lösung für die Durchrechnung eines frei aufliegenden Rohres mit großer Wandstärke. DISCHINGER [35.1] behandelt die Partikularlösungen für Flächenlasten und unterteilt die Tragwirkung des Rohres in Plattenbiegungsmomente und Dehnungskräfte, deren Anteile an der Lastübertragung durch graphische Tafeln gegeben werden. Es sind wiederholt Lösungen für Flächenlasten auf frei aufliegenden Rohren in der Schalenliteratur behandelt worden, die alle auf dem Verfahren von REISSNER fußen.

Die Partikularlösung kann zur Berechnung der Momente aus Einzellasten auf Kreiszylinderschalen benutzt werden, wie es AAS-JAKOBSEN [44.4] gezeigt hat. Während die Kreisfunktionen gewöhnlich zur Lösung der inhomogenen Differentialgleichung herangezogen werden, findet GIRKMANN [50.6] die Schnittgrößen durch Aufstellung unendlicher Integrale, und er benutzt die Lösung zur Berechnung punktgelagerter Turbinenröhren.

Vereinfachte Lösungen für Flächenlasten auf den Kreiszylinderschalen sind von JENKINS [47.8] gegeben, und HOLAND [56.2] gibt eine Übersicht über Lösungen verschiedener Genauigkeit.

Die Membrantheorie der Kreiszylinder wurde von THOMA [20.1] aufgestellt, und die allgemeine Lösung wurde von MIESEL [30.3] gegeben.

2.2 Das frei aufliegende Kreiszylinderrohr

Die Lösung für Flächenlasten an einem isotropen kreiszylindrischen Rohr folgt aus dem Partikularintegral der Differentialgleichung für w in Abschn. 1.2. Eine beliebige Belastung kann durch Doppelreihen ersetzt werden, deren Belastungsglieder sind

$$Z = q \cos m\,\varphi \sin \lambda\,\xi$$

$$Y = p \sin m\,\varphi \sin \lambda\,\xi$$

$$m = 1, 2, 3, \ldots, \quad \lambda = n\,\pi\,r/l, \quad n = 1, 2, 3, \ldots.$$

Die Lösungsfunktion w eines frei aufliegenden Rohres ist für diese Belastung

$$w = \cos m\,\varphi \sin \lambda\,\xi\; W\, r/J.$$

Die Belastung Z, Y und die Lösungsfunktion w werden in der Differentialgleichung des Abschn. 1.2 eingesetzt, und die isotrope Schale erhält die Lösungskonstante W

$$W = -\,(m^2 + \lambda^2)^2\, q/K - (m^3 + 2m\,\lambda^2 + v\,m\,\lambda^2)\, p/K$$

$$K = (m^2 + \lambda^2)^2\, (m^2 + \lambda^2 - 1)^2 + 2(1 - v)\,(\lambda^4 - m^4 + m^2)\,\lambda^2 +$$

$$+\; (4 - 3v^2)\,\lambda^4 + (1 - v^2)\,\lambda^4/k.$$

Da alle Verschiebungen und Schnittgrößen durch die Lösungsfunktion gegeben sind, können sie der Reihe nach berechnet werden. Die Verschiebungen v und u sind bestimmt durch

$$H\,v = V\,w - a_1\, Y\, r/F\,(1 - v)$$

$$H\,u = U\,w + b_1\, Y\, r/F\,(1 - v).$$

Die Operatoren V und U zeigen, daß v und u die folgende Form haben müssen

$$v = \sin m\,\varphi \sin \lambda\,\xi\; W_v\, r/J$$

$$u = \cos m\,\varphi \cos \lambda\,\xi\; W_u\, r/J.$$

W_v und W_u werden durch Einsetzen von Y, w und v bzw. u bestimmt. Die Schnittgrößen sind in Abschn. 1.2 durch u, v und w gegeben und können demnach berechnet werden.

Die Berechnung durch sukzessive Elimination ist allerdings hier vorzuziehen, da die Hauptglieder einfacher gefunden werden können, was die Berechnung übersichtlicher macht. Die Momente sind

$$M_\varphi = r\,J\,(w_{20} + v\,w_{02} + w) = \cos m\,\varphi \,\sin \lambda\,\xi \cdot r^2\,W_{m\varphi}$$

$$W_{m\varphi} = -\,(m^2 + v\,\lambda^2 - 1)\,W$$

$$M_x = r\,J\,(w_{02} + v\,w_{20} + v\,w) = \cos m\,\varphi \,\sin \lambda\,\xi \cdot r^2\,W_{mx}$$

$$W_{mx} = -\,(\lambda^2 + v\,m^2 - v)\,W.$$

Die Gleichgewichtsbedingung in der Z-Richtung gibt

$$N_\varphi = -\,r\,Z - M_{\varphi\,20} - M_{x\,02} - 2\,M_{t\,11}.$$

Die Momentenbeiträge sind hier klein gegenüber $r\,Z$ und $2\,M_{t\,11}$ klein gegenüber den Beiträgen von M_φ und M_x, so daß für das Drillmoment eingeführt werden kann

$$M_t = (1 - v)\,r\,J\,w_{11}.$$

Die Schnittkräfte werden nach den Gleichgewichtsbedingungen gefunden

$$N_\varphi = -\,r\,Z - J\,\Delta\,(\Delta + 1)\,w - (1 - v)\,J\,w_{02}$$

$$S_{\varphi\,01} = r\,(Z_{10} - Y) + J\,(\Delta + 1)^2\,w_{10}$$

$$N_{x\,02} = -\,r\,(Z_{20} - Y_{10}) - J\,(\Delta + 1)^2\,w_{20}.$$

Zahlentafel I 1. *Schnittgrößen und Verschiebungen eines isotropen Rohres für die Flächenlasten Z und Y*

	$\lambda\,\xi$	$m\,\varphi$			
Z	sin	cos	q	1	
Y	sin	sin	p	1	
w	sin	cos	r/J	$-(m^2 + \lambda^2)^2\,q/K - (m^3 + 2m\,\lambda^2 + v\,m\,\lambda^2)\,p/K$	W
M_φ	sin	cos	r^2	$-(m^2 + v\,\lambda^2 - 1)\,W$	$W_{m\varphi}$
M_x	sin	cos	r^2	$-(\lambda^2 + v\,m^2 - v)\,W$	W_{mx}
N_φ	sin	cos	r	$-q - (m^2 + \lambda^2)\,(m^2 + \lambda^2 - 1)\,W - (1 - v)\,\lambda^2\,W$	$W_{n\varphi}$
S_φ	cos	sin	r/λ	$m\,q + p + (m^2 + \lambda^2 - 1)^2\,m\,W$	$W_{s\varphi}$
N_x	sin	cos	r/λ^2	$-m^2\,q - m\,p - (m^2 + \lambda^2 - 1)\,m^2\,W$	W_{nx}
v	sin	sin	r/J	$-W/m + (W_{n\varphi} - v\,W_{nx}/\lambda^2 - W_{m\varphi})\,k_1/m$	W_v
ϑ_φ	sin	sin	$1/J$	$-m\,W - W_v$	

$$K = (m^2 + \lambda^2)^2\,(m^2 + \lambda^2 - 1)^2 + 2\,(1 - v)\,(\lambda^4 - m^4 + m^2)\,\lambda^2 + (4 - 3v^2 + 1/k_1)\,\lambda^4$$

Auch die Verschiebungen lassen sich durch sukzessive Elimination bestimmen, und für v gilt

$$v_{10} = - w + (N_\varphi - \nu N_x - M_q/r)/F (1 - \nu^2)$$

$$W_v = - W/m + (W_{n\varphi} - \nu W_{nx}/\lambda^2 - W_{mq}) k/(1 - \nu^2) m.$$

Die Schnittgrößen und Verschiebungen sind in Zahlentafel I 1 zusammengestellt.·

Beispiel. Ein kreiszylindrisches Rohr ist mit zwei sinusförmigen Laststreifen — im Abstand πr — belastet (Abb. 6).

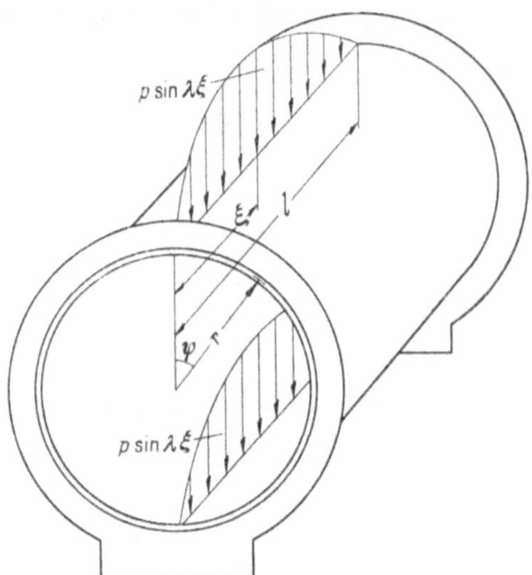

Abb. 6. Rohr mit zwei Streifenlasten $P = p \sin \lambda \xi$

Die Verteilung der Laststreifen in der Ringrichtung kann durch eine FOURIER-Reihe gegeben werden

$$P = \sin \lambda \xi \, p = \sin \lambda \xi \frac{2 p}{\pi r} \sum_m \cos m \varphi$$

$$m = 1, 3, 5, \ldots$$

Das m-te Lastglied ist

$$P_m = \sin \lambda \xi \cos m \varphi \cdot 2 p/\pi r.$$

Die entsprechende Lösungsfunktion ist

$$w_m = \sin \lambda \xi \cos m \varphi \cdot W r/J$$

$$W = - (m^2 + \lambda^2)^2 \, 2 p/\pi r K,$$

Das Ringmoment des m-ten Lastgliedes ist

$$M_{\varphi m} = \sin \lambda \xi \cos m \varphi \, (m^2 + \nu \lambda^2 - 1) \, (m^2 + \lambda^2)^2 \, 2 p/\pi K.$$

Die Berechnung der Momentensummen $M_\varphi = \sum_m M_{\varphi m}$ kann für gewählte Parameterwerte λ und k durchgeführt werden. Diese Berechnung zeigt, daß M_φ

nur wenig von λ abhängig ist. Unter dem Laststreifen ist $\varphi = 0$ und mit guter Annäherung

$$\sum_{m} (m^2 + \nu\,\lambda - 1)\,(m^2 + \lambda^2)^2/K = 1/2\varrho,$$

wo

$$\varrho^8 = \lambda^4/k_1.$$

Das Maximalmoment wird

$$M_\varphi = \sin \lambda\,\xi \cdot p\,r/\pi\,\varrho$$

$$\varrho = 2{,}42 \sqrt{r/l}\;\sqrt[4]{r/h}\,.$$

Für $\nu = 0$ und $m = 1$ ist $M_{\varphi 1} = 0$. Weiter ist $M_{\varphi 5} \gg M_{\varphi 3}, \ldots\ldots M_\varphi$ setzt sich aus den höheren Harmonischen zusammen, und die Momente der zwei Streifenlasten sind darum auf enge Bereiche in der Lastnähe begrenzt.

2.3 Die Membrantheorie

Das Hauptmaterial der Schalengewölbe ist Stahlbeton, und die erste Harmonische der Belastung mit Eigengewichtsverteilung wird darum von ausschlaggebender Bedeutung

$$Z = q \sin \lambda\,\xi \cos \psi$$

$$Y = q \sin \lambda\,\xi \sin \psi$$

$$\lambda = \pi\,r/l.$$

Das Ringmoment dieser Belastung ist mit guter Annäherung gleich Null. Das Längsmoment in Schalenmitte hat für $\psi = 0$ und $\nu = 0{,}1$

$$M_x = q\,h^2(\lambda^2 + 4{,}1 + 2/\lambda^2)/[(\lambda^4 + 3{,}8\lambda^2)\,h^2/r^2 + 11{,}9].$$

Die Maximalwerte des Längsmomentes für sinusförmige Längsverteilung der Belastung werden

$\pi\,r/l =$	1	5	10	20	50
$h/r = 1/100$	0,6	2,4	8,0	14,4	$3{,}9 \cdot q\,h^2$
$h/r = 1/1000$	0,6	2,5	8,7	33,5	$137{,}9 \cdot q\,h^2$

Gewöhnliche Schalen haben $\lambda < 10$, und darum

$$M_x < 10\,q\,h^2.$$

Mit $q = 400\ \text{kg/m}^2$ und $h = 0{,}1\ \text{m}$, wird $M_x < 40\ \text{kgm/m}$. Eine Schale mit Ringrippen hat ein Längsmoment gleich i_φ mal das Längsmoment der isotropen Schale, und darum kleiner als $2\ \text{kgm/m}$. Mit guter Annäherung kann man deshalb für die erste Harmonische $M_\varphi = M_x = 0$ annehmen, und aus den Gleichgewichtsbedingungen folgt $Q_x = Q_\varphi = 0$.

Die übrigen Schnittkräfte, die als *Membrankräfte* bezeichnet werden (N_x, N_φ, S_φ und S_x), lassen sich aus den Gleichgewichtsbedingungen durch einfache Quadratur berechnen.

Ein Rohr mit veränderlichem Halbmesser R hat, für den biegungsfreien Membranzustand und eine Flächenlast mit den Komponenten Z und Y, nach Abschn. 1.2 die folgenden Gleichgewichtsbedingungen

$$N_\varphi = -Z\,R$$
$$S_{x\,01} = -Y\,R + (Z\,R)_{10}$$
$$S_\varphi = S_x$$
$$N_{x\,02} = -S_{\varphi\,11}.$$

Eine freiaufliegende Schale mit gleichmäßig in der Längsrichtung verteilter Belastung hat die Membrankräfte

$$N_\varphi = -Z\,R$$
$$S_\varphi = [Y - (Z\,R)_{1c}/R]\,(l/2 - x)$$
$$N_x = [-Y + (Z\,R)_{10}/R]_{10}\,(l - x)\,x/2\,R.$$

Eine sinusförmige Längsverteilung der Belastungskomponenten mit Maximalwert Z und Y ergibt

$$N_\varphi = -\sin \lambda\,\xi \cdot Z\,R$$
$$S_\varphi = \cos \lambda\,\xi \cdot [Y - (Z\,R)_{10}/R] \cdot l/\pi$$
$$N_x = \sin \lambda\,\xi \cdot [-Y + (Z\,R)_{10}/R]_{10} \cdot l^2/\pi^2\,R.$$

Die *Ellipse* hat in kartesischen Koordinaten die Gleichung

$$(x^2 + 2r\,y)\,b_e^2/a_e^2 + y^2 = 0$$

a_e große Halbachse

b_e kleine Halbachse

$$R = r/\Phi^3$$

$$\Phi^2 = 1 + (r/b_e - 1)\,\sin^2 \psi.$$

$$r = a_e^2/b_e\,,\ \text{Halbmesser für } \psi = 0 \text{ (Scheitel)}.$$

Werden r und das Achsenverhältnis a_e/b_e gewählt, so ist

$$a_e = r\,b_e/a_e$$
$$b_e = r\,(b_e/a_e)^2.$$

Die Membrankräfte der Ellipse für die Eigengewichtsverteilung mit $Z = q \cos \psi$ und $Y = q \sin \psi$ werden

$$N_\varphi = -q\,r \cos \psi/\Phi^3$$
$$S_\varphi = q \sin \psi\,(3\Phi^2\,r/b_e - 1)\,(l/2 - x)$$
$$N_x = q \cos \psi\,[(2/\Phi - \Phi)\,r/b_e - \Phi^3]\,(l - x)\,x/2\,r.$$

Die *Kettenlinie* hat in kartesischen Koordinaten die Gleichung

$$y = r\,(\operatorname{Cos} x/r - 1)$$

r Halbmesser im Schalenscheitel

$$R = r/\cos^2 \psi = r\,\operatorname{Cos}^2 x/r$$

$$\cos \psi = 1/\operatorname{Cos} x/r$$

$$s = r\,\operatorname{tg}\psi,\ \text{Bogenlänge}.$$

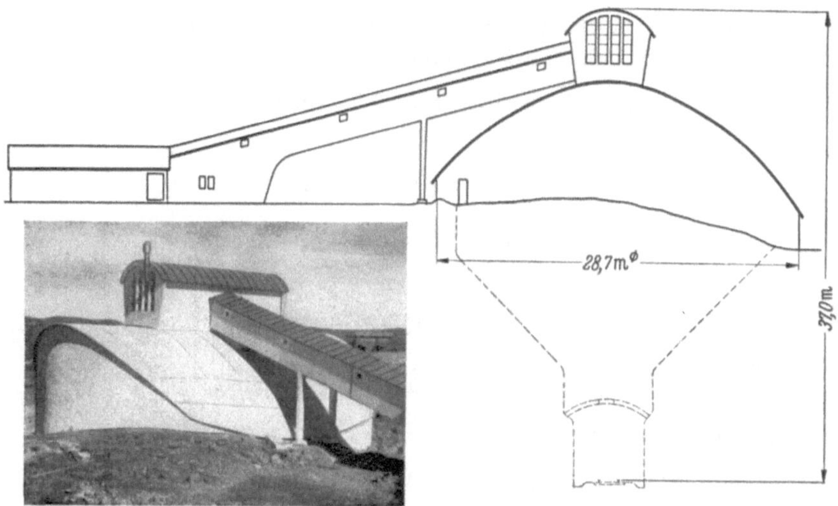

Abb. 7. Einfüllsilo für Malmzüge in Björnevatn
Bauherr: A/S Sydvaranger.   Unternehmer: A/S Trondhjem Cementstöberi og
Entreprenörforretning.   Architekt: G. BRUSKELAND.   Konstrukteur: AAS-JAKOBSEN

Die Membrankräfte für die Eigengewichtsverteilung der Belastung sind

$$N_\varphi = -q\,r/\cos \psi$$

$$S_\varphi = N_x = 0.$$

Die *Parabel* hat die Gleichungen

$$y = x^2/2r$$

$$R = r/\cos^3 \psi$$

und die Membrankräfte für die Eigengewichtsverteilung werden

$$N_\varphi = -q\,r/\cos^2 \psi$$

$$S_\varphi = q\,\sin \psi\,(l/2 - x)$$

$$N_x = q\,\cos^4 \psi\,(l - x)\,x/2r.$$

Der *Kreis* erhält für die Eigengewichtsverteilung in der Ringrichtung und Sinusverteilung in der Längsrichtung

$$Z = q \sin \lambda \, \xi \cos \psi, \quad Y = q \sin \lambda \, \xi \sin \psi$$

die folgenden Membrankräfte

$$N_\varphi = - \sin \lambda \, \xi \cos \psi \cdot q \, r$$

$$S_\varphi = 2 \cos \lambda \, \xi \sin \psi \cdot q \, r/\lambda$$

$$N_x = - 2 \sin \lambda \, \xi \cos \psi \cdot q \, r/\lambda^2 .$$

Die Nutzlast p wird gleichmäßig über der Horizontalebene verteilt angenommen und hat die Lastkomponenten

$$Z = p \sin \lambda \, \xi \cos^2 \psi, \quad Y = 0{,}5 p \sin \lambda \, \xi \sin 2 \, \psi$$

und die Membrankräfte

$$N_\varphi = - \sin \lambda \, \xi \cos^2 \psi \cdot p \, r$$

$$S_\varphi = 1{,}5 \cos \lambda \, \xi \sin 2 \, \psi \cdot p \, r/\lambda$$

$$N_x = - 3 \sin \lambda \, \xi \cos 2 \, \psi \cdot p \, r/\lambda^2 .$$

Eine Stützlinienbelastung an der Kreiszylinderschale hat die Lastkomponenten

$$Z = q \sin \lambda \, \xi/\cos \psi, \quad Y = q \sin \lambda \, \xi \, \text{tg} \, \psi/\cos \psi$$

und die Membrankräfte

$$N_\varphi = - q \, r \sin \lambda \, \xi/\cos \psi, \quad S_\varphi = N_x = 0 .$$

Da der Membranzustand momentenfrei ist, gilt nach dem HOOKEschen Gesetz für eine isotrope Schale

$$E \, \varepsilon_x = \sigma_x - \nu \, \sigma_\varphi = (N_x - \nu \, N_\varphi)/h$$

$$E \, \varepsilon_\varphi = \sigma_\varphi - \nu \, \sigma_x = (N_\varphi - \nu \, N_x)/h$$

$$E \, \gamma_{x\varphi} = 2(1 + \nu) \, \tau = 2(1 + \nu) \, S_\varphi/h .$$

Weiter ist

$$\varepsilon_x = \partial u/\partial x = u_{01}/r$$

$$\varepsilon_\varphi = (v_{10} + w)/r$$

$$\gamma_{x\varphi} = (u_{10} + v_{01})/r .$$

Die Verschiebungen des Membranzustandes werden

$$u_{01} = (N_x - \nu \, N_\varphi)/F(1 - \nu^2)$$

$$v_{01} = 2 S_\varphi(1 + \nu)/F(1 - \nu^2) - u_{10}$$

$$w = (N_\varphi - \nu \, N_x)/F(1 - \nu^2) - v_{10}$$

$$\vartheta_\varphi = (w_{10} - v)/r .$$

Eine Belastung $Z = q \sin \lambda \, \xi \cos \psi$ und $Y = q \cos \lambda \, \xi \cos \psi$ verursacht bei einer Kreiszylinderschale die folgenden Membrandeformationen

$$u = \cos \psi \cos \lambda \, \xi \, (2 - \nu \, \lambda^2) \, q \, r \, k/J \, \lambda^3$$

$$v = \sin \psi \sin \lambda \, \xi \, (2 + 4\lambda^2 + 3\nu \, \lambda^2) \, q \, r \, k/J \, \lambda^4$$

$$w = - \cos \psi \sin \lambda \, \xi \, (2 + 4\lambda^2 + \nu \, \lambda^2 + \lambda^4) \, q \, r \, k/J \, \lambda^4$$

$$\vartheta_\varphi = \sin \psi \sin \lambda \, \xi \, (-2\nu + \lambda^2) \, q \, k/J \, \lambda^2 \,.$$

Beispiel. Einer Reihe zylindrischer Ausblasegefäße für Cellulosekocher wurde aus Platzgründen elliptischer Querschnitt gegeben ($a_e = 9{,}5/2 = 4{,}75$ m, $b_e = 6{,}95/2 = 3{,}475$ m). Die Zylinder sind aus rostfreiem Stahl mit Blechstärke $h = 6$ mm ausgeführt, und die Zylinderhöhe beträgt $l = 7{,}5$ m. Dach- und Bodenplatten — 3 mm starke rostfreie Stahlplatten — bilden Binderscheiben. Diese sind am Rande verstärkt und außerdem von Betonplatten zur Aufnahme der Biegungsmomente ausgesteift (Abb. 8). Die Ausblasegefäße sollen einen Druck von 0,3 atü aufnehmen können, d. h.

$$Z = - 3 \, \mathrm{t/m^2}$$

$$Y = 0 \,.$$

Der Querschnitt hat

$$a_e/b_e = 4{,}75/3{,}475 = 1{,}367$$

$$(a_e/b_e)^2 = 1{,}868$$

$$r = 4{,}75^2/3{,}475 = 6{,}5 \text{ m}$$

$$\Phi^2 = 1 + (1{,}868 - 1) \sin^2 \psi = 1 + 0{,}868 \sin^2 \psi$$

$$R = 6{,}5 \, (1 + 0{,}868 \sin^2 \psi)^{-1{,}5} = 6{,}5/\Phi^3 \,.$$

Ein elliptischer Zylinder mit konstantem Innendruck hat

$$N_\varphi = Z \, R = 3 \cdot 6{,}5/\Phi^3$$

$$S_{\varphi \, 01} = - N_{\varphi \, 10}/R = - (Z \, R)_{10}/R = 1{,}5 \, (1 - 1{,}868) \sin^2 \psi \cdot Z/\Phi^2$$

$$S_\varphi = 1{,}5 \, (1 - 1{,}868) \sin^2 \psi \, (l/2 - x) \, Z/\Phi^2$$

$$= 3 \cdot 1{,}5 \, (1 - 1{,}868) \sin^2 \psi \, (3{,}75 - x)/\Phi^2$$

$$N_{x \, 01} = - S_{\varphi \, 10}/R = 3 \, (1 - 1{,}868) \, [1 - (1 + 1{,}868) \sin^2 \psi] \, (l/2 - x) \, x \, Z/r \, \Phi$$

$$N_x = 1{,}5 \, (1 - 1{,}868) \, [1 - (1 + 1{,}868) \sin^2 \psi] \, (l - x) \, x \, Z/r \, \Phi =$$

$$= 3 \cdot 1{,}5 \, (1 - 1{,}868) \, [1 - (1 + 1{,}868) \sin^2 \psi] \, (7{,}5 - x) \, x/6{,}5 \, \Phi$$

$$N_\varphi = 19{,}5/\Phi^3$$

$$S_\varphi = - 3{,}91 \sin^2 \psi \, (3{,}75 - x)/\Phi^2$$

$$N_\varphi = 0{,}602 \, (1 - 2{,}868 \sin^2 \psi) \, (7{,}5 - x) \, x/\Phi \,.$$

Die Schnittkräfte sind in den Punkten $\psi = 0$, $11{,}25°$, $22{,}5°$, $\cdots$, $90°$ in Zahlentafel I 2 gegeben, und in Abb. 8 sind die Schnittkräfte graphisch dargestellt.

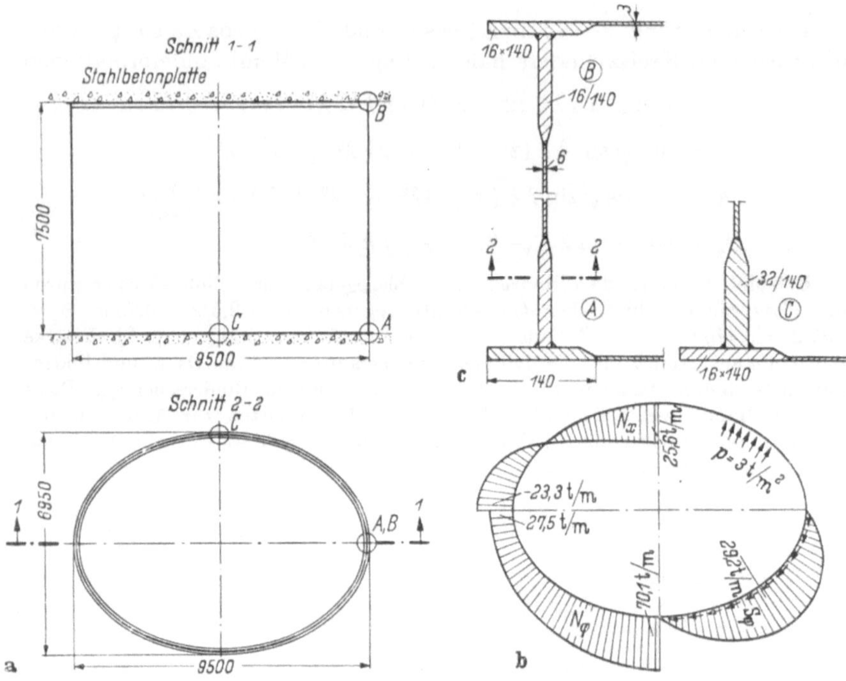

Abb. 8. Ausblasegefäße aus rostfreiem Stahl mit 3 t/m² Innendruck

Zahlentafel I 2. *Schnittkräfte eines elliptischen Ausblasegefäßes für 0,3 atü Überdruck,*
$$Z = -3\,t/m^2$$

ψ°	$\sin\psi$	$\sin^2\psi$	$\sin 2\psi$	Φ^2	Φ	$\dfrac{2,868}{\sin^2\psi-1}$	N_φ	$-S_\varphi$ $x=0$	N_x $x=l/2$
0	0	0	0	1	1	-1	19,5	0	8,4
11,25	0,195	0,038	0,382	1,033	1,016	$-0,891$	18,6	5,4	7,4
22,50	0,383	0,146	0,707	1,127	1,062	$-0,580$	16,3	9,2	4,6
33,75	0,556	0,309	0,924	1,268	1,126	$-0,115$	13,6	10,7	0,9
45,00	0,707	0,500	1	1,434	1,198	0,434	11,3	10,2	$-3,0$
56,25	0,831	0,691	0,924	1,600	1,265	0,983	9,6	8,5	$-6,5$
67,50	0,924	0,854	0,707	1,741	1,320	1,448	8,5	5,9	$-9,2$
78,75	0,981	0,962	0,382	1,835	1,355	1,759	7,8	3,1	$-10,9$
90	1	1	0	1,868	1,367	1,868	7,6	0	11,5
							t/m	t/m	t/m

3. Isotrope Schalen mit Belastung am Längsrand

3.1 Geschichtliche Übersicht

Die erste Lösung für die Belastung am Längsrand wurde von FINSTERWALDER [32.1] aufgestellt. Er nahm an, daß das Längsmoment M_x und das Drillmoment M_t in der Schale Null sind, sah von der Querkontraktion ab ($v = 0$), und führte das Ringmoment M_φ als Lösungsfunktion ein. FLÜGGE [*34.3*] stellte die Ausdrücke für die Schnittkräfte und die Gleichgewichtsbedingungen auf, die später von denen benutzt wurden, die die Randlösungen nach der mathematischen Elastizitätstheorie behandelt haben. Er führte die Lösung für den Längsrand nicht im einzelnen durch, sondern skizzierte lediglich kurz, wie eine Lösung durchgeführt werden kann. Die Lösung wurde dann formell von DISCHINGER [*35.1*] aufgestellt. DISCHINGER benutzte FLÜGGES Gleichungen für die Schnittkräfte, und ga, durch Zahlenbeispiele, eine Übersicht über die Lösungen. SCHORER [*36.6*] fügte zu FINSTERWALDERS Näherungen zusätzlich auch noch die Annahme, daß die niedrigen Ableitungen in der Ringrichtung im Verhältnis zu der höchsten Ableitung wegfallen können.

Eine allgemeine Theorie für isotrope Schalen wurde von WLASSOW [*44.2*] gegeben. Er benutzt $\Psi = \Delta^2 w$ als Lösungsfunktion und gibt sowohl genaue als angenäherte Lösungen an. EGGWERTZ [*47.5*] behandelt die FLÜGGE-DISCHINGERschen Gleichungen und gibt ein Eliminationsverfahren formell an. JENKINS [*47.8*] benutzt die Näherung $(\pi\,r/l)^2 \gg 1$, gelangt damit zu der Differentialgleichung $\Delta^4 w + w_{04}\,F/J = 0$ für Belastung am Längsrand, und führt Matrizenlösungen für die Randwerte ein. LUNDGREN [*49.5*] verwendet FLÜGGES Gleichungen für die Schnittgrößen und gibt eine umfassende Übersicht über Näherungslösungen. LUNDGRENS Darstellung der Schalentheorie zeichnet sich durch Klarheit aus, und seine geschichtlichen Übersichten sind umfassend. Er bringt auch nützliche Auseinandersetzungen mit ungelösten Schalenproblemen. GIRKMANN [*46.2*] und TIMOSHENKO [*40.2*] geben in ihren Büchern über Platten und Schalen wertvolle Übersichten über die Schalentheorie.

Auf dem ersten Schalenkongreß in London im Jahre 1952 gab MCNAMEE [*52.8*] eine Übersicht über existierende Berechnungsverfahren und Näherungen. Die *Cement and Concrete Association* [*54.1*], die die Einladungen zum Kongreß ergehen ließ, hatte eine umfassende Literaturübersicht für Schalen ausgearbeitet. NISKANEN [*52.10*] und CSONKA [*52.3*] haben die Iterationsmethoden für die Lösung der Differentialgleichung bearbeitet, und NEUBER [*52.9*] behandelt angenäherte Lösungen. Eine *ASCE-Komitee*[1] hat die Berechnungsmethoden für Zylinderschalen bearbeitet, und die Resultate liegen als *ASCE-Manuals of Engineering Practice $N°$ 31* [*52.1*] vor. ZERNA [*52.12*] behandelt ein Lösungsverfahren mit den DONNELL-JENKINSschen Näherungen, während GIBSON [*54.3*] sowohl die SCHORERschen wie die DONNELL-JENKINSschen Vereinfachungen benutzt. MOE [*53.6*] gibt eine Übersicht über die Wir-

---

[1] ASCE = American Society of Civil Engineers.

kung der verschiedenen Annahmen auf die Wurzeln der charakteristischen Gleichung, und findet neue Näherungslösungen für die Wurzeln. MEH-MEL und FUCHSTEINER [53.5] zeigen eine genäherte Berechnungsmethode auf Grund der mathematischen Elastizitätstheorie. GIBSON und COOPER [54.3] behandeln Schalenprobleme mit den DONNELL-JENKINSschen Näherungen.

AAS-JAKOBSEN [55.1] benutzt die Näherung $1 + h^2/c\,r^2 = 1$ für alle Glieder, und die Schnittkräfte, die in die Gleichgewichtsbedingungen eingesetzt werden, sind auf die Schwerpunktachse bezogen. HOLAND [56.2] löst die Gleichungen nach FLÜGGE mit der WLASSOWschen Spannungsfunktion, und gibt explizite Lösungen für Belastungskombinationen am Längsrand.

Die Lösung der charakteristischen Gleichung ist von DISCHINGER [35.1], LUNDGREN [49.5], PARME [52.1], BERGER [53.1], AAS-JAKOBSEN [55.1] und HOLAND [56.2] untersucht worden.

Die Aufstellung von Zahlentafeln zur Berechnung von isotropen Schalen ist von einer Reihe von Verfassern behandelt worden. Schon DISCHINGER [35.1] bearbeitete diese Aufgabe, und fertige Zahlentafeln wurden von SCHORER [36.6] gegeben. AAS-JAKOBSEN [39.2] führte die Parameterdarstellung bei der Schalenberechnung ein und verwendete als Parameter für die Ringrichtung $\varrho = \sqrt[8]{\lambda^4/k}$. Dieser Wert für den Ringparameter ϱ gibt ein Minimum an Zifferänderung in den Lösungs- und Verteilungsfunktionen. Derselbe Parameter wurde von LUNDGREN [49.5] benutzt, der Zahlentafeln für Wurzeln und Multiplikatoren der Integrationskonstanten für die Schnittgrößen nach FLÜGGE gab. Die amerikanische *ASCE-Manual N° 31* [52.1] enthält eine Reihe Zahlentafeln, deren praktische Brauchbarkeit allerdings durch unvorteilhafte Wahl der Schalenparameter etwas beschränkt wird. In den letzten zwei Jahren haben TOTTENHAM [54.8], AAS-JAKOBSEN [55.1], RABICH [55.4, 56.5], RÜDIGER-URBAN [55.5] und HOLAND [56.2] Zahlentafeln veröffentlicht.

Als Randbelastungsystem schlug FLÜGGE [34.3] vor, entweder die Integrationskonstanten $A-D$ der Reihe nach gleich eins und null werden zu lassen, oder auch die heraustretenden Schnittgrößen M_φ, R_φ, N_φ und S_φ sukzessive gleich eins und null zu wählen. Das erste Verfahren gibt keine Erleichterungen gegenüber dem, die Integrationskonstanten als Unbekannte zu behalten. Das letzte Randbelastungsystem ist heute das übliche, hat aber den Nachteil, wie JOHANSEN [48.5] erwähnt, daß die Berechnung mit 5—6 Ziffern durchgeführt werden muß. Dieses Verhalten ist darauf zurückzuführen, daß $N_\varphi = \varrho^2 \sin \lambda\,\xi$ und $R_\varphi = -\varrho \sin \lambda\,\xi$ etwa die gleichen Belastungskombinationen ergeben. Die Ringverteilung der Schnittgrößen wird daher durch Differenzen beinahe gleich großer Verteilungsfunktionen gebildet. Zur Behebung dieses Nachteils führte AAS-JAKOBSEN [55.1] Hauptbelastungsysteme ein, und die Schalenabmessungen wurden so gewählt, daß sie einem der Hauptsysteme annähernd entsprechen.

3.2 Die charakteristische Gleichung

Die vollständige Differentialgleichung zur Bestimmung der Lösungsfunktion w ist nach Abschn. 1.2

$$\Delta^2 (\Delta + 1)^2 w + 2(1 - \nu)(w_{42} + w_{22} - w_{06}) + 3(1 - \nu^2) w_{04} +$$

$$+ (1 - \nu^2) w_{04} F/J = (-\Delta^2 Z + Y_{30} + 2 Y_{12} + \nu Y_{12}) r/J.$$

Die Lösung setzt sich zusammen aus den Partikularintegralen, die im Abschn. 2 behandelt sind, und aus den Integralen der homogenen partiellen Differentialgleichung für w

$$w_{80} + 4 w_{62} + 2 w_{60} + 6 w_{44} + (8 - 2\nu) w_{42} + w_{40} + 4 w_{26} +$$

$$+ 6 w_{24} + (4 - 2\nu) w_{22} + 2 w_{06} + w_{08} + (4 - 3\nu^2) w_{04}$$

$$+ (1 - \nu^2) w_{04}/k = 0.$$

Belastungen am Längsrand haben die Lösungsfunktion

$$w = \sin \lambda \, \xi \cdot W/J \, \varrho^2.$$

W ist eine Summe von Exponentialfunktionen

$$W = A \, e^{m_1 \varphi} + B \, e^{m_2 \varphi}.$$

Statt Exponentialfunktionen können auch hyperbolische Sin- und Cos-Funktionen verwendet werden

$$W = A \operatorname{Cos} m_1 \varphi + B \operatorname{Sin} m_2 \varphi.$$

Die Exponentialfunktionen sind zur Berechnung von Zahlentafeln besonders geeignet. Die Ringkoordinate φ wird bei der Zahlenrechnung durch $\varepsilon = \varrho \, \varphi$ ersetzt, wobei ϱ der Ringparameter ist

$$W = e^{m \varrho \varphi} = e^{m \varepsilon}.$$

Durch Einsetzen der Lösung für w in die Differentialgleichung, erhält man die charakteristische Gleichung für m

$$m^8 - m^6 (4\lambda^2 - 2)/\varrho^2 + m^4 (6\lambda^4 - 8\lambda^2 + 2\nu \lambda^2 + 1)/\varrho^4 -$$

$$- 2 m^2 (2\lambda^4 - 3\lambda^2 + 2 - \nu) \lambda^2/\varrho^6 + (\lambda^8 - 2 \nu \lambda^6$$

$$+ 4\lambda^4 - 3\nu^2 \lambda^4)/\varrho^8 + (1 - \nu^2) \lambda^4/k \, \varrho^8 = 0.$$

Versuche ergaben $\nu = 0{,}15 - 0{,}25$ für Momentanbelastungen und $\nu = 0 - 0{,}20$ für Dauerbelastungen. Die Hauptbelastung der Schalen ist ihr Eigengewicht und darum wird $\nu = 0,1$ gewählt. Übrigens ist ν ohne Bedeutung für die Tragwirkung der Schale.

Der Ringparameter ϱ kann frei gewählt werden. Dabei ist zu beachten, daß die Schnittgrößen folgende Hauptglieder

$$M_\varphi = r\, m^2\, w, \quad R_\varphi = \varrho\, m^3\, w, \quad N_\varphi = \varrho^2\, m^4\, w \cdots$$

haben. Die Multiplikatoren enthalten außer r, ϱ, ϱ^2, ... auch Potenzen von m, und die da Verteilungsfunktionen $m^2\, w$, $m^3\, w \cdots$ in derselben Größenordnung bleiben sollen, muß m einen Absolutbetrag von etwa eins haben. Dies wird erreicht für

$$\varrho^8 = (1 - \nu^2)\, \lambda^4/k$$

oder mit $\nu = 0,1$ für isotrope Schalen

$$\varrho = 2,42 \sqrt{r/l}\, \sqrt[4]{r/h}$$

Der Längsparameter der Schale

$$\lambda = \pi\, r/l$$

ist aus der harmonischen Analyse für die Längsverteilung gegeben. Die Beiwerte der charakteristischen Gleichung werden aus Potenzen und Produkten von λ^2/ϱ^2 und $1/\varrho^2$ gebildet, und diese sind für die Wurzeln und die Lösungsfunktionen die maßgebenden Parameter, die mit $\varkappa$ und ω bezeichnet werden

$$\varkappa = \lambda^2/\varrho^2, \quad \omega = 1/\varrho^2.$$

Die charakteristische Gleichung für m ist eine vollständige Gleichung 4ten Grades für m^2 und wird in der allgemeinen Form geschrieben

$$m^8 + 4c_6\, m^6 + c_4\, m^4 + c_2\, m^2 + c_0 + 1 = 0.$$

Die Lösung dieser Gleichung wird am einfachsten nach dem Verfahren vorgenommen, das in Band I der *Hütte* zu finden ist. Folgende Substitution wird eingeführt

$$m^2 = X - c_6.$$

Diese Substitution ergibt die biquadratische Gleichung für X

$$X^4 + P\, X^2 + Q\, X + R + 1 = 0.$$

Die Beiwerte der biquadratischen Gleichung werden

$$P = -6c_6^2 + c_4 = -1,8\varkappa\,\omega - 0,5\omega^2$$

$$Q = 8c_6^3 - 2c_6\, c_4 + c_2 = -3,6\varkappa^2\,\omega$$

$$R = -3c_6^4 + c_6^2 c_4 - c_6\, c_2 + c_0 = 3(1 - \nu^2)\,\varkappa^2\,\omega^2 + 0,45\varkappa\,\omega^3 + 0,0625\,\omega^2.$$

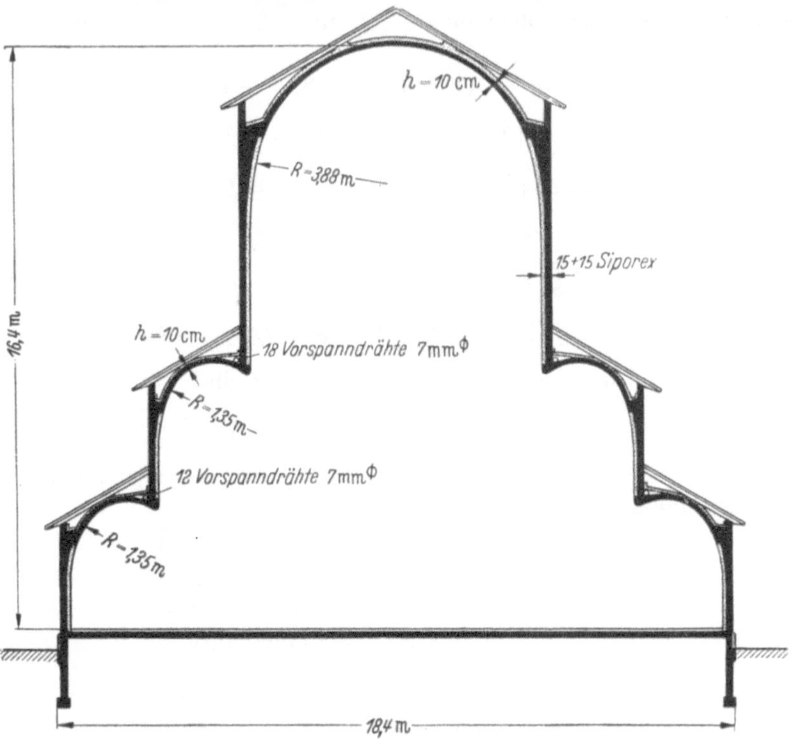

Abb. 9. Bodö, Domkirche

Unternehmer: Ing. Per Gulbransen A/S.   Architekt: Blakstad und Munthe-Kaas,
Konstrukteur: Aas-Jakobsen

Die Beiwerte $c_0 - c_6$ einer isotropen Schale sind der charakteristischen Gleichung entnommen und für $\nu = 0{,}1$ ausgewertet

$$c_6 = -(\lambda^2 - 0{,}5)/\varrho^2 = -\varkappa + 0{,}5\,\omega$$

$$c_4 = (6\lambda^4 - 7{,}8\lambda^2 + 1)/\varrho^4 = 6\varkappa^2 - 7{,}8\varkappa\,\omega + \omega^2$$

$$c_2 = -(2\lambda^4 - 3\lambda^2 + 1{,}9)\,2\lambda^2/\varrho^6 = -4\varkappa^3 + 6\varkappa^2\,\omega - 3{,}8\,\varkappa\,\omega^2$$

$$c_0 = (\lambda^8 - 2\nu\,\lambda^6 + 4\lambda^4 - 3\nu^2\,\lambda^4)/\varrho^8 = \varkappa^4 - 0{,}2\varkappa^3\,\omega + 4\varkappa^2\,\omega^2 - 0{,}03\varkappa^2\omega^2$$

Die kubische Resolvente ist

$$y^3 + 2P\,y^2 + (P^2 - 4 - 4R)\,y - Q^2 = 0.$$

Die drei Wurzeln y_{1-3} dieser Gleichung sind reell und können nach *Hütte* I berechnet werden. Sie werden aber am einfachsten durch Iteration gefunden. Zu diesem Zweck wird die Resolvente geschrieben

$$(y + P)^2 = 4(1 + R) + Q^2/y.$$

Da P, Q und R klein sind, wird die erste Näherung für y erhalten, wenn $P = Q = R = 0$ eingeführt wird

$$y_{1,2} = \pm\,2.$$

Diese Näherung wird oben eingesetzt, und die zweite Näherung für $y_{1,2}$ wird

$$y_{1,2} = \pm\,2(1 + P + Q^2/8)^{0{,}5} - P$$

$$\sqrt{y_1} = [2(1 + R + Q^2/8)^{0{,}5} - P]^{0{,}5}$$

$$\sqrt{y_2} = i\,[2(1 + R + Q^2/8)^{0{,}5} + P]^{0{,}5}.$$

Die dritte Wurzel y_3 wird gefunden aus der Bedingung

$$\sqrt{y_1}\,\sqrt{y_2}\,\sqrt{y_3} = -Q$$

$$\sqrt{y_3} = i\,Q/2(1 + R + Q^2/8 - P^2/4)^{0{,}5}.$$

Die Wurzeln X der biquadratischen Gleichung sind

$$2X = \pm\sqrt{y_1} \mp (\sqrt{y_2} \pm \sqrt{y_3})$$

und aus der Substitution $m^2 = X - c_6$ werden die Wurzelquadrate m^2_{1-4} gefunden

$$m^2_{1,2} = -c_6 + 0{,}5\sqrt{y_1} \mp 0{,}5\,(\sqrt{y_2} + \sqrt{y_3})$$

$$m^2_{3,4} = -c_6 - 0{,}5\sqrt{y_1} \mp 0{,}5\,(\sqrt{y_2} - \sqrt{y_3}).$$

Zur Vereinfachung der Schreibweise wird eingeführt

$$m^2_{1,2} = \alpha_1 \pm i\,\beta_1 \qquad m^2_{3,4} = \gamma_1 \pm i\,\delta_1$$

$$m_{1,2} = \alpha \pm i\,\beta \qquad m_{3,4} = \gamma \pm i\,\delta$$

$$\alpha_1,\, \gamma_1 = -c_6 \pm 0{,}5\,[2(1 + R + Q^2/8)^{0,5} - P]^{0,5}$$

$$\beta_1,\, \delta_1 = -0{,}5\,[2(1 + R + Q^2/8)^{0,5} + P]^{0,5} \mp Q/4(1 + R + Q^2/8 - P^2/4)^{0,5}$$

$$c_6 = (0{,}5 - \lambda^2)/\varrho^2 = 0{,}5\,\omega - \varkappa.$$

Die Vorzeichen sind so gewählt, daß die Bedingung $\sqrt{y_1}$, $\sqrt{y_2}$, $\sqrt{y_3} = -Q$ erfüllt wird. Es sind bei den Wurzeln m_{1-4} nur diejenigen von Interesse, die negativen Realteil α und γ haben, da die Wurzeln mit positivem Realteil identischen Lösungen entsprechen. Bei den Wurzelpotenzen m_{1-4}^2 wird dann $\beta_1 = 2\alpha\beta$ und $\delta_1 = 2\gamma\delta$ negativ.

Die Wurzeln m_{1-4} mit negativen Realteil ergeben die abklingende Lösungsfunktionen und haben

$$\alpha = -0{,}7071\,[(\alpha_1^2 + \beta_1^2)^{0,5} + \alpha_1]^{0,5}$$

$$\beta = 0{,}7071\,[\,\alpha_1^2 + \beta_1^2)^{0,5} - \alpha_1]^{0,5}$$

$$\gamma = -0{,}7071\,[(\gamma_1^2 + \delta_1^2)^{0,5} + \gamma_1]^{0,5}$$

$$\delta = 0{,}7071\,[(\gamma_1^2 + \delta_1^2)^{0,5} - \gamma_1]^{0,5}.$$

Die Iteration zur Bestimmung von m kann auch in der biquadratischen Gleichung vorgenommen werden ohne den Umweg über die kubische Resolvente zu gehen. Die biquadratische Gleichung für X kann geschrieben werden

$$(X^2 + P/2)^2 = -1 - R + P^2/4 - Q\,X.$$

Da P, Q und R klein sind, ist die erste Näherung

$$X = \sqrt{i} = \pm\,(1 + i)/\sqrt{2}\,.$$

Diese Lösung wird oben eingesetzt, und die zweite Näherung gibt

$$X = \pm\left[\pm\,i\left(1 + R - P^2/4 + Q\sqrt{i}\right)^{0,5} - P/2\right]^{0,5}$$

$$m_{1-4}^2 = -c_6 \pm \left[\pm\,i\left(1 + R - P^2/4 + Q\sqrt{i}\right)^{0,5} - P/2\right]^{0,5}.$$

Dieser Wert stimmt mit den schon abgeleiteten Wurzeln überein.

Die Berechnung der Schnittgrößen kann, wie in Abschn. 6 gezeigt werden soll, auf die erste Harmonische der Belastung beschränkt werden, und für diese ist bei gewöhnlichen Schalenabmessungen

$$\varrho = 5 - 20$$

$$\lambda = 1 - 10$$

$$\varkappa = \lambda^2/\varrho^2 = 0{,}05 - 0{,}30$$

$$\omega = 1/\varrho^2 = 0{,}04 - 0{,}003.$$

Sowohl die Wurzelwerte $\alpha_1, \beta_1, \ldots$ als alle übrigen Größen der Schalenberechnung bestehen aus einem Hauptglied, das von $\varkappa$ und ω unabhängig ist, und Sekundärgliedern, die aus Potenzen und Produkten von $\varkappa$ und ω gebildet werden. Die Sekundärglieder haben geringen Einfluß auf die Tragwirkung der Schale, und werden am einfachsten durch das Verfahren der diskreten Punkte berücksichtigt. Nach diesem Verfahren wird eine Schalenfunktion, z. B. die Wurzelwerte $\alpha_1, \beta_1, \ldots$ durch Polynome der maßgebenden Parameter ersetzt, und die Beiwerte werden so bestimmt, daß das Polynom in ebenso vielen Punkten mit der gegebenen Funktion übereinstimmt, wie Beiwerte im Polynom vorhanden sind. Da $\varkappa$ und ω klein sind, und die Tragwirkung der Schale nur wenig beeinflussen, wird als allgemeine Form der Polynome gewählt

$$N = p_0 + p_1 \varkappa + p_2 \varkappa^2 + p_3 \omega.$$

p_{0-3} werden aus den Parameterkombinationen $\omega/\varkappa = 0/0$, $0/\varkappa_1$, $0/2\varkappa_1$ und $\omega/\varkappa = \omega_1/\varkappa_1$ bestimmt, und die zugehörigen N-Werte sind N_0, N_1, N_2 und N_3, die aus der genauen Lösung berechnet werden. Die Gleichungen zur Bestimmung von p_{0-3} werden

$$p_0 = N_0$$
$$p_0 + p_1 \varkappa_1 + p_2 \varkappa_1^2 = N_1$$
$$p_0 + 2p_1 \varkappa_1 + 4p_2 \varkappa_1^2 = N_2$$
$$p_0 + p_1 \varkappa_1 + p_2 \varkappa_1^2 + p_3 \omega_1 = N_3$$
$$p_0 = N_0$$
$$p_1 = -(N_2 - 4N_1 + 3N_0)/2\varkappa_1$$
$$p_2 = (N_2 - 2N_1 + N_0)/2\varkappa_1^2$$
$$p_3 = (N_3 - N_1)/\omega_1.$$

Diese Gleichungen gelten für alle Größen, die von den Parametern $\varkappa$ und ω abhängen, und eine beliebige Schale kann aus den vier Schalen N_{0-3} mit großer Genauigkeit berechnet werden.

Das Verfahren der diskreten Punkte führt zu einer vollständigen Berechnung der vier Schalen N_{0-3}.

Die Schale N_0 hat $\omega = \varkappa = 0$ und

$$\alpha_1 = -\beta_1 = -\gamma_1 = -\delta_1 = 0{,}7071$$
$$-\alpha = \delta = 0{,}9239, \quad \beta = -\gamma = 0{,}3827.$$

Die Schale N_{1-2} mit $\omega = 0$ hat

$$\alpha_1, \gamma_1 = \varkappa \pm 0{,}7071, \quad \beta = \delta_1 = -0{,}7071$$
$$\alpha, \beta = \mp 0{,}7071 \,[(1 + 1{,}41\varkappa + \varkappa^2)^{0{,}5} \pm 0{,}7071 \pm \varkappa]^{0{,}5}$$
$$\gamma, \delta = \mp 0{,}7071 \,[(1 - 1{,}41\varkappa + \varkappa^2)^{0{,}5} \mp 0{,}7071 \pm \varkappa]^{0{,}5}.$$

Diese $\alpha - \delta$-Werte sind Funktionen von $\varkappa$ und sind in Abb. 10 graphisch dargestellt.

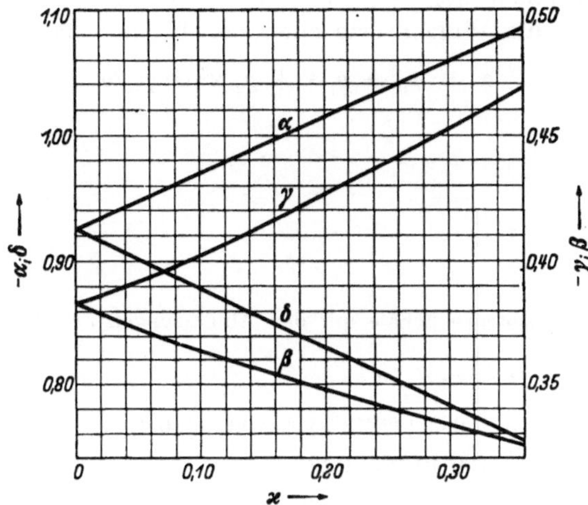

Abb. 10. Wurzeln $m_{1,2} = \alpha \pm i\beta$ und $m_{3,4} = \gamma \pm i\delta$ für isotrope Schalen mit $\omega = 0$

Die Schale N_3 hat $\varkappa = \varkappa_1$ und $\omega = \omega_1$ mit Wurzelquadraten gegeben durch

$$\alpha_1, \gamma_1 = \varkappa_1 - 0,5\,\omega_1 \pm (0,7071 - 0,18\,P)$$

$$\beta_1, \delta_1 = -0,7071 - 0,18\,P \mp 0,25Q$$

$$P = -1,8\,\varkappa\,\omega - 0,5\,\omega^2$$

$$Q = -3,6\,\varkappa^2\,\omega.$$

Zahlentafel II 1.   *Wurzelquadrate* $m_{1,2}^2 = \alpha_1 \pm i\beta_1$, $m_{3,4}^2 = \gamma_1 \pm i\delta_1$ *und Wurzeln* $m_{1,2} = \alpha \pm i\beta$, $m_{3,4} = \gamma \pm i\delta$ *der vier Schalen* N_{0-3} *sowie Wurzelquadrate und Wurzeln einer beliebigen Schale mit* $\alpha_1 = p_0 + p_1\varkappa + p_2\varkappa^2 + p_3\omega$, $\beta_1, \ldots$

$\omega/\varkappa$	α_1	$-\beta_1$	$-\gamma_1$	$-\delta_1$	$-\alpha$	β	$-\gamma$	δ	N
0/0	0,7071	0,7071	0,7071	0,7071	0,9239	0,3827	0,3827	0,9239	N_0
0/0,1	0,8071	0,7071	0,6071	0,7071	0,9696	0,3646	0,4030	0,8772	N_1
0/0,2	0,9071	0,7071	0,5071	0,7071	1,0142	0,3486	0,4261	0,8298	N_2
0,01/0,1	0,8024	0,7069	0,6124	0,7067	0,9674	0,3653	0,4017	0,8796	N_3
p_0	0,7071	0,7071	0,7071	0,7071	0,9239	0,3827	0,3827	0,9239	
p_1	1,0	0	$-1,0$	0	0,463	$-0,192$	0,189	$-0,463$	
p_2	0	0	0	0	$-0,055$	0,105	0,140	$-0,035$	
p_3	$-0,47$	$-0,02$	0,53	$-0,04$	$-0,22$	0,07	$-0,13$	0,24	

$$p_0 = N_0,\ p_1 = -5(N_2 - 4N_1 + 3N_0),\ p_2 = 50(N_2 - 2N_1 + N_0),\ p_3 = 100(N_3 - N_1)$$

$$\alpha_1 = p_0 + p_1\varkappa + p_2\varkappa^2 + p_3\omega = 0,7071 + \varkappa - 0,47\omega$$

$$-\alpha = 0,9239 + 0,463\varkappa - 0,055\varkappa^2 - 0,22\omega \quad \text{usw.}$$

Für die weitere Berechnung wird $\varkappa_1 = 0{,}1$ und $\omega_1 = 1/\varrho^2 = 0{,}01$ gewählt, und die Wurzelwerte sind in Zahlentafel II 1 für diese Parameterkombinationen gegeben. Die p_{0-3}-Werte der Wurzeln werden berechnet, und die Wurzelwerte einer beliebigen Schale sind

$$\alpha_1 = p_0 + p_1\,\varkappa + p_2\,\varkappa^2 + p_3\,\omega$$

$$\cdot \quad \cdot \quad \cdot \quad \cdot \quad \cdot \quad \cdot$$

$$\cdot \quad \cdot \quad \cdot \quad \cdot \quad \cdot$$

$$\cdot \quad \cdot \quad \cdot \quad \cdot$$

$$\cdot \quad \cdot \quad \cdot$$

$$\cdot \quad \cdot$$

Beispiel. Eine isotrope Schale mit den Abmessungen $r = 20$ m, $l = {,}7$ m, 15 $h = 8$ cm hat

$$\lambda = \pi \cdot 20/15{,}7 = 4$$

$$\varrho = 2{,}42\,\sqrt{20/15{,}7}\ \sqrt[4]{20/0{,}08} = 10{,}9$$

$$\varkappa = 4^2/10{,}9^2 = 0{,}135$$

$$\omega = 1/10{,}9^2 = 0{,}0084.$$

Die Beiwerte der biquadratischen Gleichung sind

$$P = -1{,}8 \cdot 0{,}135 \cdot 0{,}0084 - 0{,}5 \cdot 0{,}0084^2 = -0{,}0021$$

$$Q = -3{,}6 \cdot 0{,}135^2 \cdot 0{,}0084 = -0{,}0005$$

$$R = 2{,}97 \cdot 0{,}135^2 \cdot 0{,}0084^2 + 0{,}45 \cdot 0{,}135 \cdot 0{,}0084^3 = 0{,}000004.$$

Die Wurzelquadrate haben

$$\alpha_1 = 0{,}1350 - 0{,}0042 + 0{,}7071 + 0{,}18 \cdot 0{,}0021 = 0{,}8383 \qquad (0{,}8382)$$

$$\beta_1 = -0{,}7071 + 0{,}18 \cdot 0{,}0021 - 0{,}0005 \cdot 0{,}25 \ \ = -0{,}7068 \qquad (-0{,}7069)$$

$$\gamma_1 = 0{,}1350 - 0{,}0042 - 0{,}7071 - 0{,}18 \cdot 0{,}0021 \ \ = -0{,}5767 \qquad (-0{,}5766)$$

$$\delta_1 = -0{,}7071 + 0{,}18 \cdot 0{,}0021 + 0{,}0005 \cdot 0{,}25 \ \ = -0{,}7066 \qquad (-0{,}7068).$$

Die Wurzeln haben

$$\alpha = -0{,}7071\,[(0{,}8383^2 + 0{,}7068^2)^{0{,}5} + 0{,}8383]^{0{,}5} = -0{,}9836 \qquad (-0{,}9836)$$

$$\beta = +0{,}7071\,[(0{,}8383^2 + 0{,}7068^2)^{0{,}5} - 0{,}8383]^{0{,}5} = 0{,}3593 \qquad (0{,}3593)$$

$$\gamma = -0{,}7071\,[(0{,}5767^2 + 0{,}7066^2)^{0{,}5} - 0{,}5767]^{0{,}5} = -0{,}4095 \qquad (-0{,}4096)$$

$$\delta = +0{,}7071\,[(0{,}5767^2 + 0{,}7066^2)^{0{,}5} + 0{,}5767]^{0{,}5} = 0{,}8628 \qquad (0{,}8628).$$

Die Wurzelwerte nach Zahlentafel II 1 sind in Parenthesen gegeben, um die genaue Übereinstimmung zu zeigen. Es ist z. B.

$$\alpha_1 = 0{,}707 + 0{,}135 - 0{,}47 \cdot 0{,}0084 = 0{,}8382$$
$$-\alpha = 0{,}7239 + 0{,}463 \cdot 0{,}135 - 0{,}055 \cdot 0{,}135^2 - 0{,}22 \cdot 0{,}084 = 0{,}9836 \qquad \text{usw.}$$

3.3 Die Integrationskonstanten und die Multiplikatoren

Alle Verschiebungen und Schnittgrößen lassen sich durch w ausdrücken, und w wird darum als Lösungsfunktion benutzt. Die Belastung am Längsrand einer frei aufliegenden Tonne hat

$$w = \sin \lambda\, \xi \cdot W/J\, \varrho^2.$$

W ist die Lösungsfunktion

$$W = e^{m\,\varrho\,\varphi} = e^{m\,\varepsilon}.$$

Die Ableitungen und Integrale der Lösungsfunktion sind

$$w_{01} = \cos \lambda\, \xi \cdot W\, \lambda/J\, \varrho^2 \qquad \int w\, d\xi = -\cos \lambda\, \xi \cdot W/J\, \varrho^2\, \lambda$$

$$w_{02} = -\sin \lambda\, \xi \cdot W\, \varkappa/J \qquad \iint w\, d\xi = -\sin \lambda\, \xi \cdot W/J\, \varrho^2\, \lambda^2$$

$$\cdots\cdots \qquad\qquad\qquad \cdots\cdots$$

$$\cdots\cdots \qquad\qquad\qquad \cdots\cdots$$

$$W_{10} = W\, \varrho\, m \qquad\qquad \int W\, d\varphi = W/\varrho\, m$$

$$W_{20} = W\, \varrho^2\, m^2 \qquad\qquad \iint W\, d\varphi = W/\varrho^2\, m^2$$

$$\cdots\cdots \qquad\qquad\qquad \cdots\cdots$$

$$\cdots\cdots \qquad\qquad\qquad \cdots\cdots$$

Die zwei ersten Wurzeln $m_{1,2}$ haben nach Abschn. 3.2

$$m_{1,2} = \alpha \pm i\,\beta$$

$$m_{1,2}^2 = \alpha^2 - \beta^2 - \beta^2 \pm i\, 2\alpha\, \beta = \alpha_1 \pm i\,\beta_1$$

$$1/m_{1,2} = 1/(\alpha \pm i\,\beta) = (\alpha \mp i\,\beta)/(\alpha^2 + \beta^2).$$

Die zugehörigen Lösungsfunktionen W sind

$$W = A_i\, e^{m_1\,\varepsilon} + B_i\, e^{m_2\,\varepsilon}$$

$$= e^{\varkappa\,\varepsilon}\, [A_i\, (\cos \beta\, \varepsilon + i \sin \beta\, \varepsilon) + B_i\, (\cos \beta\, \varepsilon + i \sin \beta\, \varepsilon)]$$

$$W_{10} = m_1\, \varrho\, A_i\, e^{m_1\,\varepsilon} + m_2\, \varrho\, B_i\, e^{m_2\,\varepsilon}$$

$$= e^{\varkappa\,\varepsilon}\, [(\alpha + i\,\beta)\, A_i(\cos \beta\, \varepsilon + i \sin \beta\, \varepsilon) +$$

$$+ (\alpha - i\,\beta)\, B_i(\cos \beta\, \varepsilon + i \sin \beta\, \varepsilon)].$$

Mit $W_A = e^{\varkappa\,\varepsilon} \cos \beta\, \varepsilon$ und $W_B = e^{\varkappa\,\varepsilon} \sin \beta\, \varepsilon$ werden

$$W = (A_i + B_i)\, W_A + i(A_i - B_i)\, W_B$$

$$W_{10} = \varrho\, [(A_i + B_i)\, \alpha + i(A_i - B_i)\, \beta]\, W_A +$$

$$\varrho\, [i(A_i - B_i)\, \alpha - (A_i + B_i)\, \beta]\, W_B.$$

Diese Lösungen müssen reell sein, und es ist darum

$$A_i + B_i = A \qquad\qquad i(A_i - B_i) = B$$

$$W = A\, W_A + B\, W_B$$

$$W_{10} = (\alpha\, A + \beta\, B)\, \varrho\, W_A + (\alpha\, B - \beta\, A)\, \varrho\, W_B.$$

Der Rechnungsgang zeigt, daß eine Schnittgröße N mit dem komplexen Multiplikator $a + i\,b$ die reelle Form hat

$$N = (a\,A + b\,B)\,W_A + (a\,B - b\,A)\,W_B.$$

Die erste Integrationskonstante ist von der Form $a\,A + b\,B$, und so ist auch die zweite Integrationskonstante $a\,B - b\,A$ bekannt. Die zwei letzten Wurzeln $m_{3,4} = \gamma \pm i\,\delta$ haben analog die Lösungsfunktionen W_C und W_D mit den Multiplikatoren c und d. Die vier ersten Ableitungen von W erhalten folgende Multiplikatoren

	a	b	c	d
W	1	0	1	0
W_{10}	α	β	γ	δ
W_{20}	α_1	β_1	γ_1	δ_1
W_{30}	$\alpha\,\alpha_1$	$\beta\,\beta_1$	$\gamma\,\gamma_1$	$\delta\,\delta_1$
W_{40}	$\alpha_1^2 - \beta_1^2$	$2\alpha_1\beta_1$	$\gamma_1^2 - \delta_1^2$	$2\gamma_1\delta_1$

Für die weiteren Ableitungen ist es vorteilhaft, die Rekursionsformel zu benutzen

$$N = (a + i\,b)\,W$$

$$N_{10} = (\alpha \pm i\,\beta)\,(a + i\,b)\,\varrho\,W = [\alpha\,a - \beta\,b + i(\alpha\,b + \beta\,a)\,\varrho\,W$$

oder in reeller Schreibweise

$$N = (a\,A + b\,B)\,W_A + (a\,B - b\,A)\,W_B$$

$$N_{10} = [(\alpha\,a - \beta\,b)\,A + (\alpha\,b + \beta\,a)\,B]\,\varrho\,W_A +$$

$$+ [(\alpha\,a - \beta\,b)\,B - (\alpha\,b + \beta\,a)\,A]\,\varrho\,W_B.$$

Eine Integration gibt

$$\int N\,d\varphi = (a + i\,b)\,W/\varrho\,(\alpha + i\,\beta)$$

$$\int N\,d\varphi = [(\alpha\,a + \beta\,b)\,A + (\alpha\,b - \beta\,a)\,B]\,W_A/\varrho\,(\alpha^2 + \beta^2)$$

$$+ [(\alpha\,a + \beta\,b)\,B - (\alpha\,b - \beta\,a)\,B]\,W_B/\varrho\,(\alpha^2 + \beta^2).$$

Die Ableitungen und Integrale der Lösungsfunktion sind jetzt bekannt, und die Verschiebungen und Schnittgrößen können berechnet werden. Nach Abschn. 1.2 ist

$$\Delta^2 u = U\,w = w_{21} - \nu\,w_{03} + k(w_{05} - w_{41})$$

$$(m^2 - \varkappa)^2\,\varrho^4\,u = w\,[m^2\,\varrho^2\,\lambda + \nu\,\lambda^3 + k(\lambda^4 - m^4\,\lambda)]$$

$$u = w(\nu\,\varkappa + \varkappa^4\,\omega + m^2 - m^4\,\varkappa^2\,\omega)\,\varkappa/\lambda\,(m^2 - \varkappa)^2$$

$$\Delta^2 v = V\,w = -(2 + \nu)\,w_{12} - w_{30} + 2\,k\,\Delta w_{12}$$

$$v = w\,[-m^3(1 + \varkappa^3\,\omega) + m(2 + \nu + \varkappa^4\,\omega)]/\varrho\,(m^2 - \varkappa)^2.$$

Diese Ausdrücke für u und v können in die Gleichungen der Schnittgrößen eingesetzt werden. Der Rechnungsgang ist allerdings unübersichtlich — die sukzessive Elimination ist vorzuziehen. Es ist nach Abschn. 1.2

$$M_\varphi = r\,J\,(w_{20} + w + \nu\,w_{02})$$

$$M_x = r\,J\,(w_{02} + \nu\,w_{20} + \nu\,w)$$

$$M_t = r\,J\,(1 - \nu)\,\vartheta_{\varphi\,01} + k\,r\,S_\varphi$$

$$R_\varphi = (M_{\varphi\,10} + 2\,M_{t\,01})/r - k\,S_{\varphi\,01}$$

$$N_\varphi = -\,(M_{\varphi\,20} + M_{x\,02} + 2\,M_{t\,11})/r$$

$$S_{\varphi\,01} = -\,N_{\varphi\,10} + R_\varphi$$

$$N_{x\,01} = -\,S_{\varphi\,10}$$

$$u_{01} = (N_x - \nu\,N_\varphi + M_x/r)\,k/J\,(1 - \nu^2)$$

$$v_{10} = -\,w + (N_\varphi - \nu\,N_x - M_\varphi/r)\,k/J\,(1 - \nu^2)$$

$$v_{01} = -\,u_{10} - k\,w_{11} + S_\varphi\,(1 + \nu)\,2\,k/J\,(1 - \nu^2)$$

$$\vartheta_\varphi = (w_{10} - v)/r\,.$$

Die Multiplikatoren der Integrationskonstanten können der Reihe nach berechnet werden. Das Ringmoment M_φ ist

$$M_\varphi = r \sin \lambda\,\xi\,[(\alpha_1 + \omega - \nu\,\varkappa)\,A + \beta_1\,B]\,W_A$$

$$+\,r \sin \lambda\,\xi\,[(\alpha_1 + \omega - \nu\,\varkappa)\,B - \beta_1\,A]\,W_B$$

$$M_\varphi = r \sin \lambda\,\xi\,[(a_{m\varphi}\,A + b_{m\varphi}\,B)\,W_A + (a_{m\varphi}\,B - b_{m\varphi}\,A)\,W_B]\,.$$

Die Multiplikatoren der Integrationskonstante werden

$$a_{m\varphi} = \alpha_1 + \omega - \nu\,\varkappa \qquad\qquad b_{m\varphi} = \beta_1$$

$$a_{m x} = -\,\varkappa + \nu\,\alpha_1 + \nu\,\omega \qquad\qquad b_{m x} = \nu\,\beta_1\,.$$

Die Multiplikatoren werden der Reihe nach berechnet und sind in Zahlentafel II 2 gegeben.

Die allgemeine Lösung für die Multiplikatoren in Zahlentafel II 2 gibt nur a und b. Die Multiplikatoren c und d werden erhalten, wenn α mit γ und β mit δ vertauscht werden.

Aus der allgemeinen Lösung für die Multiplikatoren werden die Multiplikatoren für $\omega = \varkappa = 0$ und für $\omega = 0$, $\varkappa > 0$ gefunden, und diese Multiplikatoren sind in Zahlentafel II 3 zu finden. Die erste Lösung entspricht der SCHORERschen Annäherung und die zweite der DONNELL-JENKINSschen Annäherung, deren Wurzeln in Abb. 10 gezeigt sind.

Zahlentafel II 2. *Multiplikatoren der Integrationskonstanten für Verschiebungen und Schnittgrößen der isotropen Schalen*

	$\lambda\,\xi$	Multi-plikator	a	b
M_φ	sin	r	$\alpha_1 - \nu\varkappa + \omega$	β_1
M_x	sin	r	$-\varkappa + \nu\alpha_1 + \nu\omega$	$\nu\beta_1$
M_t	cos	$r\,\lambda/\varrho$	$(1-\nu)\,a_{\vartheta\varphi} + \varkappa\omega\,a_{s\varphi}$	$(1-\nu)\,b_{\vartheta\varphi} + \varkappa\omega\,b_{s\varphi}$
R_φ	sin	ϱ	$\alpha\,a_{m\varphi} - \beta\,b_{m\varphi} - 2\varkappa\,a_{mt} + \varkappa^2\omega\,a_{s\varphi}$	$\alpha\,b_{m\varphi} + \beta\,a_{m\varphi} - 2\varkappa\,b_{mt} + \varkappa^2\omega\,b_{s\varphi}$
N_φ	sin	ϱ^2	$-\alpha\,a_{r\varphi} + \beta\,b_{r\varphi} + \varkappa\,a_{mx} - \varkappa^2\omega\,a_{nx}$	$-\alpha\,b_{r\varphi} - \beta\,a_{r\varphi} + \varkappa\,b_{mx} - \varkappa^2\omega\,b_{nx}$
S_φ	cos	ϱ^3/λ	$\alpha\,a_{n\varphi} - \beta\,b_{n\varphi} - \omega\,a_{r\varphi}$	$\alpha\,b_{n\varphi} + \beta\,a_{n\varphi} - \omega\,b_{r\varphi}$
N_x	sin	ϱ^4/λ^2	$-\alpha\,a_{s\varphi} + \beta\,b_{s\varphi}$	$-\alpha\,b_{s\varphi} - \beta\,a_{s\varphi}$
v_{10}	sin	$1/\varrho^2\,J$	$-1 + \varkappa^2(a_{n\varphi} - a_{nx}\nu/\varkappa - \omega\,a_{m\varphi})$	$\varkappa^2(b_{n\varphi} - b_{nx}\nu/\varkappa - \omega\,b_{m\varphi})$
v	sin	$1/\varrho^3\,J$	$(\alpha\,a_{v10} + \beta\,b_{v10})/(\alpha^2 + \beta^2)$	$(\alpha\,b_{v10} - \beta\,a_{v10})/(\alpha^2 + \beta^2)$
w	sin	$1/\varrho^2\,J$	1	0
ϑ_φ	sin	$1/\varrho\,J\,r$	$\alpha - \omega\,a_v$	$\beta - \omega\,b_v$

$$\varkappa = \lambda^2/\varrho^2, \quad \omega = 1/\varrho^2$$

Zahlentafel II 3. *Multiplikatoren der Integrationskonstanten der Schalen p_0, p_1 und p_2*

	a	b	c	d
Schale	p_0:	$\omega = \varkappa = 0$	$m^s + 1 = 0$	
M_φ	α_1	β_1	γ_1	δ_1
M_x	$\nu\,\alpha_1$	$\nu\,\beta_1$	$\nu\,\gamma_1$	$\nu\,\delta_1$
M_t	$(1-\nu)\,\alpha$	$(1-\nu)\,\beta$	$(1-\nu)\,\gamma$	$(1-\nu)\,\delta$
R_φ	$-\beta$	$-\alpha$	δ	γ
N_φ	0	1	0	-1
S_φ	$-\beta$	α	δ	$-\gamma$
N_x	β_1	$-\alpha_1$	$-\delta_1$	γ_1
v_{10}	-1	0	-1	0
v	$-\alpha$	β	$-\gamma$	δ
ϑ_φ	α	β	γ	δ
Schale	p_1 und p_2:	$\omega = 0,$	$(m^2 - \varkappa)^4 + 1 = 0$	
M_φ	$\alpha_1 - \nu\varkappa$	β_1	$\gamma_1 - \nu\varkappa$	δ_1
M_x	$-\varkappa + \nu\alpha_1$	$\nu\beta_1$	$-\varkappa + \nu\gamma_1$	$\nu\delta_1$
M_t	$(1-\nu)\,\alpha$	$(1-\nu)\,\beta$	$(1-\nu)\,\gamma$	$(1-\nu)\,\delta$
R_φ	$\alpha(\alpha_1 - 2\varkappa + \nu\varkappa) - \beta\beta_1$	$\alpha\beta_1 + \beta(\alpha_1 - 2\varkappa + \nu\varkappa)$	$\gamma(\gamma_1 - 2\varkappa + \nu\varkappa) - \delta\delta_1$	$\gamma\delta_1 + \delta(\gamma_1 - 2\varkappa + \nu\varkappa)$
N_φ	0	1	0	-1
S_φ	$-\beta$	α	δ	$-\gamma$
N_x	β_1	$-\alpha_1$	$-\delta_1$	γ_1
v_{10}	$-1 - \nu\varkappa\beta_1$	$\varkappa^2 + \nu\varkappa\alpha_1$	$-1 + \nu\varkappa\delta_1$	$-\varkappa^2 - \nu\varkappa\gamma_1$
v	$\dfrac{\alpha\,a_{v10} + \beta\,b_{v10}}{a^2 + \beta^2}$	$\dfrac{\alpha\,b_{v10} - \beta\,a_{v10}}{\alpha^2 + \beta^2}$	$\dfrac{\gamma\,c_{v10} + \delta\,d_{v10}}{\gamma^2 + \delta^2}$	$\dfrac{\gamma\,d_{v10} - \delta\,c_{v10}}{\gamma^2 + \delta^2}$
ϑ_φ	α	β	γ	δ

$$\varkappa = \lambda^2/\varrho^2, \quad \omega = 1/\varrho^2, \quad \alpha_1 = \alpha^2 - \beta^2, \quad \beta_1 = 2\alpha\beta$$

Um a_{mt} bei der allgemeinen Lösung zu finden, müssen zunächst $a_{\vartheta\varphi}$ und $a_{s\varphi}$ bekannt sein. $a_{s\varphi}$ soll mit $\varkappa\,\omega$ multipliziert werden und $a_{s\varphi}$ für $\varkappa = \omega = 0$ kann darum hier eingeführt werden. In $a_{\vartheta\varphi} = \alpha - \omega\,a_v$ ist das letzte Glied so klein, daß a_v für $\omega = 0$ entnommen werden kann, und die Multiplikatoren für a_{mt} werden

$$a_{mt} = 0{,}9(\alpha - \omega\,a_v) + \varkappa\,\omega\,a_{s\varphi}$$
$$b_{mt} = 0{,}9(\beta - \omega\,b_v) + \varkappa\,\omega\,b_{s\varphi}.$$

Aus der Lösung für $\omega = \varkappa = 0$, der Lösung für $\omega = 0$ und aus der allgemeinen Lösung werden die Multiplikatoren der vier Parameterkombinationen $\omega/\varkappa = 0$, $0/0{,}1$, $0/0{,}2$ und $\omega/\varkappa = 0{,}01/0{,}1$ berechnet. Sie sind in Zahlentafel II 4 zusammengestellt. Die Multiplikatoren für eine beliebige Parameterkombination ω und $\varkappa$ sind

$$a = p_0 + p_1\,\varkappa + p_2\,\varkappa^2 + p_3\,\omega$$
$$p_0 = a_0$$
$$p_1 = -5(a_2 - 4a_1 + 3a_0)$$
$$p_2 = 50(a_2 - 2a_1 + a_0)$$
$$p_3 = 100(a_3 - a_1).$$

a_0 ist der Multiplikator für $\omega/\varkappa = 0/0$, a_1 für $\omega/\varkappa = 0/0{,}1$, a_2 für $\omega/\varkappa = 0/0{,}2$ und a_3 ist der Multiplikator für $\omega/\varkappa = 0{,}01/0{,}1$. Die p_{0-3}-Werte sind in Zahlentafel II 5 zu finden.

Zahlentafel II 4. *Multiplikatoren der Integrationskonstanten für die vier Schalen 0—3 mit $\varkappa/\omega = 0/0$, $0/0{,}1$, $0/0{,}2$ und $0{,}01/0{,}1$; $v = 0{,}1$*

	ω	$\varkappa$	M_φ	M_x	M_t	R_φ	N_φ	S_φ	N_x	v	ϑ_φ
a_0	0	0	7071	707	−8315	−3827	0	−3827	−7071	9239	−9239
a_1	0	0,1	7971	−193	−8726	−3405	0	−3646	−7071	9033	−9696
a_2	0	0,2	8871	−1093	−9128	−2881	0	−3486	−7071	8870	−10142
a_3	0,01	0,1	8024	−188	−8788	−3422	1	−3620	−7069	9045	−9765
b_0	0	0	−7071	−707	3444	9239	10000	−9239	−7071	3827	3827
b_1	0	0,1	−7071	−707	3281	9106	10000	−9696	−8071	3210	3646
b_2	0	0,2	−7071	−707	3137	9009	10000	−10142	−9071	2475	3486
b_3	0,01	0,1	−7069	−707	3249	9119	10000	−9765	−8124	3227	3621
c_0	0	0	−7071	−707	−3444	9239	0	9239	7071	3827	−3827
c_1	0	0,1	−6171	−1607	−3627	9415	0	8772	7071	4319	−4030
c_2	0	0,2	−5271	−2507	−3835	9647	0	8298	7071	4681	−4261
c_3	0,01	0,1	−6124	−1602	−3645	9406	−1	8699	7062	4289	−4060
d_0	0	0	−7071	−707	8315	−3827	−10000	3827	−7071	9239	9239
d_1	0	0,1	−7071	−707	7895	−4143	−10000	4030	−6071	9497	8772
d_2	0	0,2	−7071	−707	7468	−4348	−10000	4261	−5071	9818	8298
d_3	0,01	0,1	−7067	−707	7831	−4114	−9996	4056	−6022	9489	8701

Multiplikator 10^{-4}

3.4 Die Lösungsfunktionen und die Verteilungsfunktionen für die Ringrichtung

Die radiale Deformation w ist

$$w = \sin \lambda \, \xi \; W/J \, \varrho^2.$$

$1/J \, \varrho^2$ ist der explizite Multiplikator und $\sin \lambda \, \xi$ gibt die Längsverteilung, während W die Ringverteilung gibt und als Lösungsfunktion bezeichnet wird

$$W = A \, W_A + B \, W_B$$

$$W_A = e^{\alpha \, \varepsilon} \cos \beta \, \varepsilon, \quad W_B = e^{\alpha \, \varepsilon} \sin \beta \, \varepsilon.$$

Die Lösungsfunktionen W_{A-B} sind nach Abschn. 3.2 und 3.3 Funktionen von $\varepsilon = \varrho \, \varphi$ und $\alpha - \beta$. Es können hier Zahlentafeln für die Lösungsfunktionen ausgerechnet werden für dieselben Parameterkombinationen $\omega/\varkappa$, für welche in Abschn. 3.2 Wurzeln berechnet wurden. Die Lösungsfunktionen einer beliebigen Schale sind

$$W = p_0 + p_1 \, \varkappa + p_2 \, \varkappa^2 + p_3 \, \omega,$$

wo p_{0-3} aus den vier Schalen $0 - 3$ bestimmt werden. Die Parameterkombinationen $\omega/\varkappa$ sind nach Abschn. 3.2 gleich 0/0, 0/0,1, 0/0,2, 0,01/0,1 und die Wurzelwerte $\alpha - \delta$ sind in Zahlentafel II 1 zu finden. Für diese Werte von $\alpha - \delta$ sind die Lösungsfunktionen W_{A-D} berechnet und in Zahlentafel II 6 gegeben. Aus diesen Funktionen, die mit W_{0-3} bezeichnet werden, lassen sich die Lösungsfunktionen einer beliebigen isotropen Schale finden

$$W = p_0 + p_1 \, \varkappa + p_2 \, \varkappa^2 + p_3 \, \omega$$

$$p_0 = W_0$$

$$p_1 = - 5 (W_2 - 4 W_1 + 3 W_0)$$

$$p_2 = 50 (W_2 - 2 W_1 + W_0)$$

$$p_3 = 100 (W_3 - W_1).$$

Die Beiwerte p_{0-3} der Lösungsfunktionen sind in Zahlentafel II 7 gegeben.

Die Schnittgrößen und Verschiebungen haben dieselbe Form wie die Lösungsfunktion w, und bestehen aus der Verteilungsfunktion $\sin \lambda \, \xi$ oder $\cos \lambda \, \xi$ für die Längsrichtung, den expliziten Multiplikatoren r, ϱ, ϱ^2, ... und den Verteilungsfunktionen m_φ, r_φ, n_φ, s_φ und n_x für die Ringrichtung. Die maßgebenden Schnittgrößen sind

	M_φ	R_φ	N_φ	S_φ	N_x
$\lambda\,\xi$-Funktion	sin	sin	sin	cos	sin
Multiplikator	r	ϱ	ϱ^2	ϱ^3/λ	ϱ^4/λ^2
Verteilungsfunktion	m_φ	r_φ	n_φ	s_φ	n_x

Die Verteilungsfunktionen m_φ, r_φ, n_φ, s_φ und n_x sind durch die Lösungsfunktionen W_{A-D} und die Multiplikatoren der Integrationskonstanten gegeben

$$M_\varphi = \sin\lambda\,\xi \cdot r\,[(a_{m\varphi}\,A + b_{m\varphi}\,B)\,W_A + (a_{m\varphi}\,B - b_{m\varphi}\,A)\,W_B + \cdots$$

$$= \sin\lambda\,\xi \cdot r\,m_\varphi$$

$$m_\varphi = (a_{m\varphi}\,A + b_{m\varphi}\,B)\,W_A + (a_{m\varphi}\,B - b_{m\varphi}\,A)\,W_B + \cdots$$

$$r_\varphi = (a_{r\varphi}\,A + b_{r\varphi}\,B)\,W_A + (a_{r\varphi}\,B - b_{r\varphi}\,A)\,W_B + \cdots$$

$$\cdot\cdot$$

$$\cdot\cdot$$

$$\cdot\cdot$$

Zahlentafel II 5. *Multiplikatoren $a{-}d$ der Integrationskonstanten für eine beliebige isotrope Schale mit $v = 0{,}1$*

$$a = p_0 + p_1\,\varkappa + p_2\,\varkappa^2 + p_3\,\omega$$

		M_φ	M_x	M_t	R_φ	N_φ	S_φ	N_x	v	ϑ_φ
a	p_0	0,7071	0,0707	−0,8315	−0,3827	0	−0,3827	−0,7071	0,9239	−0,9239
	p_1	0,90	−0,90	−0,416	0,371	0	0,192	0	−0,228	−0,463
	p_2	0	0	0,045	0,510	0	−0,105	0	0,215	0,055
	p_3	0,53	0,05	−0,620	−0,170	0,01	0,260	0,02	0,120	−0,690
b	p_0	−0,7071	−0,0707	0,3444	0,9239	1,0	−0,9239	−0,7071	0,3827	0,3827
	p_1	0	0	−0,173	−0,151	0	−0,463	−1,0	−0,558	−0,192
	p_2	0	0	0,095	0,180	0	0,055	0	−0,590	0,105
	p_3	0,02	0	−0,320	0,130	0	−0,690	−0,53	0,170	−0,250
c	p_0	−0,7071	−0,0707	−0,3444	0,9239	0	0,9239	0,7071	0,3827	−0,3827
	p_1	0,90	−0,90	−0,170	0,148	0	−0,463	0	0,557	−0,189
	p_2	0	0	−0,125	0,280	0	−0,035	0	−0,650	−0,140
	p_3	0,47	0,05	−0,180	−0,090	−0,01	−0,730	−0,09	−0,300	−0,300
d	p_0	−0,7071	−0,0707	0,8315	−0,3827	−1,0	0,3827	−0,7071	0,9239	0,9239
	p_1	0	0	−0,416	−0,372	0	0,189	1,0	0,226	−0,463
	p_2	0	0	−0,035	0,555	0	0,140	0	0,315	−0,035
	p_3	0,04	0	−0,640	0,290	0,04	0,260	0,49	−0,080	−0,710

Zahlentafel II 6. *Lösungsfunktionen der vier Schalen $0-3$ mit $\omega/\varkappa = 0/0$, $0/0{,}1$, $0/0{,}2$ und $0{,}01/0{,}1$*

| $\varkappa/\omega$ | $W_A = e^{\alpha\varepsilon}\cos\beta\varepsilon$ | | | | $W_B = e^{\alpha\varepsilon}\sin\beta\varepsilon$ | | | |
| | 0/0 | 0/0,1 | 0/0,2 | 0,01/0,1 | 0/0 | 0/0,1 | 0/0,2 | 0,01/0,1 |
$\varrho\,\varphi$	W_0	W_1	W_2	W_3	W_0	W_1	W_2	W_3
0	1000	1000	1000	1000	0	0	0	0
0,5	619	606	593	606	120	112	104	112
1	368	354	340	355	148	136	124	136
2	114	107	100	108	109	96	85	97
3	26	25	24	25	57	48	41	49
4	1	2	3	2	25	21	17	21
5	−3	−2	−1	−2	9	8	6	8
6	−3	−2	−1	−2	3	2	1	2
7	−1	−1	−1	−1	1	1	1	1
8	0	0	0	0	0	0	0	0

	$W_C = e^{\gamma\varepsilon}\cos\delta\varepsilon$				$W_D = e^{\gamma\varepsilon}\sin\delta\varepsilon$			
0	1000	1000	1000	1000	0	0	0	0
0,5	739	740	739	740	368	347	326	348
1	411	427	441	427	544	513	482	516
2	−127	− 82	− 38	− 84	447	439	425	440
3	−296	−261	−222	−262	115	146	169	144
4	−184	−186	−179	−186	−114	− 72	− 33	− 74
5	− 14	− 43	− 63	− 41	−147	−126	−101	−128
6	74	47	20	48	− 68	− 76	− 75	− 76
7	67	59	45	60	13	− 8	− 23	− 8
8	21	30	31	29	42	27	12	27

Multiplikator 10^{-3}

Die Multiplikatoren der Integrationskonstante $a_{m\varphi}$, $b_{m\varphi}$, ... werden der Zahlentafel II 5 und die Lösungsfunktionen W_{A-D} der Zahlentafel II 7 entnommen, und die Ringverteilung der Schnittgrößen kann berechnet werden.

3.5 Zahlentafeln für die Verteilungsfunktionen

Die Zahlentafeln II 5 und II 7 aus Abschn. 3.3 und 3.4 genügen, um eine beliebige isotrope Schale zu berechnen. Aus den Schalenabmessungen werden die Parameter λ, ϱ, $\varkappa$ und ω bestimmt, und die Integrationskonstanten $A-D$ werden aus den Randbedingungen gefunden. Die Ringverteilung einer Schnittgröße ist

$$n = (a_n A + b_n B)\, W_A + (b_n A - a_n B)\, W_B + \cdots.$$

$a_n - d_n$ sind in Zahlentafel II 5 und W_{A-D} in Zahlentafel II 7 gegeben. Die Berechnung nach diesem Verfahren ist wenig fehlerempfindlich und kann mit Rechenschieber durchgeführt werden.

Zahlentafel II 7. *Lösungsfunktionen für eine beliebige isotrope Schale*
$$W = p_0 + p_1\,\varkappa + p_2\,\varkappa^2 + p_3\,\omega$$

	W_A				W_B			
	p_0	p_1	p_2	p_3	p_0	p_1	p_2	p_3
0	1,0	0	0	0	0	0	0	0
0,5	0,6186	−0,13	0	0	0,1198	−0,08	0	0
1	0,3683	−0,14	0	0,1	0,1482	−0,12	0	0,1
2	0,1136	−0,07	0	0,1	0,1092	−0,14	0,1	0,1
3	0,0257	−0,01	0	0	0,0571	−0,10	0,1	0,1
4	0,0010	0,01	0	0	0,0248	−0,04	0	0
5	−0,0033	0,01	0	0	0,0093	−0,005	−0,05	0
6	−0,0026	0,01	0	0	0,0029	−0,01	0	0
7	−0,0014	0,01	0	0	0,0007	0	0	0
8	−0,0006	0	0	0	0,0005	0	0	1

	W_C				W_D			
0	1,0	0	0	0	0	0	0	0
0,5	0,7393	0,02	−0,1	0	0,3681	−0,21	0	0,1
1	0,4111	0,17	−0,1	0	0,5442	−0,31	0	0,3
2	−0,1272	0,455	−0,05	−0,2	0,4474	−0,05	−0,3	0,1
3	−0,2958	0,33	0,2	−0,1	0,1147	0,35	−0,4	−0,2
4	−0,1840	−0,065	0,45	0	−0,1138	0,435	−0,15	−0,2
5	−0,0137	−0,335	0,45	0,2	−0,1469	0,19	0,2	−0,2
6	0,0743	−0,27	0	0,1	−0,0679	−0,125	0,45	0
7	0,0675	−0,05	−0,3	0,1	0,0126	−0,24	0,3	0
8	0,0209	0,13	−0,4	−0,1	0,0419	−0,15	0	0

Die Berechnung nach Zahlentafel II 5 und II 7 hat den Vorteil, daß
sie den Einfluß der Parameter $\varkappa$ und ω berücksichtigt. Dieser Einfluß
ist allerdings klein, und die Berechnung der Ringverteilung für die
Schnittgrößen können durch geeignete Zahlentafeln weiter erleichtert
werden. Zunächst wird ein einfaches Grundsystem für die heraustreten-
den Randgrößen M_φ, R_φ, N_φ und S_φ tabellarisiert, für das die Randkräfte
der Reihe nach gleich dem expliziten Multiplikator und gleich Null sind.

$$M_\varphi = \qquad \sin \lambda\,\xi \cdot r \qquad\qquad 0 \qquad\qquad 0 \qquad\qquad 0$$

$$R_\varphi = \qquad\qquad 0 \qquad\qquad \sin \lambda\,\xi \cdot \varrho \qquad\qquad 0 \qquad\qquad 0$$

$$N_\varphi = \qquad\qquad 0 \qquad\qquad 0 \qquad\qquad \sin \lambda\,\xi \cdot \varrho^2 \qquad\qquad 0$$

$$S_\varphi = \qquad\qquad 0 \qquad\qquad 0 \qquad\qquad 0 \qquad\qquad \cos \lambda\,\xi \cdot \varrho^3/\lambda$$

Diese Randgrößen haben Verteilungsfunktionen M_φ, r_φ, n_φ und s_φ,
deren Randwerte gleich eins und null sind und die Randbedingungen
zur Bestimmung der Integrationskonstanten werden

$$m_\varphi = a_{m\varphi}\,A + b_{m\varphi}\,B + c_{m\varphi}\,C + d_{m\varphi}\,D = 1\ 0\ 0\ 0$$

$$r_\varphi = a_{r\varphi}\,A + b_{r\varphi}\,B + c_{r\varphi}\,C + d_{r\varphi}\,D = 0\ 1\ 0\ 0$$

$$n_\varphi = a_{n\,\varphi}\,A + b_{n\,\varphi}\,B + c_{n\,\varphi}\,C + d_{n\,\varphi}\,D = 0\ 0\ 1\ 0$$

$$s_\varphi = a_{s\,\varphi}\,A + b_{s\,\varphi}\,B + c_{s\,\varphi}\,C + d_{s\,\varphi}\,D = 0\ 0\ 0\ 1$$

Die Verteilungsfunktionen können durch lineare Polynome $n = p_0 + p_1\,\varkappa + p_3\,\omega$ gegeben werden, wo p_{0-3} aus den Parameterkombinationen $\omega/\varkappa = 0/0$, $0/0{,}1$, $0{,}01/0{,}1$ der Berechnung zugrunde gelegt. Für $\omega = \varkappa = 0$ sind die Randbedingungen nach Zahlentafel II 4

$$m_\varphi = 0{,}7071\,A - 0{,}7071\,B - 0{,}7071\,C - 0{,}7071\,D = 1\ 0\ 0\ 0$$

$$r_\varphi = -0{,}3927\,A + 0{,}9239\,B + 0{,}9239\,C - 0{,}3827\,D = 0\ 1\ 0\ 0$$

$$n_\varphi = \phantom{-0{,}3927\,A + 0{,}9239\,}B \phantom{+ 0{,}9239\,C} - D = 0\ 0\ 1\ 0$$

$$s_\varphi = -0{,}3827\,A - 0{,}9239\,B + 0{,}9239\,C + 0{,}3827\,D = 0\ 0\ 0\ 1.$$

Die Integrationskonstanten für $\omega/\varkappa = 0/0$, $0/0{,}1$ und $0{,}01/0{,}1$ werden in der gleichen Weise gefunden und sind in Zahlentafel II 8 gegeben. Jetzt können die Verteilungsfunktionen berechnet werden. Das Ringmoment ist für $\omega = \varkappa = 0$

$$m_\varphi = (0{,}7071 \cdot 2{,}4143 - 0{,}7071 \cdot 0)\,W_A$$
$$+ (0{,}7071 \cdot 0 + 0{,}7071 \cdot 2{,}4143)\,W_B$$
$$+ (-0{,}7071 \cdot 1{,}0 - 0{,}7071 \cdot 0)\,W_C$$
$$+ (-0{,}7071 \cdot 0 + 0{,}7071 \cdot 1{,}0)\,W_D$$
$$m_\varphi = (1{,}7071\,W_A + 1{,}7071\,W_B - 0{,}7071\,W_C + 0{,}7071\,W_D.$$

Zahlentafel II 8. *Integrationskonstanten $A-D$ für die Randlastkombinationen m_φ, r_φ, n_φ und s_φ der Reihe nach gleich eins und null für die drei Schalen $0-3$ mit $\omega/\varkappa = 0/0$, $0/0{,}1$ und $0{,}01/0{,}1$*

	$\omega/\varkappa$	$m_\varphi = 1$	$r_\varphi = 1$	$n_\varphi = 1$	$s_\varphi = 1$
	0/0	2,4143	4,0782	−4,1215	−2,2305
A	0/0,1	1,6025	2,6303	−2,9062	−1,6958
	0,01/0,1	1,5938	2,5896	−2,8736	−1,6783
	0/0	0	0,9239	−0,7071	−0,9239
B	0/0,1	−0,0737	0,7844	−0,6330	−0,8938
	0,01/0,1	−0,0701	0,7809	−0,6345	−0,8938
	0/0	1,0000	2,2305	−1,7072	−0,3827
C	0/0,1	0,6184	1,5999	−1,1574	−0,1421
	0,01/0,1	0,6172	1,5899	−1,1456	−0,1352
	0/0	0	0,9239	−1,7071	−0,9239
D	0/0,1	−0,0737	0,7844	−1,6330	−0,8938
	0,01/0,1	−0,0700	0,7813	−1,6353	−0,8943

Die Verteilungsfunktionen der maßgebenden Schnittgrößen werden nach diesem Muster berechnet und sind in Zahlentafel II 9 für die Randlastkombination $m_\varphi = 1$, $r_\varphi = n_\varphi = s_\varphi = 0$ an die drei Schalen $0-3$ gegeben. Aus diesen Schalen werden die Verteilungsfunktionen einer beliebigen Schale nach dem Verfahren der diskreten Punkte berechnet. Die Verteilungsfunktionen haben als allgemeine Form

$$n = p_0 + p_1\, \varkappa + p_3\, \omega$$

$$p_0 = n_0$$

$$p_1 = 10\,(n_1 - n_0)$$

$$p_3 = 100\,(n_3 - n_1).$$

n_0, n_1 und n_3 sind die Verteilungsfunktionen für $\omega/\varkappa = 0/0$, $0/0,1$, $0,01/0,1$, die in Zahlentafel II 9 zu finden sind, und die zugehörigen Beiwerte $p_{0\,3}$ sind in Zahlentafel II 10 gegeben.

Zahlentafel II 9. *Verteilungsfunktionen für den freien Rand mit* $m_\varphi = 1$ *und* $r_\varphi = n_\varphi = s_\varphi = 0$ *für die drei Schalen* $0-3$ *mit* $\omega/\varkappa = 0/0$, $0/0,1$, $0,01/0,1$

$\omega/\varkappa$ ε	0/0	0/0,1	0,01/0,1	0/0	0/0,1	0,01/0,1
	m_φ			n_φ		
0	10000	10000	10000	0	0	0
1	9757	7237	7240	1863	1064	1065
2	7867	4844	4845	1838	1040	1042
3	4315	2415	2409	− 230	− 86	− 88
4	937	519	512	−1737	− 911	− 919
5	− 840	− 413	− 419	−1694	− 933	− 938
6	−1000	− 517	− 518	− 749	− 472	− 471
7	− 400	− 241	− 237	109	− 18	− 14
8	139	27	31	418	185	189
	s_φ			n_x		
0	0	0	0	−10000	−5917	−5917
1	1620	899	909	2999	1737	1730
2	−1502	− 832	− 816	2189	1165	1163
3	−2136	−1155	−1141	− 745	− 401	− 402
4	− 720	− 417	− 401	−1699	− 877	− 874
5	673	307	318	− 921	− 491	− 484
6	1035	525	527	140	31	36
7	604	343	341	602	275	279
8	40	71	67	455	234	234
	v			w		
0	26133	16221	16173	34143	22209	22110

Multiplikator 10^{-4}

Zahlentafel II 10. *Verteilungsfunktionen einer beliebigen isotropen Schale für* $m_\varphi = 1$,
$$r_\varphi = n_\varphi = s_\varphi = 0$$
$$n = p_0 + p_1\,\varkappa + p_3\,\omega$$

ε	m_φ			n_φ		
	p_0	p_1	p_3	p_0	p_1	p_3
0	1,0000	0	0	0	0	0
1	0,9757	—2,520	0,03	0,1863	—0,799	0,01
2	0,7867	—3,023	0,01	0,1838	—0,798	0,02
3	0,4315	—1,900	—0,06	—0,0230	0,144	—0,02
4	0,0937	—0,418	—0,07	—0,1737	0,826	—0,08
5	—0,0840	0,427	—0,06	—0,1694	0,761	—0,05
6	—0,1000	0,483	—0,01	—0,0749	0,277	0,01
7	—0,0400	0,159	0,04	0,0109	—0,127	0,04
8	0,0139	—0,12	0,04	0,0418	—0,233	0,04
	s_φ			n_x		
0	0	0	0	—1,0000	4,083	0
1	0,1620	—0,721	0,10	0,2999	—1,262	—0,07
2	—0,1502	0,670	0,16	0,2189	—1,024	—0,02
3	—0,2136	0,981	0,14	—0,0745	0,344	—0,01
4	—0,0720	0,303	0,16	—0,1699	0,822	0,03
5	0,0673	—0,366	0,11	—0,0921	0,430	0,07
6	0,1035	—0,510	0,02	0,0140	—0,109	0,05
7	0,0604	—0,261	—0,02	0,0602	—0,327	0,04
8	0,0040	0,031	—0,04	0,0455	—0,221	0
	v			w		
0	2,6133	—9,912	—0,48	3,4143	—11,93	—0,99

Die Berechnung von Zahlentafeln dieser Art ist einfach, aber die Tafeln werden umfangreich, denn außer den isotropen Schalen müssen sie auch Ringrippenschalen mit zentrischen und exzentrischen Ringrippen verschiedener Größe umfassen.

Der Umfang der Zahlentafeln und der Berechnungsarbeit kann reduziert werden, wenn für jede Schalenart eine *Modellschale* eingeführt wird. Statt die gegebene Schale zu berechnen, wird nach diesem Verfahren die Schnittkraftverteilung einer Modellschale entnommen, die in den Hauptzügen mit der gegebenen Schale übereinstimmt.

Die Modellschale der isotropen Tonnen hat $\omega/\varkappa = 0{,}01/0{,}1$ und $\nu = 0{,}1$. Die Randwerte und Verteilungsfunktionen der Grundbelastung sind für diese Parameterkombination schon gefunden. Aus der Grundbelastung können Kombinationen der Randschnittgrößen abgeleitet werden, die annähernd den üblichen Randbedingungen entsprechen und als Hauptbelastung verwendet werden können. Die Art dieser Kombinationen geht aus Zahlentafel III hervor, und die Verteilungsfunktionen sind den Zahlentafeln III 5—12 zu entnehmen. Die Tafelwerte sind für ganze $\varrho\,\varphi$-Werte errechnet. Schnittgrößen für halbe $\varrho\,\varphi$-Werte werden erhalten, indem die Schnittgrößen für den letzten $\varrho\,\varphi$-Wert als äußere Randbelastung betrachtet, und die Schnittgrößen für $\varrho\,\varphi = 0{,}5$ den Zahlentafeln III 1—4 entnommen werden.

Die Deformationen an einer beliebigen Stelle der Schale, an der die Einheitskräfte m_φ, r_φ, n_φ und s_φ bekannt sind, werden in entsprechender Weise gefunden. Es werden die bekannten Einheitskräfte als Randbelastungen betrachtet, und die zugehörigen Deformationen sind der Zahlentafel III zu entnehmen.

Für n_x gilt

$$n_x = (a_{nx}\,A + b_{nx}\,B)\,W_A + (-b_{nx}\,A + a_{nx}\,B)\,W_B + \cdots.$$

Sind vorerst $m_\varphi - s_\varphi$ für einen $\varrho\,\varphi$-Wert berechnet, kann n_x auch aus Zahlentafel III gefunden werden. Die berechneten Werte für $m_\varphi - s_\varphi$ müssen dabei als Randbelastung betrachtet werden, und man hat dadurch eine einfache Rechenkontrolle für die Zahlentafeln.

Die Innentonnen einer Tonnenreihe haben die Randbedingungen $\vartheta = 0$ gemeinsam, und für diese Schalenform ist es vorteilhaft, Kombinationen der Integrationskonstanten so zu wählen, daß die Schnittkräfte r_φ, n_φ und s_φ der Reihe nach gleich 1, und gleichzeitig $\vartheta_\varphi = 0$ werden.

Die Randwerte dieser Randbelastungen sind in Zahlentafel IV zusammengestellt, und die dazugehörigen Verteilungsfunktionen in den

Zahlentafel III. $(m_\varphi = 0)$. *Isotrope Modellschale, Randwerte für freien Längsrand*

Zahlen-tafel Nr.	Bezeichnung		m_φ	r_φ	n_φ	s_φ	n_x	v	w	ϑ_φ
III 1	m_φ	$= 1$	10000	0	0	0	— 5917	16173	22111	—18933
2	r_φ	$= 1$	0	10000	0	0	—18127	40176	41795	—22116
3	n_φ	$= 1$	0	0	10000	0	27226	—48470	—40192	16185
4	s_φ	$= 1$	0	0	0	10000	23556	—27131	—18135	5919
	$r_\varphi/n_\varphi = 0{,}8$									
5	s_φ	$= 0$	0	8000	10000	0	12724	—16329	— 6756	— 1508
6	s_φ	$= -0{,}3$	0	8000	10000	—3000	5658	— 8190	— 1315	— 3284
7	w	$= 0$	0	8000	10000	—3725	3949	— 6223	0	— 3713
8	s_φ	$= -0{,}4$	0	8000	10000	—4000	3302	— 5477	498	— 3876
	$w = 0$									
9	m_φ	$= 1$	10000	—5290	0	0	3673	— 5082	0	— 7233
10	r_φ	$= 1$	0	10000	10000	884	11187	— 9692	0	— 5408
11	n_φ	$= 1$	0	6908	10000	—6242	0	— 3782	0	— 2788
12	s_φ	$= 1$	0	4339	0	10000	15691	— 9689	0	— 3677
Multiplikator 10^{-4}			r	ϱ	ϱ^2	ϱ^3/λ	ϱ^4/λ^2	$1/\varrho^3\,J$	$1/\varrho^2\,J$	$1/r\,\varrho\,J$

Zahlentafeln IV 1—3. Die Zahlentafeln IV werden aus den Zahlentafeln III berechnet, z. B. gilt für Zahlentafel IV 1

$$\text{IV } 1 = \text{III } 2 - \text{III } 1 \cdot 22\,116/18\,933\,.$$

Zahlentafel III 1. *Isotrope Modellschale. Verteilungsfunktionen für freien Rand mit*
$m_\varphi = 10000$

$r_\varphi = n_\varphi = s_\varphi = 0$

$\varrho\,\varphi$	m_φ	r_φ	n_φ	ε_n	n_x
0	10000	0	0	0	−5917
0,5	8489	− 129	458	1369	− 318
1	7240	− 536	1065	909	1730
2	4845	−1719	1042	− 816	1163
3	2409	−2178	− 88	−1140	− 402
4	512	−1586	− 919	− 401	− 874
5	−419	− 591	− 938	318	− 484
6	−518	126	− 471	527	36
7	−237	346	− 14	341	279
8	31	231	189	67	234
9	131	41	164	− 91	80
10	98	− 69	56	− 107	− 36
11	23	− 76	− 26	− 50	− 65
12	− 24	− 35	− 47	5	− 40
13	− 31	5	− 28	27	− 5
14	− 16	20	− 3	21	14

Zahlentafel III 2. *(m_\varphi = 0). Isotrope Modellschale*
Verteilungsfunktionen für freien Rand mit

$r_\varphi = 10000$

$m_\varphi = n_\varphi = s_\varphi = 0$

$\varrho\,\varphi$	m_φ	r_φ	n_φ	s_φ	n_x
0	0	10000	0	0	−18127
0,5	2954	9528	1588	4915	− 3120
1	5573	7980	4115	4449	3921
2	8131	2401	5988	− 935	4935
3	6519	−2403	3278	−3743	608
4	2916	−3765	− 237	−2768	− 2063
5	− 31	−2458	−1919	− 543	− 2027
6	−1190	− 548	−1656	874	− 751
7	− 956	581	− 607	1039	308
8	− 272	723	202	516	617
9	196	352	438	− 17	396
10	290	− 23	283	− 243	65
11	158	− 178	44	− 199	− 121
12	5	− 141	− 89	− 58	− 132
13	− 66	− 41	− 95	37	− 59
14	− 59	28	− 41	59	9

Von diesen Zahlentafeln sind wieder Hauptbelastungen abgeleitet, deren Randwerte aus Zahlentafel IV und deren Verteilungsfunktionen den Zahlentafeln IV 4—12 zu entnehmen sind.

Zahlentafel III 3. $(m_\varphi = 0)$. *Isotrope Modellschale*
Verteilungsfunktionen für freien Rand mit

$$n_\varphi = 10\,000$$

$$m_\varphi = r_\varphi = s_\varphi = 0$$

$\varrho\,\varphi$	m_φ	r_φ	n_φ	s_φ	n_x
0	0	0	10000	0	27226
0,5	311	—4363	7483	—8446	8203
1	—1133	—6794	2722	—9629	—2283
2	—5164	—5326	—4318	—3522	—7342
3	—6304	— 353	—4702	2133	—3406
4	—4176	2837	—1621	3305	700
5	—1174	2942	1017	1680	2085
6	718	1390	1734	— 166	1394
7	1094	— 77	1082	— 948	209
8	602	— 670	169	— 759	— 468
9	22	— 531	— 334	— 231	— 501
10	— 249	— 155	— 359	141	— 222
11	— 221	107	— 155	222	35
12	— 77	160	28	127	129
13	33	88	93	9	94
14	63	4	67	— 49	23

Zahlentafel III 4. $(m_\varphi = 0)$. *Isotrope Modellschale*
Verteilungsfunktionen für freien Rand mit

$$s_\varphi = 10\,000$$

$$m_\varphi = n_\varphi = r_\varphi = 0$$

$\varrho\,\varphi$	m_φ	r_φ	n_φ	s_φ	n_x
0	0	0	0	10000	23556
0,5	400	— 744	2607	1427	11571
1	256	—1956	2224	—2310	4009
2	—1217	—2634	— 687	—2452	—2156
3	—2332	—1091	—1947	— 54	—2070
4	—2079	589	—1239	1190	— 408
5	—1006	1191	— 52	991	631
6	— 33	844	588	260	704
7	387	224	561	— 253	296
8	335	— 173	230	— 347	— 75
9	110	— 243	— 49	— 188	— 201
10	— 56	— 130	— 145	— 8	— 142
11	— 96	— 1	— 100	77	— 30
12	— 57	57	— 21	69	37
13	— 5	49	27	24	45
14	21	16	33	— 10	22

Zahlentafel III 5. $(m_\varphi = 0)$. *Isotrope Modellschale*
Verteilungsfunktionen für freien Rand

$$r_\varphi = 8000 \quad n_\varphi = 10\,000$$

$$m_\varphi = s_\varphi = 0$$

$\varrho\,\varphi$	m_φ	r_φ	n_φ	s_φ	n_x
0	0	8000	10000	0 ·	12724
0,5	2674	3261	8753	—4514	5706
1	3325	— 409	6014	—6068	855
2	1341	—3405	471	—4268	—3392
3	—1089	—2275	—2080	— 861	—2920
4	—1843	— 175	—1811	1091	— 951
5	—1199	976	— 518	1246	463
6	— 230	952	409	534	793
7	329	388	598	— 115	455
8	384	— 92	330	— 346	26
9	179	— 230	16	— 245	— 184
10	— 17	— 173	— 133	— 53	— 170
11	— 96	— 35	— 120	63	— 62
12	— 73	47	— 43	78	23
13	— 20	55	17	39	47
14	16	26	34	— 2	30

Zahlentafel III 6. $(m_\varphi = 0)$. *Isotrope Modellschale*
Verteilungsfunktionen für freien Rand mit

$$s_\varphi = -3000$$

$$r_\varphi = 8000, \quad n_\varphi = 10\,000, \quad m_\varphi = 0$$

$\varrho\,\varphi$	m_φ	r_φ	n_φ	s_φ	n_x
0	0	8000	10000	—3000	5658
0,5	2554	3484	7971	—4942	2234
1	3248	178	5347	—5375	— 348
2	1706	—2615	672	—3533	—2746
3	— 389	—1948	—1496	— 845	—2302
4	—1219	— 352	—1439	733	— 829
5	— 897	619	— 502	949	274
6	— 220	699	233	456	582
7	213	319	430	— 39	366
8	282	— 40	261	— 242	49
9	146	— 176	31	— 189	— 124
10	— 1	— 134	— 92	— 51	— 127
11	— 67	— 35	— 92	39	— 52
12	— 55	29	— 41	60	11
13	— 18	42	9	32	36
14	10	22	24	1	24

Zahlentafel III 7. $(m_\varphi = 0)$. *Isotrope Modellschale*
Verteilungsfunktionen für freien Rand mit

$r_\varphi = 8000, \ n_\varphi = 10000$

$m_\varphi = w = 0$

$\varrho\,\varphi$	m_φ	r_φ	n_φ	s_φ	n_x
0	0	8000	10000	—3725	3949
0,5	2525	3536	7782	—5046	1396
1	3230	320	5186	—5206	— 639
2	1794	—2424	727	—3355	—2589
3	220	—1869	—1355	— 841	—2152
4	—1069	— 394	—1349	648	— 798
5	— 824	532	— 499	877	228
6	— 221	638	190	437	531
7	184	305	389	— 22	345
8	257	— 26	244	— 215	54
9	138	— 158	34	— 176	— 108
10	3	— 125	— 81	— 53	— 117
11	— 60	— 35	— 85	33	— 50
12	— 51	25	— 38	55	8
13	— 18	38	7	30	33
14	8	21	22	2	22

Zahlentafel III 8. $(m_\varphi = 0)$. *Isotrope Modellschale*
Verteilungsfunktionen für freien Rand mit

$s_\varphi = -4000$

$r_\varphi = 8000, \ n_\varphi = 10000, \ m_\varphi = 0$

$\varrho\,\varphi$	m_φ	r_φ	n_φ	s_φ	n_x
0	0	8000	10000	—4000	3302
0,5	2514	3559	7711	—5085	1078
1	3223	373	5124	—5144	— 749
2	1828	—2351	741	—3287	—2530
3	— 156	—1839	—1301	— 839	—2092
4	—1011	— 411	—1315	615	— 788
5	— 797	500	— 497	850	211
6	— 217	614	174	430	511
7	174	298	374	— 14	337
8	250	— 23	238	— 207	56
9	135	— 152	36	— 170	— 104
10	4	— 121	— 77	— 50	— 113
11	— 57	— 35	— 82	31	— 49
12	— 50	24	— 37	53	7
13	— 18	37	6	29	32
14	7	21	22	2	21

Zahlentafel III 9. *(m_φ = 0). Isotrope Modellschale*
Verteilungsfunktionen für freien Rand mit

$$m_\varphi = 10\,000$$

$$n_\varphi = s_\varphi = w = 0$$

$\varrho\,\varphi$	m_φ	r_φ	n_φ	s_φ	n_x
0	10000	−5290	0	0	3673
0,5	6926	−5170	− 383	−1231	1329
1	4292	−4758	−1112	−1446	− 345
2	544	−2991	−2126	− 323	−1452
3	−1038	− 907	−1822	840	− 722
4	−1031	406	− 794	1063	216
5	− 403	709	77	606	588
6	112	416	404	65	433
7	268	39	307	− 209	116
8	175	− 151	82	− 206	− 92
9	28	− 145	− 67	− 82	− 130
10	− 56	− 56	− 94	21	− 70
11	− 60	18	− 49	55	− 1
12	− 26	40	0	37	30
13	4	26	22	7	26
14	15	5	19	− 11	9

Zahlentafel III 10. *(m_φ = 0). Isotrope Modellschale*
Verteilungsfunktionen für freien Rand mit

$$n_\varphi = r_\varphi = 10\,000$$

$$m_\varphi = w = 0$$

$\varrho\,\varphi$	m_φ	r_φ	n_φ	s_φ	n_x
0	0	10000	10000	884	11181
0,5	3300	5099	9302	−3405	6105
1	4463	1013	7034	−5384	1993
2	2859	−3158	1609	−4674	−2596
3	9	−2852	−1596	−1615	−2985
4	−1444	− 876	−1968	642	−1399
5	−1294	589	− 907	1225	114
6	− 471	917	130	735	705
7	172	524	525	69	543
8	360	38	391	− 274	142
9	228	− 200	100	− 265	− 123
10	36	− 180	− 89	− 103	− 169
11	− 72	− 71	− 122	30	− 89
12	− 77	24	− 65	75	− 1
13	− 33	51	0	48	39
14	6	33	29	9	34

Zahlentafel III 11. *(m_φ = 0). Isotrope Modellschale*
Verteilungsfunktionen für freien Rand mit

$n_\varphi = 10000$

$m_\varphi = n_x = w = 0$

$\varrho\,\varphi$	m_φ	r_φ	n_φ	s_φ	n_x
0	0	6908	10000	—6242	0
0,5	2102	2683	6953	—5942	—1176
1	2557	— 59	4179	—5110	—2076
2	1212	—2033	246	—2629	—2586
3	— 346	—1331	—1223	— 419	—1695
4	— 864	— 131	—1011	651	— 470
5	— 568	501	— 276	687	291
6	— 83	486	223	276	436
7	191	185	314	— 72	237
8	203	— 61	164	— 184	5
9	89	— 135	— 2	— 123	— 101
10	— 15	— 90	— 75	— 25	— 88
11	— 53	— 15	— 65	35	— 29
12	— 37	26	— 18	44	13
13	— 9	30	11	20	25
14	9	14	18	— 2	15

Zahlentafel III 12. *(m_φ = 0). Isotrope Modellschale*
Verteilungsfunktionen für freien Rand mit

$s_\varphi = 10000$

$m_\varphi = n_\varphi = w = 0$

$\varrho\,\varphi$	m_φ	r_φ	n_φ	s_φ	n_x
0	0	4339	0	10000	15691
0,5	1682	3390	3296	3560	10220
1	2674	1506	4010	— 380	5712
2	2311	—1592	1911	—2858	— 11
3	497	—2134	— 525	—1678	—1807
4	— 814	—1045	—1342	— 11	—1303
5	—1019	121	— 885	755	— 249
6	— 549	605	— 133	639	378
7	— 28	475	297	198	430
8	217	141	318	— 123	194
9	194	— 91	142	— 195	— 29
10	70	— 140	— 22	— 131	— 114
11	— 27	— 78	— 81	— 9	— 83
12	— 55	— 4	— 60	44	— 20
13	— 34	31	— 14	85	19
14	— 5	28	15	16	26

4*

Zahlentafel IV. *($\vartheta_\varphi = 0$). Isotrope Modellschale, Randwerte für eingespannten Rand*

Tafel Nr.	Bezeichnung		m_φ	r_φ	n_φ	s_φ	n_x	v	w	ϑ_φ
IV 1	r_φ	$= 1$	-11681	10000	0	0	-11215	21284	15967	0
2	n_φ	$= 1$	8548	0	10000	0	22168	-34645	-21290	0
3	s_φ	$= 1$	3126	0	0	10000	21706	-22074	-11222	0
	$r_\varphi/n_\varphi = 1$									
4	s_φ	$= 0$	$-$ 3133	10000	10000	0	10953	-13360	$-$ 5323	0
5	s_φ	$= -0,3$	$-$ 4071	10000	10000	-3000	4441	$-$ 6738	$-$ 1956	0
6	s_φ	$= -0,4$	$-$ 4383	10000	10000	-4000	2271	$-$ 4531	$-$ 834	0
	w	$= 0$								
7	r_φ	$= 1$	$-$ 4616	10000	10000	-4743	657	$-$ 2890	0	0
8	n_φ	$= 1$	$-$ 7027	13334	10000	0	7214	$-$ 6265	0	0
9	s_φ	$= 1$	$-$ 5084	7028	0	10000	13824	$-$ 7115	0	0
10	v	$= 0$	$-$ 8667	10000	0	9642	9715	0	5147	0
11	n_φ	$= 0$	$-$ 4374	9666	10000	-5218	0	$-$ 2552	0	0
12	w	$= 1$	$-$ 7316	6262	0	0	$-$ 7024	13330	10000	0
Multiplikator 10^{-4}			r	ϱ	ϱ^2	ϱ^3/λ	ϱ^4/λ^2	$1/\varrho^3\, J$	$1/\varrho^2\, J$	

Zahlentafel IV 1. *($\vartheta_\varphi = 0$). Isotrope Modellschale Verteilungsfunktionen für eingespannten Rand mit*

$r_\varphi = 10000$

$n_\varphi = s_\varphi = \vartheta_\varphi = 0$

$\varrho\,\varphi$	m_φ	r_φ	n_φ	s_φ	n_x
0	-11681	10000	0	0	-11215
0,5	$-$ 6962	9679	1053	3316	$-$ 2743
1	$-$ 2884	8606	2871	3387	1908
2	2471	4409	4771	18	3578
3	3705	141	3381	-2412	1072
4	2318	-1912	836	-2300	$-$ 1042
5	458	-1768	$-$ 823	$-$ 914	$-$ 1462
6	$-$ 585	$-$ 695	-1105	258	$-$ 793
7	$-$ 679	177	$-$ 591	641	$-$ 18
8	$-$ 308	453	$-$ 18	437	343
9	42	304	245	89	303
10	176	57	218	$-$ 119	107
11	130	$-$ 89	75	$-$ 141	$-$ 45
12	33	$-$ 101	$-$ 34	$-$ 67	$-$ 86
13	$-$ 30	$-$ 46	$-$ 62	6	$-$ 53
14	$-$ 41	6	$-$ 38	35	$-$ 7

Zahlentafel IV 2. *($\vartheta_\varphi = 0$). Isotrope Modellschale*
Verteilungsfunktionen für eingespannten Rand mit

$n_\varphi = 10000$

$r_\varphi = s_\varphi = \vartheta_\varphi = 0$

$\varrho\,\varphi$	m_φ	r_φ	n_φ	s_φ	n_x
0	8548	0	10000	0	22168
0,5	7568	−4473	7875	−7276	7931
1	5056	−7252	3632	−8852	− 804
2	−1022	−6795	−3427	−4212	−6348
3	−4245	−2215	−4777	1158	−3750
4	−3738	+ 1481	−2407	2963	− 47
5	−1532	2437	215	1952	1671
6	275	1498	1331	285	1425
7	891	219	1070	− 656	448
8	629	− 473	330	− 702	− 268
9	135	− 496	− 193	− 309	− 433
10	− 165	− 213	− 313	50	− 252
11	− 201	41	− 179	179	− 21
12	− 98	130	− 13	131	94
13	7	93	69	32	90
14	50	21	65	− 32	34

Zahlentafel IV 3. *($\vartheta_\varphi = 0$). Isotrope Modellschale*
Verteilungsfunktionen für eingespannten Rand mit

$s_\varphi = 10000$

$r_\varphi = n_\varphi = \vartheta_\varphi = 0$

$\varrho\,\varphi$	m_φ	r_φ	n_φ	s_φ	n_x
0	3126	0	0	10000	21706
0,5	3054	− 784	2750	1855	11472
1	2520	−2124	2557	−2024	4550
2	298	−3171	− 361	−2707	−1792
3	−1579	−1772	−1975	− 410	−2196
4	−1919	93	−1526	1065	− 681
5	−1137	1006	− 345	1090	480
6	− 195	833	441	425	715
7	313	332	557	− 146	383
8	344	− 101	289	− 326	− 2
9	151	− 231	1	− 216	− 176
10	− 25	− 152	− 128	− 41	− 153
11	− 89	− 25	− 108	61	− 51
12	− 65	46	− 36	71	24
13	− 15	51	18	33	43
14	15	23	31	− 4	26

Zahlentafel IV 4. $(\vartheta_\varphi = 0)$. *Isotrope Modellschale*
Verteilungsfunktionen für eingespannten Rand mit

$s_\varphi = 0$

$n_\varphi = r_\varphi = 10000 \qquad \vartheta_\varphi = 0$

$\varrho\,\varphi$	m_φ	r_φ	n_φ	s_φ	n_x
0	−3133	10000	10000	0	10953
0,5	606	5206	8928	−3960	5182
1	2172	1354	6503	−5465	1097
2	1449	−2386	1344	−4200	−2769
3	− 540	−2074	−1396	−1254	−2678
4	−1420	− 431	−1571	663	−1089
5	−1074	669	− 608	1038	209
6	− 309	803	226	547	632
7	212	396	479	− 15	430
8	321	− 20	312	− 265	75
9	177	− 192	52	− 220	− 130
10	11	− 156	− 95	− 68	− 145
11	− 72	− 48	− 104	38	− 66
12	− 65	29	− 47	64	10
13	− 23	47	7	38	37
14	9	27	27	3	27

Zahlentafel IV 5. $(\vartheta_\varphi = 0)$. *Isotrope Modellschale*
Verteilungsfunktionen für eingespannten Rand mit

$s_\varphi = -3000$

$r_\varphi = n_\varphi = 10000, \qquad \vartheta_\varphi = 0$

$\varrho\,\varphi$	m_φ	r_φ	n_φ	s_φ	n_x
0	−4071	10000	10000	−3000	4441
0,5	− 310	5441	8103	−4517	1740
1	1416	1991	5736	−4858	− 268
2	1360	−1435	1452	−3387	−2232
3	− 66	−1542	− 803	−1131	−2019
4	− 844	− 459	−1113	343	− 885
5	− 733	367	− 504	711	65
6	− 250	538	94	419	417
7	118	296	312	29	315
8	218	10	225	− 167	74
9	132	− 123	52	− 155	− 77
10	18	− 110	− 57	− 56	− 99
11	− 45	− 40	− 72	20	− 51
12	− 45	15	− 36	43	3
13	− 18	32	2	28	24
14	4	20	18	4	19

Zahlentafel IV 6. *($\vartheta_\varphi = 0$). Isotrope Modellschale*
Verteilungsfunktionen für eingespannten Rand mit

$s_\varphi = -4000$

$r_\varphi = n_\varphi = 10000, \quad \vartheta_\varphi = 0$

$\varrho\,\varphi$	m_φ	r_φ	n_φ	s_φ	n_x
0	—4383	10000	10000	—4000	2271
0,5	— 615	5520	7828	—4702	593
1	1164	2200	5480	—4655	— 723
2	1330	—1118	1488	—3116	—2052
3	92	—1365	— 606	—1090	—1800
4	— 652	— 468	— 961	237	— 817
5	— 619	267	— 470	602	17
6	— 223	450	49	377	346
7	87	263	256	43	277
8	183	20	196	— 135	76
9	117	— 100	52	— 134	— 60
10	20	— 95	— 44	— 54	— 84
11	— 35	— 38	— 61	14	— 46
12	— 39	11	— 33	36	0
13	— 17	27	0	25	20
14	3	18	15	4	17

Zahlentafel IV 7. *($\vartheta_\varphi = 0$). Isotrope Modellschale*
Verteilungsfunktionen für eingespannten Rand mit

$r_\varphi = n_\varphi = 10000$

$w = \vartheta_\varphi = 0$

$\varrho\,\varphi$	m_φ	r_φ	n_φ	s_φ	n_x
0	—4616	10000	10000	—4743	657
0,5	— 842	5578	7624	—4840	— 259
1	977	2361	5290	—4505	—1061
2	1308	— 882	1515	—2915	—1919
3	209	—1233	— 459	—1060	—1636
4	— 510	— 475	— 849	158	— 766
5	— 535	192	— 446	518	— 19
6	— 216	384	17	345	293
7	64	239	215	54	248
8	158	28	175	— 110	76
9	105	— 82	51	— 118	— 47
10	23	— 84	— 34	— 49	— 72
11	— 29	— 36	— 53	9	— 42
12	— 34	7	— 30	30	— 1
13	— 16	23	— 2	22	17
14	2	16	12	5	15

Zahlentafel IV 8. *($\vartheta_\varphi = 0$). Isotrope Modellschale*
Verteilungsfunktionen für eingespannten Rand mit

$n_\varphi = 10\,000$

$s_\varphi = w = \vartheta_\varphi = 0$

$\varrho\,\varphi$	m_φ	r_φ	n_φ	s_φ	n_x
0	−7027	13334	10000	0	7214
0,5	−1714	8433	9279	−2855	4265
1	1211	4223	7460	−4336	1731
2	2273	− 916	2934	−4194	−1576
3	695	−2027	− 269	−2058	−2318
4	− 647	−1068	−1292	− 104	−1438
5	− 922	80	− 882	733	278
6	− 503	571	− 142	633	368
7	− 14	455	282	199	424
8	218	131	305	− 119	189
9	191	− 90	133	− 190	− 29
10	70	− 137	− 24	− 107	− 110
11	− 28	− 78	− 79	− 9	− 81
12	− 54	− 5	− 58	41	− 19
13	− 33	32	− 14	40	20
14	− 5	29	14	14	25

Zahlentafel IV 9. *($\vartheta_\varphi = 0$). Isotrope Modellschale*
Verteilungsfunktionen für eingespannten Rand mit

$s_\varphi = 10\,000$

$n_\varphi = w = \vartheta_\varphi = 0$

$\varrho\,\varphi$	m_φ	r_φ	n_φ	s_φ	n_x
0	−5084	7028	0	10000	13824
0,5	−1839	6019	3490	4186	9544
1	493	3924	4575	356	5887
2	2035	− 72	2992	−2694	723
3	1025	− 1673	401	−2105	−1443
4	− 290	− 1251	− 938	− 551	−1414
5	− 815	− 237	− 923	448	− 548
6	− 606	395	− 336	606	158
7	− 164	456	142	305	370
8	128	217	276	− 19	243
9	181	− 17	173	− 153	37
10	99	− 112	25	− 124	− 77
11	2	− 88	− 55	− 38	− 83
12	− 42	− 25	− 60	24	− 37
13	− 36	19	− 26	37	6
14	− 14	27	4	21	21

Zahlentafel IV 10. $(\vartheta_\varphi = 0)$. *Isotrope Modellschale*
Verteilungsfunktionen für eingespannten Rand mit

$v = 0$

$r_\varphi = 10000 \quad n_\varphi = \vartheta_\varphi = 0$

$\varrho\,\varphi$	m_φ	r_φ	n_φ	s_φ	n_x
0	−8667	10000	0	9642	9715
0,5	−4017	8923	3705	5105	8312
1	− 454	6558	5337	1435	6289
2	2758	1351	4423	−2592	1850
3	2182	−1568	1477	−2807	−1043
4	468	−1822	− 635	−1273	−1699
5	− 638	− 798	−1156	137	− 999
6	− 771	156	− 680	668	− 104
7	− 377	497	− 54	500	351
8	24	356	261	123	341
9	188	81	246	− 119	133
10	152	− 90	95	− 158	− 41
11	45	− 113	− 29	− 82	− 94
12	− 30	− 57	− 69	1	− 63
13	− 45	3	− 45	38	− 12
14	− 27	28	− 8	31	18

Zahlentafel IV 11. $(\vartheta_\varphi = 0)$. *Isotrope Modellschale*
Verteilungsfunktionen für eingespannten Rand mit

$n_\varphi = 10000$

$n_x = w = \vartheta_\varphi = 0$

$\varrho\,\varphi$	m_φ	r_φ	n_φ	s_φ	n_x
0	−4374	9666	10000	−5218	0
0,5	− 755	5292	7458	−5039	− 712
1	953	2175	5073	−4522	−1341
2	1211	− 879	1373	−2787	−1954
3	160	−1153	− 478	− 960	−1567
4	− 496	− 415	− 804	184	− 699
5	− 496	203	− 402	497	7
6	− 187	365	33	317	285
7	71	219	208	40	230
8	152	18	162	− 109	54
9	96	− 81	43	− 111	− 49
10	18	− 79	− 35	− 43	− 68
11	− 29	− 32	− 50	11	− 38
12	− 32	8	− 27	29	− 1
13	− 14	22	− 1	20	17
14	3	15	12	4	14

Zahlentafel IV 12. *($\vartheta_\varphi = 0$). Isotrope Modellschale*
Verteilungsfunktionen für eingespannten Rand mit

$w = 10\,000$

$n_\varphi = s_\varphi = \vartheta_\varphi = 0$

$\varrho\,\varphi$	m_φ	r_φ	n_φ	s_φ	n_x
0	−7316	6263	0	0	−7024
0,5	−4360	6062	659	2077	−1718
1	−1806	5390	1798	2121	1195
2	1548	2760	2988	11	2241
3	2320	88	2116	−1510	671
4	1452	−1197	523	−1440	− 653
5	287	−1107	− 515	− 572	− 915
6	− 366	− 435	− 692	161	− 496
7	− 425	111	− 370	401	− 11
8	− 193	284	− 11	274	215
9	26	190	153	56	190
10	110	36	136	− 74	67
11	81	− 56	47	− 88	− 28
12	21	− 63	− 21	− 42	− 54
13	− 19	− 29	− 39	4	− 33
14	− 26	4	− 24	22	− 4

4. Ringrippenschalen mit Belastung am Längsrand

4.1 Geschichtliche Übersicht

Die Gleichungen der Schnittgrößen für Schalen mit Längs- und
Ringrippen wurden zuerst von DISCHINGER [*35.1*] aufgestellt. Später
sind dieselben Gleichungen auch von LUNDGREN [*49.5*], OLSEN [*51.8*]
u. a. angegeben worden. OLSEN gibt auch die Differentialgleichung für
die Lösungsfunktion w bei symmetrischen Rippen und $\nu = 0$ an.

Längsrippen kommen sehr selten zur Anwendung, während Ringrippen bei weitgespannten Schalen unentbehrlich sind. Die große Ringsteifigkeit dieser Schalen erhöht die Ringmomente gegenüber denjenigen
der isotropen Schalen. Es ist deshalb wichtig, Zahlentafeln zu haben,
die dieses Verhalten berücksichtigen; auch weil die Spannungen bei
den weitgespannten Ringrippenschalen oft sehr hoch sind, und die
Knicksicherheit gewöhnlich klein ist.

4.2 Schalen mit symmetrischen Ringrippen

Die Lösungsfunktion w der Ringrippenschalen mit Belastung am
Längsrand hat dieselbe Form wie diejenige der isotropen Schalen

$$w = \sin \lambda\,\xi \cdot e^{m\,\varepsilon}/J_\varphi\,\varrho_\varphi^2 = \sin \lambda\,\xi \cdot W/J_\varphi\,\varrho_\varphi^2.$$

Diese Lösungsfunktion wird in die Differentialgleichung für w nach Abschn. 1.3 eingesetzt, und die charakteristische Gleichung zur Bestimmung von m bei symmetrischen Ringrippen ist

$$m^8 + [1 - \lambda^2(\nu_\varphi + i_\varphi)]\, m^6\, \omega_\varphi$$
$$+ [1 - 2\lambda^2(2\nu_\varphi + 2i_\varphi - \nu\, i_\varphi) + \lambda^4(4\nu_\varphi\, i_\varphi + i_\varphi + f_\varphi)]\, m^4\, \omega_\varphi^2$$
$$+ [-2\lambda^2(\nu_\varphi + i_\varphi - \nu\, i_\varphi) + 2\lambda^4(2\nu_\varphi\, i_\varphi + f_\varphi) - 2\lambda^6\, i_\varphi(\nu_\varphi + f_\varphi)]\, m^2\, \omega_\varphi^3$$
$$+ [\lambda^4(f_\varphi + 3i_\varphi - 3f_\varphi i_\varphi \nu^2) + \lambda^6(\lambda^2 - 2\nu)f_\varphi i_\varphi]\omega_\varphi^4 + (1 - f_\varphi \nu^2)\lambda^4 \omega_\varphi^4/k_\varphi = 0\,.$$

Die Querschnittgrößen sind (Abb. 5a)

$$f_\varphi = F/F_\varphi = (a_\varphi + b_\varphi)\, h/(a_\varphi\, h + b_\varphi\, h_\varphi)$$
$$i_\varphi = J/J_\varphi = (a_\varphi + b_\varphi)\, h^3/(a_\varphi\, h^3 + b_\varphi\, h_\varphi^3)$$
$$\varrho_\varphi = \varrho \sqrt[8]{i_\varphi(1 - \nu^2 f_\varphi)/(1 - \nu^2)} = 2,42 \sqrt{r/l}\, \sqrt[4]{r/h}\, \sqrt[8]{i_\varphi}$$
$$\nu_\varphi = (1 - \nu\, f_\varphi)/(1 - \nu)$$
$$\omega_\varphi = 1/\varrho_\varphi^2$$
$$\varkappa_\varphi = \lambda^2/\varrho_\varphi^2 = \lambda^2\, \omega_\varphi\,.$$

$f_\varphi = F/F_\varphi$ und $i_\varphi = J/J_\varphi$ werden für Schalen mit symmetrischen Ringrippen und $a_\varphi/b_\varphi = 10$

$h_\varphi/h =$	2	4	6	8	10
f_φ	0,92	0,78	0,69	0,61	0,55
i_φ	0,61	0,15	0,05	0,02	0,01

Die charakteristische Gleichung für m kann wie im Abschn. 3.2 geschrieben werden

$$m^8 + 4c_6\, m^6 + c_4\, m^4 + c_2\, m^2 + c_0 + 1 = 0\,.$$

Die Substitution

$$m^2 = X - c_6$$

wird auch hier benutzt, und die reduzierte biquadratische Gleichung

$$X^4 + P\, x^2 + Q\, X + R + 1 = 0$$

hat die Beiwerte

$$P = -6c_6^2 + c_4$$
$$Q = +8c_6^3 - 2c_6\, c_4 + c_2$$
$$R = -3c_6^4 + c_6^2\, c_4 - c_6\, c_2 + c_0\,,$$

wobei

$$c_6 = -0,5(\varkappa_\varphi\, \nu_\varphi + \varkappa_\varphi\, i_\varphi - \omega_\varphi)$$
$$c_4 = [1 - 2\lambda^2(2\nu_\varphi + 2i_\varphi - \nu\, i_\varphi) + \lambda^4(4\nu_\varphi\, i_\varphi + i_\varphi + f_\varphi)]\, \omega_\varphi^2$$

$$c_2 = [-2\lambda^2(\nu_\varphi + i_\varphi - \nu\, i_\varphi) + 2\lambda^4(2\nu_\varphi\, i_\varphi + f_\varphi) - 2\lambda^6\, i_\varphi(\nu_\varphi + f_\varphi)]\, \omega_\varphi^3$$

$$c_0 = [\lambda^4(f_\varphi + 3i_\varphi - 3f_\varphi\, i_\varphi\, \nu^2) + \lambda^6(\lambda^2 - 2\nu)\, f_\varphi\, i_\varphi]\, \omega_\varphi^4.$$

Die Wurzeln werden mit denselben Gleichungen wie im Abschn. 3.2 gefunden, nur sind die Beiwerte c_{6-0} verschieden. Auch hier sind die Beiwerte P, Q, R klein, und die Wurzeln der charakteristischen Gleichung haben

$$\alpha_1, \gamma_1 = -c_6 \pm (0{,}7071 + 0{,}18\, R - 0{,}18\, P)$$

$$\beta_1, \delta_1 = -0{,}7071 - 0{,}18\, R - 0{,}18\, P \mp 0{,}25\, Q.$$

Die Wurzelwerte $\alpha - \delta$ sind im Abschn. 3.2 gegeben.

Die Wurzelwerte und alle andere Schalenfunktionen lassen sich wie bei der isotropen Schale durch Polynome der Parameter ω_φ, $\varkappa_\varphi$, f_φ und i_φ ausdrücken, wobei die Beiwerte der Parameter aus einfachen Parameterkombinationen gefunden werden. Dieses Berechnungsverfahren gibt bei Schalen mit Ringrippen Zahlentafeln, die für den Gebrauch zu umfangreich werden. Einfacher ist es, die Schnittkraftverteilung einer *Modellschale* zu entnehmen.

Es wird angenommen, daß die Modellschale für Tonnen mit Ringrippen die folgenden Parameter haben

$$\varrho_\varphi = \lambda^2 = 5, \quad \varkappa_\varphi = \lambda^2/\varrho_\varphi^2 = 0{,}20, \quad \omega_\varphi = 1/\varrho_\varphi^2 = 0{,}04$$

$$f_\varphi = F/F_\varphi = 0{,}7, \quad i_\varphi = J/J_\varphi = 0{,}02$$

$$\nu = 0{,}1, \quad \nu_\varphi = (1 - \nu \cdot 0{,}7)/(1 - \nu) = 1{,}033.$$

Die charakteristische Gleichung der Modellschale ist

$$m^8 - 4 \cdot 0{,}08533\, m^6 + 0{,}00003\, m^4 + 0{,}00114\, m^2 + 1{,}00007 = 0.$$

Die Beiwerte P, Q und R der biquadratischen Gleichung werden

$$P = -6 \cdot 0{,}08533^2 + 0{,}00003 = -0{,}04366$$

$$Q = -8 \cdot 0{,}08533^3 + 2 \cdot 0{,}00003 \cdot 0{,}0853 + 0{,}00114 = -0{,}00382$$

$$R = -3 \cdot 0{,}08533^4 + 0{,}0003 \cdot 0{,}0853^2 + 0{,}00114 \cdot 0{,}0853 +$$
$$+ 0{,}00007 = 0{,}00001.$$

Die Wurzelquadrate haben

$$\alpha_1, \gamma_1 = 0{,}0853 \pm (0{,}7071 + 0{,}18 \cdot 0{,}0437)$$

$$\beta_1, \delta_1 = -0{,}7071 + 0{,}18 \cdot 0{,}0437 \mp 0{,}25\,(-0{,}0038)$$

$$\alpha_1 = 0{,}0853 + 0{,}7150 = 0{,}8003$$

$$\beta_1 = -0{,}6992 + 0{,}0009 = -0{,}6983$$

$$\gamma_1 = 0{,}0853 - 0{,}7150 = -0{,}6297$$

$$\delta_1 = -0{,}6992 - 0{,}0009 = -0{,}7001$$

$$\alpha, \beta = \mp\, 0{,}7071\, [(0{,}8003^2 + 0{,}6983^2)^{0,5} \pm 0{,}8003]^{0,5}$$

$$\gamma, \delta = \mp\, 0{,}7071\, [(0{,}6297^2 + 0{,}7001^2)^{0,5} \mp 0{,}6297]^{0,5}$$

$$\alpha = -\, 0{,}9650 \qquad \beta = 0{,}3617$$

$$\gamma = -\, 0{,}3949 \qquad \delta = 0{,}8864$$

Für diese Wurzeln sind die Lösungsfunktionen W_{A-D} berechnet und in Zahlentafel VI zusammengestellt.

Die Verteilungsfunktionen m_φ, r_φ, n_φ, s_φ und n_x sind durch die Multiplikatoren $a_{m\varphi}$, $b_{m\varphi}$, ... der Integrationskonstanten $A-D$ und die Lösungsfunktionen W_{A-D} gegeben. Das Ringmoment M_φ ist nach Abschn. 1.4

$$M_\varphi = r(w_{20} + w + \nu\, i_\varphi\, w_{02})/\varrho_\varphi^2 = r(m^2 + \omega_\varphi - \nu\, i_\varphi\, \varkappa_\varphi)\, w =$$

$$= r(\alpha_1 + \omega_\varphi - \nu\, i_\varphi\, \varkappa_\varphi + i\, \beta_1)\, w$$

$$m_\varphi = (a_{m\varphi}\, A + b_{m\varphi}\, B)\, W_A + (a_{m\varphi}\, B - b_{m\varphi}\, A)\, W_B$$

$$a_{m\varphi} = \alpha_1 - \nu\, i_\varphi\, \varkappa_\varphi + \omega_\varphi \qquad b_{m\varphi} = \beta_1$$

$$R_\varphi = (M_{\varphi 10} + 2 M_{t01})/r - k\, S_{\varphi 01}$$

$$a_{r\varphi} = \alpha\, a_{m\varphi} - \beta\, \beta_1 - 2\alpha\, \varkappa_\varphi\, i_\varphi$$

$$b_{r\varphi} = \alpha\, \beta_1 + \beta\, a_{m\varphi} - 2\beta\, \varkappa_\varphi\, i_\varphi.$$

Zahlentafel V 1. *Lösungsfunktionen der Modellschale für Tonnengewölbe mit Ring-rippen*

$$\varrho_\varphi = 2{,}42\, \sqrt{r/l}\; \sqrt[4]{r/h}\; \sqrt[8]{i_\varphi}$$

$\varepsilon = \varphi\, \varrho_\varphi$	$W_A = e^{\alpha\,\varepsilon} \cos \beta\,\varepsilon$	$W_B = e^{\alpha\,\varepsilon} \sin \beta\,\varepsilon$	$W_C = e^{\gamma\,\varepsilon} \cos \delta\,\varepsilon$	$W_D = e^{\gamma\,\varepsilon} \sin \delta\,\varepsilon$
0	10000	0	10000	0
0,5	6072	1110	7415	3520
1	3563	1348	4260	5220
2	1088	961	$-\,911$	4447
3	258	489	-2709	1419
4	26	209	-1895	$-\,810$
5	-19	78	$-\,384$	-1334
6	-17	25	533	$-\,769$
7	-10	7	628	$-\,49$
8	$-\,4$	1	293	307
9	$-\,2$	0	$-\,35$	284
10	$-\,1$	0	$-\,163$	103
11	0	0	$-\,123$	$-\,42$
12	0	0	$-\,31$	$-\,82$
13	0	0	30	$-\,51$
14	0	0	40	$-\,6$

Multiplikator 10^{-4}

Der Beitrag von S_φ in $a_{r\varphi}$ ist $a_{s\varphi}\, i_\varphi\, f_\varphi\, \varkappa_\varphi^2\, \omega_\varphi$. Er ist sehr klein und kann darum vernachlässigt werden. Auch der Beitrag von v_{01} in M_t ist ohne Bedeutung, denn er ist $\beta\, \varkappa_\varphi\, i_\varphi\, \omega_\varphi$.

Die Multiplikatoren $a_{m\varphi}$, $b_{m\varphi}$, ... werden der Reihe nach berechnet und das Ergebnis ist in Zahlentafel V 2 zu finden.

Die Modellschale mit symmetrischen Ringrippen hat

$$\alpha = -\,0{,}9650 \qquad \beta = 0{,}3617 \qquad \gamma = -\,0{,}3949 \qquad \delta = 0{,}8864$$

$$\alpha_1 = 0{,}8003 \qquad \beta_1 = -\,0{,}6983 \qquad \gamma_1 = -\,0{,}6297 \qquad \delta_1 = -\,0{,}7001$$

und die Multiplikatoren werden

$$a_{m\varphi} = 0{,}8003 - 0{,}1 \cdot 0{,}02 \cdot 0{,}2 + 1/25 = 0{,}8399$$

$$b_{m\varphi} = -\,0{,}6983\,.$$

Die Multiplikatoren der Modellschale sind in Zahlentafel V 3 gegeben.

Zahlentafel V 2. *Multiplikatoren der Integrationskonstanten für Schalen mit Ringrippen symmetrisch zur Mittelfläche*

	Multiplikator	a	b
M_φ	r	$\alpha_1 - 0{,}1\,\varkappa_\varphi\, i_\varphi + \omega_\varphi$	β_1
R_φ	ϱ_φ	$\alpha\, a_{m\varphi} - \beta\beta_1 - 1{,}8\alpha\,\varkappa_\varphi\, i_\varphi$	$\alpha\beta_1 + \beta a_{m\varphi} - 1{,}8\beta\,\varkappa_\varphi\, i_\varphi$
N_φ	ϱ_φ^2	$-\alpha_2 + 2\alpha_1\,\varkappa_\varphi\, i_\varphi - \alpha_1\,\omega_\varphi - i_\varphi\,\varkappa_\varphi^2$	$-\beta_2 + 2\beta_1\,\varkappa_\varphi\, i_\varphi - \beta_1\,\omega_\varphi$
S_φ	$\varrho_\varphi^3/\lambda$	$\alpha\, a_{n\varphi} - \beta b_{n\varphi} - a_{r\varphi}\,\omega_\varphi$	$\alpha b_{n\varphi} + \beta a_{n\varphi} - b_{r\varphi}\,\omega_\varphi$
N_x	$\varrho_\varphi^4/\lambda^2$	$-\alpha a_{s\varphi} + \beta b_{s\varphi}$	$-\alpha b_{s\varphi} - \beta a_{s\varphi}$
v_{10}	$1/\varrho_\varphi^2\, J_\varphi$	$-1 + \varkappa_\varphi^2\, i_\varphi\, f_\varphi(a_{n\varphi} - a_{nx}/10\,\varkappa_\varphi - a_{m\varphi}\,\omega_\varphi)$	$\varkappa_\varphi^2\, i_\varphi\, f_\varphi(b_{n\varphi} - b_{nx}/10\,\varkappa_\varphi - b_{m\varphi}\,\omega_\varphi)$
v	$1/\varrho_\varphi^3\, J_\varphi$	$(\alpha a_{v10} + \beta b_{v10})/(\alpha^2 + \beta^2)$	$(\alpha b_{v10} - \beta a_{v10})/(\alpha^2 + \beta^2)$
w	$1/\varrho_\varphi^2\, J_\varphi$	1	0
ϑ_φ	$1/\varrho_\varphi\, J_\varphi\, r$	$\alpha - a_v\,\omega_\varphi$	$\beta - b_v\,\omega_\varphi$

$$f_\varphi = F/F_\varphi, \quad i_\varphi = J/J_\varphi, \quad \varrho_\varphi = 2{,}42\,\sqrt{r/l}\cdot\sqrt[4]{r/h}\cdot\sqrt[8]{i_\varphi}, \quad \varkappa_\varphi = \lambda^2/\varrho_\varphi^2, \quad \omega_\varphi = 1/\varrho_\varphi^2$$

$$\alpha_1 = (\alpha + \beta)(\alpha - \beta), \quad \beta_1 = 2\alpha\beta, \quad \alpha_2 = (\alpha_1 + \beta_1)(\alpha_1 - \beta_1), \quad \beta_2 = 2\alpha_1\beta_1$$

Zahlentafel V 3. *Multiplikatoren der Integrationskonstanten für die Modellschale mit symmetrischen Ringrippen*

	m_φ	r_φ	n_φ	s_φ	n_x	v	w	ϑ_φ
a	8399	-5510	-1793	$-\,2173$	$-\,6452$	9089	10000	-10014
b	-6983	9750	11400	-12040	-10831	3396	0	3481
c	-5901	8564	1130	6828	6682	4191	10000	$-\,4117$
d	-7001	-2530	-8593	4496	$-\,4278$	9415	0	8487

Als Randkraftkombinationen kommen dieselben in Frage, wie bei den isotropen Schalen: m_φ, r_φ, n_φ und s_φ der Reihe nach gleich eins und die übrigen gleich Null, oder $M_\varphi = \sin \lambda\,\xi \cdot r$, $R_\varphi = \sin \lambda\,\xi \cdot \varrho_\varphi$, $N_\varphi = \sin \lambda\,\xi \cdot \varrho_\varphi^2$ und $S_\varphi = \cos \lambda\,\xi \cdot \varrho_\varphi^3/\lambda$ als einzige Randbelastung. Die Multiplikatoren der Integrationskonstanten werden dem Abschn. 4.3 entnommen, und die Integrationskonstanten sind aus der folgenden Matrix zu finden

A	B	C	D	m_φ	r_φ	n_φ	s_φ
8399	$-$ 6983	$-$5901	$-$7001	10000	0	0	0
$-$5510	9750	8564	$-$2530	0	10000	0	0
$-$1793	11400	1130	$-$8593	0	0	10000	0
$-$2173	$-$12040	6828	4496	0	0	0	10000

Die Lösungen dieser Gleichungen geben folgende Integrationskonstanten

	A	B	C	D
$m_\varphi = 1$	22463	2618	11561	307
$r_\varphi = 1$	37374	11969	25471	11431
$n_\varphi = 1$	$-$40190	$-$11344	$-$19089	$-$20813
$s_\varphi = 1$	$-$20810	$-$10871	$-$ 4150	$-$10626

Multiplikator 10^{-4}

Die Ringverteilung kann jetzt berechnet werden. Für $m_\varphi = 1$, $r_\varphi = n_\varphi = s_\varphi = 0$ ist

$$m_\varphi = (a\,A + b\,B)\,W_A + (a\,B - b\,A)\,W_B +$$
$$+ (c\,C + d\,D)\,W_C + (c\,D - d\,C)\,W_D =$$
$$m_\varphi = (0{,}8399 \cdot 2{,}2463 - 0{,}6983 \cdot 0{,}2618)\,W_A +$$
$$+ (0{,}8399 \cdot 0{,}2618 + 0{,}6983 \cdot 2{,}2463)\,W_B +$$
$$+ (-0{,}5901 \cdot 1{,}1561 - 0{,}7001 \cdot 0{,}0307)\,W_C +$$
$$+ (-0{,}5901 \cdot 0{,}0307 + 0{,}7001 \cdot 1{,}1561)\,W_D$$
$$m_\varphi = 1{,}7037\,W_A + 1{,}7887\,W_B - 0{,}7037\,W_C + 0{,}7913\,W_D.$$

Die Lösungsfunktionen W_{A-D} werden eingesetzt, und die Verteilungsfunktion für m_φ bei $m_\varphi = 1$, $r_\varphi = n_\varphi = s_\varphi = 0$ in Zahlentafel VI 1 gegeben.

Die Randverschiebungen sind

$$v = 0{,}9089\,A + 0{,}3396\,B + 0{,}4191\,C + 0{,}9415\,D$$

$$w = A + C$$

$$\vartheta_\varphi = -1{,}0014\,A + 0{,}3481\,B - 0{,}4117\,C + 0{,}8487\,D$$

für $m_\varphi = 1$, $r_\varphi = n_\varphi = s_\varphi = 0$ werden

$$v = 2{,}6444$$

$$w = 3{,}4024$$

$$\vartheta_\varphi = -2{,}6082\,.$$

In dieser Weise wird die Ringverteilung für r_φ, n_φ und s_φ der Reihe nach gleich eins gefunden. Zahlentafel VI enthält Randwerte, und die Zahlentafeln VI 1—12 Verteilungsfunktionen für Belastungskombinationen bei frei drehbarem Rand mit $m_\varphi = 0$, Zahlentafel VII Randwerte und VII 1—12 Verteilungsfunktionen für Belastungskombinationen bei eingespanntem Rand mit $\vartheta_\varphi = 0$. Diesen Tafeln können Randbedingungen entnommen werden, die bei einer gegebenen Schale annähernd befriedigt werden können. Die Tafeln geben dann die Hauptbelastungen der Schale, die durch kleine Korrektionsbelastungen den sekundären Randbedingungen angepaßt werden.

Zahlentafel VI. *(m_\varphi = 0). Modellschale mit symmetrischen Ringrippen, Randwerte für freien Längsrand*

Tafel Nr.	Bezeichnung		m_φ	r_φ	n_φ	s_φ	n_x	v	w	ϑ
VI 1	m_φ	$= 1$	10000	0	0	0	$-\ 9730$	26445	34026	-26082
2	r_φ	$= 1$	0	10000	0	0	-24951	59471	62545	-34048
3	n_φ	$= 1$	0	0	10000	0	34366	-67977	-59279	26492
4	s_φ	$= 1$	0	0	0	10000	26978	-34352	-24960	9748
	r_φ/n_φ	$= 0{,}8$								
5	s_φ	$= 0$	0	8000	10000	0	14410	-20400	$-\ 9003$	$-\ 744$
6	s_φ	$= -0{,}3$	0	8000	10000	-3000	6314	-10097	$-\ 1517$	$-\ 3668$
7	w	$= 0$	0	8000	10000	-3607	4678	$-\ 8010$	0	$-\ 4256$
8	s_φ	$= -0{,}4$	0	8000	10000	-4000	3619	$-\ 6661$	980	$-\ 4642$
	w	$= 0$								
9	m_φ	$= 1$	10000	-5413	0	0	3764	$-\ 5757$	0	$-\ 7650$
10	r_φ	$= 1$	0	10000	10000	1427	13270	-13415	0	$-\ 6159$
11	n_φ	$= 1$	0	6911	10000	-6348	0	$-\ 5069$	0	$-\ 3225$
12	s_φ	$= 1$	0	3972	0	10000	17067	-10731	0	$-\ 3776$
Multiplikator 10^{-4}			r	ϱ_φ	ϱ_φ^2	$\varrho_\varphi^3/\lambda$	$\varrho_\varphi^4/\lambda^2$	$1/\varrho_\varphi^3\,J_\varphi$	$1/\varrho_\varphi^2\,J_\varphi$	$1/\varrho_\varphi r J_\varphi$

Zahlentafel VI 1. *(m_φ = 0)*. *Modellschale mit Ringrippen*
Verteilungsfunktionen für freien Rand mit

$m_\varphi = 10\,000$

$r_\varphi = n_\varphi = s_\varphi = 0$

$\varphi \, \varrho_\varphi$	m_φ	r_φ	n_φ	s_φ	n_x
0	10000	0	0	0	−9730
0,5	9898	− 150	755	2257	− 564
1	9614	− 798	1762	1522	2802
2	7733	−2789	1719	−1280	1889
3	4343	−3603	− 170	−1797	− 666
4	1111	−2633	−1552	− 586	−1428
5	− 678	− 966	−1571	579	− 769
6	− 968	237	− 774	892	95
7	− 485	595	1	555	485
8	32	387	334	89	390
9	246	59	280	− 168	122
10	195	− 126	86	− 183	− 70
11	53	− 134	− 55	− 78	− 115
12	− 43	− 57	− 85	16	− 66
13	− 61	13	− 48	50	− 4
14	− 32	36	− 2	34	27

Zahlentafel VI 2. *(m_φ = 0)*. *Modellschale mit Ringrippen*
Verteilungsfunktionen für freien Rand mit

$r_\varphi = 10\,000$

$m_\varphi = n_\varphi = s_\varphi = 0$

$\varphi \, \varrho_\varphi$	m_φ	r_φ	n_φ	s_φ	n_x
0	0	10000	0	0	−24951
0,5	4823	9549	2258	6446	− 3358
1	9056	7555	5583	5377	6046
2	13010	390	7396	−2052	6251
3	10175	−5158	3161	−5131	− 13
4	4282	−5823	−1479	−3146	− 3211
5	− 356	−3208	−3188	− 6	− 2613
6	−2029	− 333	−2277	1627	− 632
7	−1499	1088	− 587	1484	728
8	− 341	1053	500	561	944
9	390	396	683	− 180	489
10	487	− 141	352	− 405	− 7
11	237	− 300	− 10	− 263	− 226
12	− 20	− 191	− 168	− 40	− 189
13	− 126	− 26	− 139	85	− 58
14	− 97	64	− 42	91	36

Zahlentafel VI 3. *(m_φ = 0)*. *Modellschale mit Ringrippen*
Verteilungsfunktionen für freien Rand mit

$n_\varphi = 10\,000$

$m_\varphi = r_\varphi = s_\varphi = 0$

$\varphi \, \varrho_\varphi$	m_φ	r_φ	n_φ	s_φ	n_x
0	0	0	10000	0	34366
0,5	−1084	−4418	6895	−10084	8561
1	−3813	−6470	1320	−10690	−4427
2	−9258	−3492	−5796	− 2441	−8787
3	−9659	2297	−4730	3601	−2873
4	−5661	4914	− 475	3797	1860
5	−1093	3782	2282	1211	2738
6	1410	1247	2411	− 915	1335
7	1628	− 565	1118	− 1432	− 194
8	732	−1020	− 107	− 845	− 811
9	− 113	− 607	− 588	− 88	− 619
10	− 430	− 53	− 450	308	− 165
11	− 312	229	− 116	299	139
12	− 70	220	105	115	193
13	82	82	142	− 38	101
14	102	− 29	73	− 84	− 1

Zahlentafel VI 4. *(m_φ = 0)*. *Modellschale mit Ringrippen*
Verteilungsfunktionen für eingespannten Rand mit

$s_\varphi = 10\,000$

$m_\varphi = r_\varphi = n_\varphi = 0$

$\varphi \, \varrho_\varphi$	m_φ	r_φ	n_φ	s_φ	n_x
0	0	0	0	10000	26978
0,5	− 114	− 771	2336	632	11770
1	− 746	−1815	1576	−2840	3009
2	−2754	−1815	−1384	−1968	−2858
3	−3614	102	−1991	643	−1848
4	−2667	1538	− 741	1450	124
5	− 995	1591	520	801	947
6	226	799	908	− 79	694
7	598	12	593	− 484	121
8	395	− 334	114	− 399	− 233
9	63	− 286	− 165	− 129	− 262
10	− 126	− 91	− 190	69	− 121
11	− 135	52	− 87	116	15
12	− 58	86	12	68	67
13	12	49	50	5	50
14	37	3	37	− 26	12

Zahlentafel VI 5. *(m_φ = 0). Modellschale mit Ringrippen*
Verteilungsfunktionen für freien Rand mit

$r_\varphi = 8000 \quad n_\varphi = 10000$

$m_\varphi = s_\varphi = 0$

$\varphi \, \varrho_\varphi$	m_φ	r_φ	n_φ	s_φ	n_x
0	0	8000	10000	0	14410
0,5	2774	3221	8701	—4929	5875
1	3411	— 428	5786	—6385	410
2	1150	—3180	121	—4083	—3786
3	—1519	—1829	—2201	— 504	—2883
4	—2235	256	—1658	1280	— 709
5	—1378	1216	— 268	1206	648
6	— 213	979	589	387	829
7	429	305	648	— 245	388
8	459	— 178	293	— 396	— 56
9	195	— 290	— 42	— 228	— 228
10	— 40	— 166	— 168	— 16	— 171
11	— 122	— 11	— 124	89	— 42
12	— 86	67	— 29	83	42
13	— 19	62	31	30	55
14	24	22	39	— 11	28

Zahlentafel VI 6. *(m_φ = 0). Modellschale mit Ringrippen*
Verteilungsfunktionen für freien Rand mit

$r_\varphi = 8000 \quad n_\varphi = 10000 \quad s_\varphi = -3000$

$m_\varphi = 0$

$\varphi \, \varrho_\varphi$	m_φ	r_φ	n_φ	s_φ	n_x
0	0	8000	10000	—3000	6317
0,5	2808	3452	8000	—5119	2341
1	3635	117	5313	—5533	— 493
2	1976	—2635	536	—3493	—2929
3	— 435	—1860	—1604	— 697	—2328
4	—1435	— 205	—1436	845	— 746
5	—1079	739	— 424	966	364
6	— 281	739	317	411	621
7	250	301	470	— 100	352
8	340	— 78	259	— 276	14
9	176	— 204	8	— 189	— 149
10	— 2	— 139	— 111	— 37	— 135
11	— 81	— 27	— 98	54	— 47
12	— 69	41	— 33	63	22
13	— 23	47	16	28	36
14	14	23	28	— 3	24

5*

Zahlentafel VI 7. $(m_\varphi = 0)$. *Modellschale mit Ringrippen*
Verteilungsfunktionen für freien Rand mit

$r_\varphi = 8000 \quad n_\varphi = 10\,000$

$m_\varphi = w = 0$

$\varphi\ \varrho_\varphi$	m_φ	r_φ	n_φ	s_φ	n_x
0	0	8000	10000	−3607	4678
0,5	2815	3499	7858	−5157	1629
1	3681	227	5217	−5360	− 673
2	2142	−2524	620	−3374	−2755
3	− 216	−1866	−1483	− 736	−2216
4	−1273	− 299	−1391	757	− 753
5	−1018	638	− 456	917	303
6	− 295	690	262	416	579
7	213	300	434	− 71	345
8	316	− 58	252	− 252	28
9	172	− 186	19	− 181	− 133
10	6	− 134	− 99	− 41	− 128
11	− 77	− 30	− 92	47	− 44
12	− 65	35	− 35	59	18
13	− 24	44	13	28	33
14	11	23	25	− 1	23

Zahlentafel VI 8. $(m_\varphi = 0)$. *Modellschale mit Ringrippen*
Verteilungsfunktionen für freien Rand mit

$r_\varphi = 8000 \quad n_\varphi = 10\,000 \quad s_\varphi = -4000$

$m_\varphi = 0$

$\varphi\ \varrho_\varphi$	m_φ	r_φ	n_φ	s_φ	n_x
0	0	8000	10000	−4000	3619
0,5	2819	3530	7766	−5182	1167
1	3710	298	5155	−5249	− 791
2	2251	−2453	674	−3293	−2643
3	− 74	−1870	−1405	− 761	−2143
4	−1168	− 359	−1362	700	− 758
5	− 979	576	− 476	886	266
6	− 304	659	226	411	552
7	190	300	419	− 52	340
8	300	− 45	248	− 236	37
9	170	− 175	25	− 176	− 123
10	11	− 130	− 92	− 44	− 123
11	− 67	− 32	− 89	42	− 45
12	− 63	32	− 34	56	15
13	− 24	42	11	28	31
14	10	23	24	0	23

Zahlentafel VI 9. *(m_φ = 0)*. *Modellschale mit Ringrippen*
Verteilungsfunktionen für freien Rand mit

$$m_\varphi = 10\,000$$

$$n_\varphi = s_\varphi = w = 0$$

$\varphi\, \varrho_\varphi$	m_φ	r_φ	n_φ	s_φ	n_x
0	10000	−5413	0	0	3772
0,5	7287	−5319	− 467	−1231	1254
1	4711	−4886	−1260	−1388	− 471
2	690	−3000	−2285	− 169	−1495
3	−1165	− 811	−1881	981	− 660
4	−1207	519	− 751	1117	310
5	− 485	771	154	582	646
6	130	417	459	11	437
7	326	6	319	− 248	91
8	217	− 183	63	− 216	− 121
9	35	− 155	− 89	− 71	− 143
10	− 69	− 50	− 105	37	− 66
11	− 75	28	− 50	64	7
12	− 32	46	6	38	36
13	7	27	27	4	27
14	19	1	21	− 15	8

Zahlentafel VI 10. *(m_φ = 0)*. *Modellschale mit Ringrippen*
Verteilungsfunktionen für freien Rand mit

$$r_\varphi = n_\varphi = 10\,000$$

$$m_\varphi = w = 0$$

$\varphi\, \varrho_\varphi$	m_φ	r_φ	n_φ	s_φ	n_x
0	0	10000	10000	1427	13270
0,5	3723	5021	9486	−3549	6883
1	5118	823	7131	−5714	2048
2	3359	−3361	1402	−4774	−2944
3	0	−2846	−1853	−1438	−3149
4	−1760	− 689	−2060	858	−1333
5	−1591	797	− 832	1319	260
6	− 587	1028	264	701	802
7	214	525	616	− 17	551
8	447	− 15	409	− 338	100
9	282	− 252	70	− 282	− 167
10	39	− 207	− 125	− 87	− 189
11	− 94	− 64	− 138	53	− 85
12	− 98	41	− 61	85	14
13	− 42	63	10	48	50
14	10	35	36	3	37

Zahlentafel VI 11. *(m$_\varphi$ = 0). Modellschale mit Ringrippen*
Verteilungsfunktionen für freien Rand mit

$n_\varphi = 10000$

$m_\varphi = n_x = w = 0$

$\varphi\, \varrho_\varphi$	m_φ	r_φ	n_φ	s_φ	n_x
0	0	6911	10000	−6348	0
0,5	2321	2671	6972	−6032	−1231
1	2900	− 98	4177	−5167	−2156
2	1480	−2069	194	−2611	−2647
3	− 333	−1332	−1282	− 354	−1708
4	−1008	− 87	−1027	702	− 438
5	− 707	556	− 252	698	328
6	− 136	507	261	261	458
7	212	178	336	− 100	233
8	245	− 80	166	− 202	− 11
9	116	− 151	− 10	− 126	− 114
10	− 12	− 94	− 86	− 16	− 94
11	− 66	− 12	− 67	44	− 23
12	− 47	32	− 19	45	20
13	− 14	33	14	17	26
14	12	31	20	− 4	16

Zahlentafel VI 12. *(m$_\varphi$ = 0). Modellschale mit Ringrippen*
Verteilungsfunktionen für freien Rand mit

$s_\varphi = 10000$

$m_\varphi = n_\varphi = w = 0$

$\varphi\, \varrho_\varphi$	m_φ	r_φ	n_φ	s_φ	n_x
0	0	3972	0	10000	17076
0,5	1802	3022	3233	3194	10436
1	2851	1185	3794	− 703	5410
2	2414	−1660	1554	−2783	− 375
3	428	−1947	− 735	−1395	−1853
4	− 966	− 775	−1329	200	−1151
5	−1136	314	− 746	799	− 91
6	− 580	667	4	567	443
7	3	444	360	105	410
8	260	82	313	− 175	142
9	218	− 129	106	− 200	− 68
10	67	− 147	− 49	− 92	− 124
11	− 41	− 67	− 91	12	− 75
12	− 66	10	− 55	52	− 8
13	− 38	39	− 5	39	27
14	− 2	28	20	10	26

Zahlentafel VII. $(\vartheta_\varphi = 0)$. *Modellschale mit symmetrischen Ringrippen,
Randwerte für eingespannten Rand*

Tafel Nr.	Bezeichnung		m_φ	r_φ	n_φ	s_φ	n_x	v	w	ϑ_φ
VII 1	r_φ	$= 1$	-13054	10000	0	0	-12245	24961	18435	0
2	n_φ	$= 1$	10159	0	10000	0	24478	-41124	-24721	0
3	s_φ	$= 1$	3737	0	0	10000	23341	-24474	-12249	0
	$r_\varphi/n_\varphi = 1$									
4	s_φ	$= 0$	$-\ 2895$	10000	10000	0	12238	-16163	$-\ 6286$	0
5	s_φ	$= -0{,}3$	$-\ 4016$	10000	10000	-3000	5236	$-\ 8821$	$-\ 2612$	0
6	s_φ	$= -0{,}4$	$-\ 4390$	10000	10000	-4000	2902	$-\ 6373$	$-\ 1386$	0
	$w = 0$									
7	r_φ	$= 1$	$-\ 4815$	10000	10000	-5132	259	$-\ 3602$	0	0
8	n_φ	$= 1$	$-\ 7347$	13410	10000	0	8062	$-\ 7651$	0	0
9	s_φ	$= 1$	$-\ 4937$	6645	0	10000	15204	$-\ 7889$	0	0
10	v	$= 0$	$-\ 9243$	10000	0	10199	11560	0	5942	0
11	n_x	$= 0$	$-\ 4731$	9887	10000	-5302	0	$-\ 3468$	0	0
12	w	$= 1$	$-\ 7081$	5425	0	0	$-\ 6642$	13540	10000	0
Multiplikator 10^{-4}			r	ϱ_φ	ϱ_φ^2	$\varrho_\varphi^3/\lambda$	$\varrho_\varphi^4/\lambda^2$	$1/\varrho_\varphi^3\, J_\varphi$	$1/\varrho_\varphi^2\, J_\varphi$	

Zahlentafel VII 1. $(\vartheta_\varphi = 0)$. *Modellschale mit Ringrippen
Verteilungsfunktionen für eingespannten Rand mit*

$r_\varphi = 10\,000$

$n_\varphi = s_\varphi = \vartheta_\varphi = 0$

$\varphi\,\varrho_\varphi$	m_φ	r_φ	n_φ	s_φ	n_x
0	-13054	10000	0	0	-12245
0,5	$-\ 9098$	9745	1272	3498	$-\ 2622$
1	$-\ 3494$	8594	3283	3390	2388
2	2915	4031	5152	$-\ 381$	3785
3	4506	$-\ 455$	3383	-2785	857
4	2832	-2386	549	-2381	-1347
5	529	-1947	-1137	$-\ 761$	$-\ 1609$
6	$-\ 765$	$-\ 642$	-1267	463	$-\ 756$
7	$-\ 866$	311	$-\ 588$	759	95
8	$-\ 383$	548	64	448	435
9	69	319	316	39	330
10	232	23	240	$-\ 166$	84
11	168	$-\ 125$	62	$-\ 161$	$-\ 76$
12	36	$-\ 117$	$-\ 57$	$-\ 61$	$-\ 103$
13	$-\ 46$	$-\ 43$	$-\ 76$	20	$-\ 53$
14	$-\ 53$	17	$-\ 39$	47	1

Zahlentafel VII 2. *($\vartheta_\varphi = 0$). Modellschale mit Ringrippen*
Verteilungsfunktionen für eingespannten Rand mit

$n_\varphi = 10\,000$

$r_\varphi = s_\varphi = \vartheta_\varphi = 0$

$\varphi\ \varrho_\varphi$	m_φ	r_φ	n_φ	s_φ	n_x
0	10159	0	10000	0	24478
0,5	8972	—4570	7662	—7792	7988
1	5935	—7281	3110	—9141	—1580
2	—1406	—6325	—4050	—3741	—6868
3	—5247	—1363	—4903	1775	—3550
4	—4532	2239	—2052	3202	409
5	—1782	2801	686	1799	1957
6	427	1488	1625	— 9	1432
7	1135	39	1119	— 868	299
8	765	— 627	232	— 755	— 415
9	133	— 547	— 304	— 255	— 495
10	— 232	— 181	— 363	122	— 236
11	— 258	93	— 172	220	22
12	— 114	161	19	132	126
13	20	95	93	13	97
14	67	8	71	— 49	26

Zahlentafel VII 3. *($\vartheta_\varphi = 0$). Modellschale mit Ringrippen*
Verteilungsfunktionen für eingespannten Rand mit

$s_\varphi = 10\,000$

$r_\varphi = n_\varphi = \vartheta_\varphi = 0$

$\varphi\ \varrho_\varphi$	m_φ	r_φ	n_φ	s_φ	n_x
0	3737	0	0	10000	23341
0,5	3585	— 827	2618	1477	11558
1	2847	—2113	2235	—2270	4056
2	136	—2857	— 742	—2446	—2152
3	—1991	—1245	—2055	— 29	—2097
4	—2252	554	—1321	1231	— 410
5	—1248	1230	— 67	1017	660
6	— 136	888	619	254	730
7	417	234	593	— 277	302
8	407	— 189	239	— 366	— 87
9	155	— 264	— 60	-- 192	— 216
10	— 53	— 138	— 158	1	— 147
11	— 115	2	— 108	87	— 28
12	— 74	65	— 20	73	42
13	— 11	54	32	24	49
14	24	16	36	— 13	22

Zahlentafel VII 4. $(\vartheta_\varphi = 0)$. *Modellschale mit Ringrippen*
Verteilungsfunktionen für eingespannten Rand mit

$\underline{s_\varphi = 0}$

$r_\varphi = n_\varphi = 10000 \quad \vartheta_\varphi = 0$

$\varphi \ \varrho_\varphi$	m_φ	r_φ	n_φ	s_φ	n_x
0	−2895	10000	10000	0	12238
0,5	871	5175	8934	−4294	5366
1	2437	1313	6393	−5751	808
2	1513	−2294	1102	−4122	−3083
3	− 741	−1818	−1520	−1010	−2693
4	−1700	− 147	−1503	821	− 938
5	−1253	850	− 455	1037	348
6	− 338	846	358	454	676
7	269	350	531	− 109	394
8	382	− 79	296	− 307	20
9	202	− 228	12	− 216	− 165
10	0	− 158	− 123	− 44	− 152
11	− 90	− 32	− 110	59	− 54
12	− 78	44	− 38	71	23
13	− 26	52	17	33	44
14	14	25	32	− 2	27

Zahlentafel VII 5. $(\vartheta_\varphi = 0)$. *Modellschale mit Ringrippen*
Verteilungsfunktionen für eingespannten Rand mit

$\underline{s_\varphi = -3000}$

$r_\varphi = n_\varphi = 10000 \quad \vartheta_\varphi = 0$

$\varphi \ \varrho_\varphi$	m_φ	r_φ	n_φ	s_φ	n_x
0	−4016	10000	10000	−3000	5236
0,5	− 202	5423	8149	−4739	1896
1	1585	1947	5722	−5070	− 409
2	1472	−1437	1325	−3388	−2437
3	− 144	−1444	− 903	−1001	−2064
4	−1025	− 313	−1107	452	− 815
5	− 879	485	− 431	732	150
6	− 297	580	172	378	457
7	144	280	353	− 26	303
8	259	− 22	224	− 197	46
9	155	− 149	30	− 158	− 100
10	16	− 177	− 76	− 44	− 108
11	− 55	− 33	− 78	33	− 46
12	− 56	25	− 32	49	10
13	− 23	36	7	26	29
14	7	20	21	2	20

Zahlentafel VII 6. *($\vartheta_\varphi = 0$). Modellschale mit Ringrippen*
Verteilungsfunktionen für eingespannten Rand mit

$s_\varphi = -4000$

$r_\varphi = n_\varphi = 10000 \quad \vartheta_\varphi = 0$

$\varphi \, \varrho_\varphi$	m_φ	r_φ	n_φ	s_φ	n_x
0	−4390	10000	10000	−4000	2902
0,5	− 560	5506	7887	−4885	740
1	1298	2158	5499	−4843	− 814
2	1459	−1151	1395	−3144	−2222
3	55	−1320	− 698	− 998	−1854
4	− 799	− 369	− 975	329	− 774
5	− 754	358	− 424	630	84
6	− 284	491	110	352	384
7	102	256	294	2	273
8	219	− 3	200	− 161	57
9	140	− 122	36	− 139	− 79
10	21	− 103	− 60	− 44	− 93
11	− 44	− 33	− 67	24	− 43
12	− 48	18	− 30	41	6
13	− 22	30	4	23	24
14	4	19	18	2	18

Zahlentafel VII 7. *($\vartheta_\varphi = 0$). Modellschale mit Ringrippen*
Verteilungsfunktionen für eingespannten Rand mit

$r_\varphi = n_\varphi = 10000$

$w_\varphi = \vartheta_\varphi = 0$

$\varphi \, \varrho_\varphi$	m_φ	r_φ	n_φ	s_φ	n_x
0	−4815	10000	10000	−5132	259
0,5	− 966	5599	7590	−5052	− 569
1	976	2397	5246	−4586	−1274
2	1443	− 828	1479	−2867	−1979
3	281	−1179	− 465	− 995	−1617
4	− 544	− 431	− 825	189	− 728
5	− 612	218	− 417	515	9
6	− 268	390	40	324	301
7	55	230	227	33	239
8	173	18	173	− 119	65
9	122	− 93	43	− 117	− 54
10	27	− 87	− 42	− 44	− 77
11	− 31	− 33	− 55	14	− 40
12	− 40	11	− 28	33	1
13	− 20	24	1	21	19
14	2	17	14	5	16

Zahlentafel VII 8. $(\vartheta_\varphi = 0)$. *Modellschale mit Ringrippen*
Verteilungsfunktionen für eingespannten Rand mit

$n_\varphi = 10000$

$s_\varphi = w = \vartheta_\varphi = 0$

$\varphi \, \varrho_\varphi$	m_φ	r_φ	n_φ	s_φ	n_x
0	-7347	13410	10000	0	8062
0,5	-1892	8498	9368	-3101	4469
1	1245	4245	7513	-4595	1622
2	2507	-919	2855	-4252	-1789
3	796	-1973	-366	-1960	-2401
4	-734	-961	-1316	9	-1397
5	-1073	185	-839	778	-201
6	-599	627	-74	612	418
7	-26	456	330	150	426
8	350	108	318	-154	168
9	226	-119	120	-203	-52
10	79	-150	-41	-101	-123
11	-33	-75	-89	4	-80
12	-66	4	-57	50	-12
13	-42	37	-9	40	26
14	-4	31	19	14	27

Zahlentafel VII 9. $(\vartheta_\varphi = 0)$. *Modellschale mit Ringrippen*
Verteilungsfunktionen für eingespannten Rand mit

$s_\varphi = 10000$

$n_\varphi = w = \vartheta_\varphi = 0$

$\varphi \, \varrho_\varphi$	m_φ	r_φ	n_φ	s_φ	n_x
0	-4937	6645	0	10000	15204
0,5	-1799	5648	3463	3801	9816
1	525	3597	4416	-18	5643
2	2073	-179	2681	-2699	363
3	1003	-1547	193	-1879	-1528
4	-370	-1031	-957	-351	-1305
5	-897	-64	-822	512	-409
6	-644	461	-223	562	228
7	-158	441	202	227	365
8	153	175	282	-68	202
9	201	-52	150	-166	3
10	101	-123	1	-109	-91
11	-3	-81	-67	-20	-78
12	-50	-13	-58	33	-25
13	-42	25	-18	37	14
14	-11	27	10	18	23

Zahlentafel VII 10. $(\vartheta_\varphi = 0)$. *Modellschale mit Ringrippen*
Verteilungsfunktionen für eingespannten Rand mit

$s_\varphi = 10000$

$n_\varphi = v = \vartheta_\varphi = 0$

$\varphi\ \varrho_\varphi$	m_φ	r_φ	n_φ	s_φ	n_x
0	−9243	10000	0	10199	11560
0,5	−4442	8902	3942	5005	9164
1	− 590	6439	5562	1075	6525
2	3054	1117	4395	−2876	1590
3	2475	−1725	1287	−2815	−1282
4	535	−1821	− 798	−1126	−1765
5	− 743	− 693	−1205	277	− 936
6	− 904	264	− 636	722	− 11
7	− 441	550	17	476	403
8	32	355	308	75	346
9	227	50	255	− 157	110
10	178	− 118	79	− 165	− 66
11	49	− 123	− 48	− 72	− 105
12	− 39	− 51	− 77	14	− 60
13	− 57	12	− 43	44	− 3
14	− 29	33	− 2	34	23

Zahlentafel VII 11. $(\vartheta_\varphi = 0)$. *Modellschale mit Ringrippen*
Verteilungsfunktionen für eingespannten Rand mit

$n_\varphi = 10000$

$n_\varphi = w = \vartheta_\varphi = 0$

$\varphi\ \varrho_\varphi$	m_φ	r_φ	n_φ	s_φ	n_x
0	−4731	9887	10000	−5302	0
0,5	− 935	5503	7534	−5117	− 734
1	967	2336	5171	−4586	−1370
2	1408	− 825	1437	−2821	−1985
3	264	−1153	− 468	− 963	−1591
4	− 538	− 413	− 809	195	− 706
5	− 597	219	− 403	507	16
6	− 257	382	44	314	297
7	58	222	224	29	233
8	170	15	168	− 118	62
9	119	− 92	40	− 114	− 54
10	25	− 85	− 42	− 42	− 76
11	− 31	− 32	− 54	14	− 39
12	− 39	11	− 27	32	1
13	− 19	24	1	20	19
14	2	17	14	5	16

Zahlentafel VII 12. *($\vartheta_\varphi = 0$). Modellschale mit Ringrippen*
Verteilungsfunktionen für eingespannten Rand mit

$w = 10\,000$

$n_\varphi = s_\varphi = \vartheta_\varphi = 0$

$\varphi\ \varrho_\varphi$	m_φ	r_φ	n_φ	s_φ	n_x
0	−7081	5425	0	0	−6642
0,5	−4393	5286	690	1898	−1422
1	−1895	4662	1781	1839	1295
2	1581	2187	2795	− 207	2053
3	2444	− 247	1835	−1511	465
4	1536	−1294	298	−1292	− 731
5	287	−1056	− 617	− 416	− 873
6	− 415	− 348	− 687	251	− 410
7	− 470	169	− 319	412	52
8	− 208	297	35	243	236
9	37	173	171	21	179
10	126	12	130	− 90	46
11	91	− 68	34	− 87	− 41
12	20	− 63	− 31	− 33	− 56
13	− 25	− 23	− 41	11	− 29
14	− 29	9	− 21	25	1

4.3 Schalen mit exzentrischen Ringrippen

Exzentrische Ringrippen haben einen Schwerpunktsabstand $e_\varphi\, r_1$ von der Mittelfläche der Schale (Abb. 5b und 5c) und ein Steifigkeitsverhältnis i_φ, diese sind nach Abschn. 1.4:

$$e_\varphi\, r_1/h = b_\varphi\, h_\varphi(h_\varphi - h)/(a_\varphi\, h + b_\varphi\, h_\varphi)\, 2h$$

$$i_\varphi = J/J_\varphi = (a_\varphi + b_\varphi)\, h^3/[(a_\varphi\, h^3 + b_\varphi\, h_\varphi^3)\, 4 -$$

$$- (a_\varphi\, h^2 + b_\varphi\, h_\varphi^2)^2\, 3/(a_\varphi\, h + b_\varphi\, h_\varphi)]\, (1 + e_\varphi)^3.$$

Das Verhältnis a_φ/b_φ ist bei gewöhnlichen Schalen gleich 10 und so werden e_φ und i_φ

$h_\varphi/h =$	2	4	6	8	10
$e_\varphi\, r_1/h =$	0,08	0,43	0,94	1,56	2,25
$i_\varphi =$	0,48	0,07	0,02	0,01	0,005

Weiter ist

$$f_\varphi = F/F_\varphi = (a_\varphi + b_\varphi)\, h/(a_\varphi\, h + b_\varphi\, h_q)\, (1 + e_\varphi)$$

$$f_\varphi = f_{\varphi c}/(1 + e_\varphi)$$

$$f_{\varphi c} = (a_\varphi + b_\varphi)\, h/(a_\varphi\, h + b_\varphi\, h_\varphi).$$

Die Lösungsfunktion

$$w = e^{m\,\varepsilon} \sin \lambda\, \xi / J_\varphi\, \varrho_\varphi^2$$

wird in die Differentialgleichung für w eingesetzt und gibt die charakteristische Gleichung für m. Für hohe Rippen mit $J_\varphi \gg J$ und $\nu = 0$ wird nach Abschn. 1.4

$$m^8 - 2m^6(\varkappa_\varphi - \omega_\varphi) + m^4(\varkappa_\varphi^2 f_{\varphi c} - 4\varkappa_\varphi\,\omega_\varphi + \omega_\varphi^2) +$$
$$+ m^2(2\varkappa_\varphi^2 f_{\varphi c}\,\omega_\varphi - 2\varkappa_\varphi\,\omega_\varphi^2 + e_\varphi/\omega_\varphi) + \varkappa_\varphi^2 f_{\varphi c}\,\omega_\varphi^2 + e_\varphi + 1 = 0.$$

Abb. 11. Montierungshalle Kjelsås.
Bauherr: Siv. ing. Vebjörn Tandberg, Unternehmer: Astrup og Aubert, Architekt:
Thorleif Jenssen, Konstrukteur: Dr. Ing. A. Aas-Jakobsen

Die Lösung dieser vollständigen Gleichung vierten Grades für m^2 wird in derselben Weise durchgeführt wie in Abschn. 3.2 für isotrope Schalen.

Die Schnittgrößen sind nach Abschn. 1.4

$$M_\varphi = J_\varphi\, r_1(w_{20} + w)$$
$$R_\varphi = M_{\varphi 10}/r_1 - e_\varphi\, S_{\varphi 01}$$
$$N_\varphi = - R_{\varphi 10}$$
$$S_{\varphi 01} = - N_{\varphi 10} + R_\varphi.$$

Die Schnittkräfte R_φ, N_φ und S_φ für $e_\varphi = 0$ werden mit R, N und S bezeichnet. Dann ist

$$R = M_{\varphi 10}/r_1$$

$$R_\varphi = R - e_\varphi\, S_{\varphi 01}$$

$$N = - R_{10}$$

$$N_\varphi = N + e_\varphi\, S_{\varphi 11}$$

$$S_{01} = - N_{10} + R = R_{20} + R.$$

$$S_{\varphi 01} = S_{01} - e_\varphi (S_{\varphi 21} + S_{\varphi 01})$$

Die Multiplikatoren der Integrationskonstanten für R, N und S werden mit a_r, b_r, a_n, b_n, a_s und b_s bezeichnet. Sie können ohne weiteres aufgeschrieben werden, und sind in Zahlentafel VIII 1 zu finden. Aus der letzten Gleichgewichtsgleichung folgt die Bestimmungsgleichung für S_φ

$$e_\varphi\, S_{\varphi 20} + e_\varphi\, S_\varphi + S_\varphi = S.$$

Hier ist

$$S_\varphi = \cos \lambda\,\xi \cdot W_{s\varphi} \cdot \varrho_\varphi^3/\lambda$$

$$S = \cos \lambda\,\xi \cdot (a_s + i_s\, b)\, W\, \varrho_\varphi^3/\lambda$$

$$(e_\varphi\, \varrho_\varphi^2\, m^2 + e_\varphi + 1)\, W_{s\varphi} = (a_s + i\, b_s)\, W$$

oder

$$(a_1 + i\, b_1)\, W_{s\varphi} = (a_s + i\, b_s)\, W$$

$$W_{s\varphi} = (a_s + i\, b_s)\, (a_1 - i\, b_1)\, W/(a_1^2 + b_1^2)$$

$$a_1 = 1 + e_\varphi + e_\varphi\, \varrho_\varphi^2\, \alpha_1, \quad b_1 = e_\varphi\, \varrho_\varphi^2\, \beta_1.$$

Die weiteren Multiplikatoren folgen aus

$$N_{x\,11} = - S_{\varphi 20}$$

$$u_{12} = N_{x\,11}/F = - S_{\varphi 20}/F$$

$$v_{03} = - u_{12} + 2 S_{\varphi 02}/F = (S_{\varphi 20} + 2 S_{\varphi 02})/F$$

$$\vartheta_\varphi = (w_{10} - v)/r.$$

Die sukzessive Elimination gibt die Multiplikatoren sowohl für $e_\varphi = 0$ als für den gegebenen Wert e_φ, und zeigt dadurch den Einfluß der Exzentrizität. Die Berechnung ist einfach und übersichtlich und die Multiplikatoren sind in Zahlentafel VIII 1 zusammengestellt.

Die *Modellschale* mit Ringrippen hat die Parameter

$$\lambda^2 = \varrho_\varphi = 5, \quad \varkappa_\varphi = 0{,}2, \quad \omega_\varphi = 0{,}04, \quad f_{\varphi c} = 0{,}7.$$

Ringrippen unterhalb oder oberhalb der Schale haben

$$e_\varphi = \pm\, 0{,}004, \quad e_\varphi/\omega_\varphi = \pm\, 0{,}1.$$

Die Wurzelwerte $\alpha_1 - \delta$ werden aus der charakteristischen Gleichung erhalten

Rippen	α_1	$-\beta_1$	$-\gamma_1$	$-\delta_1$	$-\alpha$	β	$-\gamma$	δ
unterh.	797	726	637	678	968	375	383	885
oberh.	792	672	632	724	957	351	405	893

Multiplikator 10^{-3}

Die Lösungsfunktionen W_{A-D} für die Wurzeln $m_{1,2} = \alpha \pm i\,\beta$ und $m_{3,4} = \gamma \pm i\,\delta$ und die Multiplikatoren der Integrationskonstanten werden berechnet, und die Grundbelastungssysteme mit den Verteilungsfunktionen m_φ, r_φ, n_φ und s_φ der Reihe nach gleich eins und null am Längsrand können gefunden werden.

Zahlentafel VIII 1. *Multiplikatoren der Integrationskonstanten bei Schalen mit Ringrippen*

		a	b
M_φ	r	$\alpha_1 + \omega_\varphi$	β_1
R	ϱ_φ	$\alpha\,a_{m\varphi} - \beta\beta_1$	$\beta\,a_{m\varphi} + \alpha\beta_1$
S	$\varrho_\varphi^2/\lambda$	$-a_r\,a_{m\varphi} + b_r\,\beta_1$	$-b_r\,a_{m\varphi} - a_r\,\beta_1$
S_φ	$\varrho_\varphi^3/\lambda$	$(a_1\,a_s + b_1\,b_s)/(a_1^2 + b_1^2)$	$(a_1\,b_s - b_1\,a_s)/(a_1^2 + b_1^2)$
N_x	$\varrho_\varphi^4/\lambda$	$-\alpha\,a_{s\varphi} + \beta\,b_{s\varphi}$	$-\alpha\,b_{s\varphi} - \beta\,a_{s\varphi}$
R_φ	ϱ_φ	$a_r + e_\varphi\,a_{s\varphi}/\omega_\varphi$	$b_r + e_\varphi\,b_{s\varphi}/\omega_\varphi$
N_φ	ϱ_φ^2	$-\alpha\,a_{r\varphi} + \beta\,b_{r\varphi}$	$-\alpha\,b_{r\varphi} - \beta\,a_{r\varphi}$
v	$1/\varrho_\varphi^3\,J_\varphi$	$(2\varkappa_\varphi - \alpha_1)\,a_{s\varphi} + \beta_1\,b_{s\varphi}$	$(2\varkappa_\varphi - \alpha_1)\,b_{s\varphi} - \beta_1\,a_{s\varphi}$
w	$1/\varrho_\varphi^2\,J_\varphi$	1	0
ϑ_φ	$1/\varrho_\varphi\,J_\varphi\,r$	$\alpha - a_v\,\omega_\varphi$	$\beta - b_v\,\omega_\varphi$
		$a_1 = 1 + e_\varphi + e_\varphi\,\varrho_\varphi^2\,\alpha_1$	$b_1 = e_\varphi\,\varrho_\varphi^2\,\beta_1$

Die Randwerte sind in Zahlentafel VIII 2 gegeben, und die Zahlentafeln VIII 3—7 enthalten die Verteilungsfunktionen für $\varphi\,\varrho_\varphi = 0$—6.

Zahlentafel VIII 2. *Grundbelastungssysteme und Randwerte für Schalen mit exzentrischen Ringrippen, unterhalb der Schale $e_\varphi = 0{,}004$ (u), oberhalb der Schale $e_\varphi = -0{,}004$ (o)*

Zahlen-tafel Nr.					n_x		v		w		ϑ_φ	
					u	o	u	o	u	o	u	o
VIII 3	1	0	0	0	$-0{,}999$	$-1{,}005$	$2{,}699$	$2{,}736$	$3{,}446$	$3{,}522$	$-2{,}620$	$-2{,}689$
4	0	1	0	0	$-2{,}515$	$-2{,}575$	$5{,}936$	$6{,}157$	$6{,}248$	$6{,}598$	$-3{,}359$	$-3{,}607$
5	0	0	1	0	$3{,}351$	$3{,}614$	$-6{,}535$	$-7{,}272$	$-5{,}592$	$-6{,}507$	$2{,}446$	$2{,}991$
6	0	0	0	1	$2{,}702$	$2{,}726$	$-3{,}450$	$-3{,}514$	$-2{,}515$	$-2{,}577$	$1{,}005$	$0{,}999$
7	0	0,8	1	$-0{,}3$	$0{,}526$	$0{,}736$	$-0{,}751$	$-1{,}292$	$0{,}164$	$-0{,}456$	$--0{,}539$	$-0{,}195$

Zahlentafel VIII 3. *Ringverteilung für Schalen mit exzentrischen Ringrippen und $\underline{m_\varphi = 1}$, $r_\varphi = n_\varphi = s_\varphi = 0$*

$\varphi \varrho_\varphi$	m_φ		n_φ		s_φ		n_x	
	u	o	u	o	u	o	u	o
0	1000	1000	0	0	0	0	—999	—1005
1	959	995	182	163	159	155	287	288
2	774	812	179	179	—131	—132	198	191
3	445	454	— 17	— 25	—188	—182	— 67	— 71
4	122	108	—163	—161	— 63	— 57	—150	—145
5	—63	—75	—166	—157	60	60	— 83	— 76
6	—99	—100	— 82	— 77	95	89	9	12

Multiplikator 10^{-3}

Zahlentafel VIII 4. $\underline{r_\varphi = 1000}$, $m_\varphi = n_\varphi = s_\varphi = 0$

$\varphi \varrho_\varphi$	m_φ		n_φ		s_φ		n_x	
	u	o	u	o	u	o	u	o
0	0	0	0	0	0	0	—2515	—2575
1	875	983	566	572	546	547	607	632
2	1266	1402	754	748	—205	—219	641	635
3	1014	1069	323	309	—526	—524	6	— 15
4	446	425	—157	—159	—327	—311	— 329	— 333
5	— 21	—57	—336	—322	— 2	8	— 274	— 260
6	—203	—215	—240	—224	171	167	— 69	— 56

Zahlentafel VIII 5. $\underline{n_\varphi = 1000}$, $m_\varphi = r_\varphi = s_\varphi = 0$

$\varphi \varrho_\varphi$	m_φ		n_φ		s_φ		n_x	
	u	o	u	o	u	o	u	o
0	0	0	1000	1000	0	0	3351	3614
1	—321	— 488	145	100	—1062	—1095	—413	—497
2	—825	—1087	—574	—609	— 260	— 216	—870	—913
3	—905	—1070	—483	—468	350	392	—303	—268
4	—561	—584	— 61	— 18	385	383	174	215
5	—130	— 82	225	251	132	105	276	284
6	126	167	246	246	— 87	— 107	142	127

Zahlentafel VIII 6. $\underline{s_\varphi = 1000}$, $m_\varphi = r_\varphi = n_\varphi = 0$

$\varphi \varrho_\varphi$	m_φ		n_φ		s_φ		n_x	
	u	o	u	o	u	o	u	o
0	0	0	0	0	1000	1000	2702	2726
1	— 97	— 66	156	152	—287	—289	302	292
2	—275	—298	—143	—144	—199	—192	—289	—293
3	—355	—386	—203	—198	67	71	—189	—181
4	—267	—274	— 74	— 68	150	146	12	19
5	—104	— 94	56	56	83	76	98	97
6	20	30	96	91	— 9	— 12	73	67

Zahlentafel VIII 7. $r_q/n_q/s_\varphi = 800/1000/{-}300,\ m_\varphi = 0$

$\varphi\ \varrho_\varphi$	m_φ		n_φ		s_φ		n_x	
	u	o	u	o	u	o	u	o
0	0	0	1000	1000	−300	−300	526	736
1	409	318	551	511	−536	−570	− 18	− 80
2	270	124	72	33	−365	−334	−270	−316
3	15	− 99	−164	−158	− 91	− 49	−241	−225
4	−123	−162	−164	−125	79	90	− 93	− 57
5	−115	− 99	− 61	− 24	106	89	27	46
6	− 42	− 14	25	40	53	30	65	62

5. Schalen mit veränderlichem Halbmesser und veränderlicher Schalenstärke

5.1 Geschichtliche Übersicht

Schalen mit veränderlichem Halbmesser können aus drei oder mehreren Kreisabschnitten zusammengesetzt werden, und die Berechnung bietet dann keine theoretischen Schwierigkeiten. Für stetige Änderung von Halbmesser oder Schalenstärke hat AAS-JAKOBSEN [37.6] eine asymptotische Lösung vorgeschlagen. LUNDGREN [49.5] erweitert die elementare Balkentheorie durch Iteration, so daß Zylinderschalen beliebiger Länge und Querschnittsform berechnet werden können. Er zeigt auch ein „Stringer"-Verfahren, das auf der Bruchtheorie fußt. Für lange, parabolische Schalen entwickelt HRUBAN [56.3] die sog. „technische Theorie", die auch in Arbeiten von LURJE [47.9], KUHEJL [48.7] und WLASSOW [49.13] zu finden ist. HRUBAN benutzt die Verteilung der elementaren Balkentheorie als Lösung in der Längsrichtung, und in der Ringrichtung werden Potenzreihen angesetzt, deren Koeffizienten aus der Symmetrie, den Randbedingungen und den Gleichgewichtsbedingungen bestimmt werden.

5.2 Vereinfachte Berechnungsgrundlage

Wo die Knicksicherheit die Schalendimensionen bestimmt — wie z. B. bei weitgespannten Tonnendächern —, wird immer der Kreiszylinder die wirtschaftlichste Lösung bieten. Bei kurzen Schalen sind die Binderkosten maßgebend, während die Tragwirkung der Schale auf eine kleine Randzone beschränkt ist und so die Gesamtkosten nur wenig beeinflussen kann. Es muß deshalb in diesem Fall die Schalenform gewählt werden, die kleine Bindermomente verursacht.

Bei kurzgespannten Schalen kann angenommen werden, daß die Bindermomente aus Schnee- und Windbelastung unabhängig von der

Querschnittsform der Schale bleiben. Die Eigengewichtsbelastung wird so von überwiegender Bedeutung, und die Membrankräfte S_φ an den Bindern geben einen guten Aufschluß über die daraus resultierenden

Abb. 12. Siloanlage Glomfjord.
Bauherr: Norsk Hydro. Unternehmer: Ing. F. Selmer A/S.
Konstrukteur: Dr.-Ing. A. Aas-Jakobsen

Bindermomente. Für die Belastung $Z = q \cos \psi$ und $Y = q \sin \psi$ sind die Schubkräfte S_φ

	Kreis	Kettenlinie	Parabel
S_φ	$- 2q \sin \psi$	0	$q \sin \psi$

Die Bindermomente aus der Schalenkraft S_φ sind also bei der Parabel die Hälfte derjenigen des Kreiszylinders und entgegengesetzt gerichtet, während die Bindermomente aus S_φ bei der Kettenlinie Null sind. Auch die Momente aus Eigengewicht des Binders sind bei der Kettenlinie am kleinsten, so daß diese Form bei kurzgespannten Schalen vorzuziehen ist.

Die Berechnung einer beliebigen Schalenform kann analog wie für die Kreiszylinderschalen durchgeführt werden. Die Schalenbelastung wird durch die Membrankräfte getragen, und die Randbedingungen an den Längsrändern werden durch einen homogenen Spannungszustand befriedigt. Die Gleichgewichtsbedingungen für diesen Spannungszustand sind dieselben, die im Abschn. 1 für die Kreiszylinderschale abgeleitet wurden. Die vereinfachten Annahmen, die Schorer [35.5] für die Kreis-

6*

zylinderschale einführte, können auch hier verwendet werden, d. h.

$$\frac{\delta^n f}{\delta q^n} \gg \frac{\delta^{n-2} f}{\delta q^{n-2}}.$$

Weiter ist $\partial R / R\, \partial \varphi \ll 1$ und darum auch

$$\frac{\delta^n f}{\delta \varphi^n} \gg \frac{\delta R}{R\, \delta \varphi} \frac{\delta^{n-1} f}{\delta \varphi^{n-1}}.$$

Mit diesen vereinfachten Annahmen und $\nu = 0$ werden

$$M_\varphi = J\, r\, w_{20} \qquad\qquad S_{\varphi 01} = J\, w_{50}$$

$$Q_\varphi = J\, w_{30} \qquad\qquad N_{x02} = -\, J\, w_{60}$$

$$N_\varphi = -\, J\, w_{40}$$

$$F\, u_{03} = -\, J\, w_{60}$$

$$F\, v_{04} = J\, w_{70}.$$

Die Differentialgleichung für w wird aus $N_\varphi = F(v_{10} + w)$ gewonnen

$$w_{80} + w_{04}\, F/J = 0.$$

Diese Gleichung ist dieselbe Bestimmungsgleichung für w wie bei der Kreiszylinderschale, und die Zahlentafeln zur Berechnung der Kreiszylinderschalen können somit auch zur Berechnung beliebiger Schalenquerschnitte verwendet werden. Nur muß darauf geachtet werden, daß sowohl die Schalenabschnitte $s = r/\varrho$ — für $\varrho \varphi = 1$ — als auch die expliziten Multiplikatoren ϱ, ϱ/R usw. sich über die Schale ändern, so daß die Verteilungsfunktionen für jede Stufe entsprechend geändert werden müssen.

Die Randbedingungen werden für die Schalenparameter am Rande befriedigt, weil diese — wegen der starken Dämpfung bei den kurzgespannten Schalen — von überwiegender Bedeutung sind. Analog werden die Bogenlängen $s = R/\varrho$ für den Winkelzuwachs $\varphi = 1/\varrho$ aus den Werten R und ϱ des betrachteten Punktes berechnet.

Es wurde bis jetzt konstante Schalenstärke h vorausgesetzt. Die Schalenstärke ist aber von geringerer Bedeutung als der Halbmesser R, was am deutlichsten aus dem Ausdruck $\varrho = 2{,}42 \sqrt[4]{R^3/l^2\, h}$ für den Schalenparameter hervorgeht. Die Berechnung bei veränderlicher Schalenstärke kann somit in derselben Weise wie bei veränderlichem Halbmesser durchgeführt werden, und eine Schalenverstärkung am Übergang zum Randträger kann ebenfalls berücksichtigt werden.

Der Rechnungsgang bei einer Schale mit veränderlicher Krümmung und veränderlicher Schalenstärke ist der folgende:

1. Die Membrankräfte werden in üblicher Weise berechnet.

2. Die Randkräfte werden für eine Kreiszylinderschale mit denselben Randbedingungen und Randwerten φ_0, R_0, ϱ_0 und λ_0 wie die gegebene Schale berechnet.

3. Die Ringverteilung wird der Kreiszylindertafel entnommen. Sowohl die Bogenlängen R/ϱ als auch die Multiplikatoren R, ϱ, ϱ^2 usw. werden für die Schalenwerte am Intervallbeginn berechnet.

Im übrigen ist der Rechnungsgang der gleiche wie bei einer Kreiszylinderschale.

Beispiel. Die Genauigkeit dieser Näherungsmethode läßt sich durch Berechnung einer Schale mit Sprung im Halbmesser R nachprüfen.

Eine Ringrippenschale mit konstantem Trägheitsmoment und mit einem Sprung im Halbmesser von $R = r$ auf $R = 2r$ bei $\varrho\,\varphi = 1{,}5$ hat in der Randzone die Schalenparameter ϱ und λ. In der Mittelzone sind die Parameter $\varrho_m = \varrho\sqrt[4]{8} = 1{,}68\,\varrho$ und $\lambda_m = 2\lambda$. Eine Primärbelastung auf der Randzone bei $\varphi = 0$ ergibt bei $\varphi\,\varrho = 1{,}5$ heraustretende Schnittkräfte, die in die Mittelzone übertragen werden. Da die Multiplikatoren der Schalenabschnitte verschieden sind, entsteht eine klaffende Fuge zwischen den beiden Schalenteilen. Die Kontinuitätsbedingungen werden durch Anbringung der Schnittkräfte m_φ, r_φ, n_φ und s_φ erfüllt. Diese Korrektionsbelastungen bei $\varrho\,\varphi = 1{,}5$ erzeugen am Rand $\varphi = 0$ heraustretende Schnittgrößen, die zusammen mit der Primärbelastung dem gesamten äußeren Belastungszustand entsprechen.

Als äußere Primärbelastungen am Schalenrand werden die Belastungskombinationen mit $m_\varphi = 1$ und $r_\varphi = n_\varphi = s_\varphi = 0$; $r_\varphi = 1$ und $m_\varphi = n_\varphi = s_\varphi = 0$ usw. gewählt. Die Kontinuitätsbedingungen bei $\varrho\,\varphi = 1{,}5$ ergeben folgende Korrektionsbelastungen m_φ, r_φ, n_φ und s_φ für eine Schale mit hohen Ringrippen ($i_\varphi = 0$, $e_\varphi = 0$) und $\varkappa = 0{,}05$

Korrektions-belastungen	Primärbelastung			
	$m_\varphi = 1$	$r_\varphi = 1$	$n_\varphi = 1$	$s_\varphi = 1$
m_φ	$-0{,}043$	$-0{,}127$	$+0{,}127$	$+0{,}059$
r_φ	$+0{,}027$	$+0{,}181$	$-0{,}174$	$-0{,}068$
n_φ	$-0{,}001$	$+0{,}107$	$-0{,}073$	$+0{,}005$
s_φ	$+0{,}031$	$-0{,}030$	$+0{,}010$	$-0{,}026$

Die Summe der Primärbelastung und der Sekundärkräfte aus der Korrektionsbelastung ergibt für $\varphi = 0$ die gesamte äußere Randbelastung.

Rand-belastungen	Primärbelastung			
	$m_\varphi = 1$	$r_\varphi = 1$	$n_\varphi = 1$	$s_\varphi = 1$
m_φ	$+0{,}994$	$+0{,}035$	$-0{,}047$	$-0{,}027$
r_φ	$-0{,}019$	$+0{,}958$	$+0{,}054$	$+0{,}036$
n_φ	$+0{,}012$	$+0{,}074$	$+0{,}919$	$-0{,}041$
s_φ	$-0{,}004$	$+0{,}036$	$-0{,}019$	$+1{,}007$

Die Hauptbelastung der Schale entspricht einer Primärbelastung $r_\varphi = n_\varphi = 1$, $m_\varphi = s_\varphi = 0$, und diese Belastung hat folgende Ringverteilung

$\varrho\,\varphi$	m_φ	r_φ	n_φ	s_φ	n_x
0	—0,012	+1,012	+0,993	+0,017	+0,846
0,5	+0,370	+0,526	+0,925	—0,323	+0,511
1,0	+0,525	+0,115	+0,719	—0,497	+0,195
1,5	+0,501	—0,184	+0,456	—0,533	—0,035

Die Verteilungsfunktionen nach der angenäherten Methcde werden mit $m_\varphi = -\,0,012$, $r_\varphi = 1,012$, $n_\varphi = 0,993$ und $s_\varphi = 0,017$ als Randbelastung

$\varrho\,\varphi$	m_φ	r_φ	n_φ	s_φ	n_x
0	—0,012	+1,012	+0,993	—0,017	+0,872
0,5	+0,371	+0,524	+0,921	—0,327	+0,538
1,0	+0,526	+0,115	+0,706	—0,522	+0,204
1,5	+0,507	—0,107	+0,430	—0,553	—0,069

Die Unterschiede zwischen den genauen und den angenäherten Schnittkräften sind klein und ohne jede praktische Bedeutung, selbst bei dem gewählten Sprung von r auf $2r$. Sie entstehen dadurch, daß die Korrektionsbelastungen $m_\varphi - s_\varphi$ von $\varrho\,\varphi = 1,5$ bis $\varphi = 0$ gedämpft sind, während die entsprechenden Randbelastungen nach dem Näherungsverfahren vom Rand $\varphi = 0$ aus gedämpft werden.

5.3 Das Differenzenverfahren

Bei gewöhnlichen Schalen besteht eine stetige Änderung im Halbmesser sowie in der Schalenstärke, und die Schale wird in Abschnitte mit $\varrho\,\varphi = 1$ unterteilt. Aus den Randbedingungen werden die Einheitsfunktionen $m_{\varphi 0}$, $r_{\varphi 0}$, $n_{\varphi 0}$ und $s_{\varphi 0}$ am Rande gefunden. Die zugehörigen Schnittkräfte für $\varrho\,\varphi = 1,0$ werden für eine isotrope Schale der Zahlentafel III 1—4 entnommen und sind

$$m_\varphi = 0,7240\,m_{\varphi 0} + 0,5573\,r_{\varphi 0} - 0,1133\,n_{\varphi 0} + 0,0253\,s_{\varphi 0}$$

$$r_\varphi = -\,0,0536\,m_{\varphi 0} + 0,7980\,r_{\varphi 0} - 0,6794\,n_{\varphi 0} - 0,1953\,s_{\varphi 0}$$

$$n_\varphi = 0,1065\,m_{\varphi 0} + 0,4115\,r_{\varphi 0} + 0,2722\,n_{\varphi 0} + 0,2224\,s_{\varphi 0}$$

$$s_\varphi = 0,0909\,m_{\varphi 0} + 0,4449\,r_{\varphi 0} - 0,9629\,n_{\varphi 0} - 0,2310\,s_{\varphi 0}.$$

Die entsprechenden heraustretenden Schnittkräfte sind $M_\varphi = m_\varphi\,r$, $R_\varphi = r_\varphi\,\varrho$, $N_\varphi = n_\varphi\,\varrho^2$ und $S_\varphi = s_\varphi\,\varrho^3/\lambda$. Diese Kräfte greifen am Rande des nächsten Schalenabschnittes mit den Einheitskräften

$$m_{\varphi 1} = M_\varphi/R_1 = m_\varphi\,R_0/R_1, \quad r_{\varphi 1} = r_\varphi\,\varrho_0/\varrho_1, \quad n_{\varphi 1} = n_\varphi\,\varrho_0^2/\varrho_1^2,$$

$$s_{\varphi 1} = s_\varphi\,\varrho_0^3\,\lambda_1/\varrho_1^3\,\lambda_0.$$

Für $\varrho\,\varphi = 2$ sind wie oben die heraustretenden Einheitskräfte

$$m_\varphi = 0{,}7240\,m_{\varphi 1} + 0{,}5573\,r_{\varphi 1} - 0{,}1133\,n_{\varphi 1} + 0{,}0256\,s_{\varphi 1}$$

und analog für r_φ, n_φ und s_φ. Die angreifenden Einheitskräfte bei $\varrho\,\varphi = 2$ werden

$$m_{\varphi 2} = m_\varphi\,R_1/R_2, \quad r_{\varphi 2} = r_\varphi\,\varrho_1/\varrho_2 \quad \text{usw.}$$

R_0 ist der Halbmesser für $\varrho\,\varphi = 0$, R_1 für $\varrho\,\varphi = 1\,\cdots$.

Bei konstanter Schalenstärke und abnehmendem Halbmesser — wie z. B. bei Parabel und Kettenlinie — ist das Halbmesserverhältnis $\vartheta = R_n/R_{n+1} > 1$, und die angreifenden Einheitskräfte bei $\varrho\,\varphi = n$ sind

$$m_{\varphi n} = m_\varphi\,\vartheta \quad r_{\varphi n} = r_\varphi\,\vartheta^{0{,}75} \quad n_{\varphi n} = n_\varphi\,\vartheta^{1{,}50} \quad s_{\varphi n} = s_\varphi\,\vartheta^{1{,}25},$$

d. h. alle heraustretenden Einheitskräfte erhalten eine Vergrößerung, die zwischen $\vartheta^{0{,}75}$ und $\vartheta^{1{,}50}$ liegt. Die Dämpfung der Schnittkräfte wird dadurch kleiner, was einer Erhöhung der Tragwirkung mit abnehmendem Halbmesser entspricht.

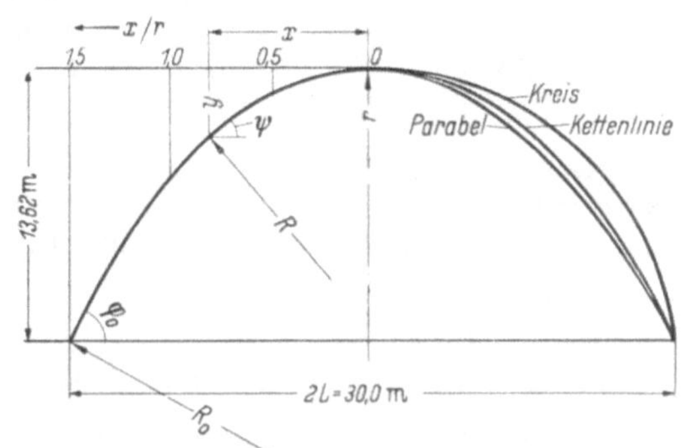

Abb. 13. Schalenquerschnitte Kreis, Kettenlinie und Parabel

Beispiel. Eine Lagerhalle hat eine Bogenspannweite $2L = 30$ m. In Abb. 13 sind die drei Querschnittsformen Kreis, Kettenlinie und Parabel gezeigt. Einer Pfeilhöhe $f = 13{,}52$ m entspricht ein Kämpferwinkel φ_0 für

	Kreis	Kettenlinie	Parabel
φ_0	83°,8	64°,9	61°,0.

Die Kettenlinie hat die Gleichung

$$y/r = \mathrm{Cos}\,x/r - 1 = \mathrm{Cos}\,\xi - 1, \quad \xi = x/r.$$

y und x sind Koordinaten mit dem Anfangspunkt im Schalenscheitel und r ist der Scheitelradius. Es ist

$$\mathrm{Cos}\,\xi = (e^\xi + e^{-\xi})/2$$
$$R = r\,\mathrm{Cos}^2\,\xi$$
$$\cos\psi = 1/\mathrm{Cos}\,\xi = 1/(1 + y/r)$$
$$s = r\,\mathrm{tg}\,\psi.$$

Einem Scheitelhalbmesser $r = 10{,}0$ m entspricht

x	0	5	10	15	m
$\xi = x/10$	0	0,5	1,0	1,5	
Cos ξ	1,00	1,128	1,543	2,352	
$y = 10(\text{Cos }\xi - 1)$	0	1,28	5,43	13,52	m
$R = 10\,\text{Cos}^2\,\xi$	10,0	12,7	23,8	55,3	m
$\cos\psi = 1/\text{Cos }\xi$	1,00	0,887	0,648	0,425	
ψ	0	27,°5	49,°8	64,°8	
tg ψ	0	0,521	1,183	2,125	
$s = 10\,\text{tg }\psi$	0	5,21	11,83	21,25	m

Mit Schalenspannweite $l = 18{,}5$ m und Schalenstärke $h = 0{,}10$ m wird $\varrho = 2{,}42\ \sqrt[4]{R^3}/\sqrt[4]{18{,}5^2 \cdot 0{,}1} = \sqrt[4]{R^3}$, und die Schalenabschnitte für $\varrho\,\varphi = 1, 2$ usw. haben die Bogenlänge $\delta s = R/\varrho = \sqrt[4]{R}$ entsprechend $\varphi = 1/\varrho$

$\varrho\,\varphi$	0	1,0	2,0	3,0	4,0	
$R = 10/\cos^2$	55,2	44,2	35,3	28,3	22,6	m
$\varrho = \sqrt[4]{R^3}$	20,3	17,1	14,5	12,3	10,4	
$\delta s = \sqrt[4]{R}$	2,72	2,58	2,44	2,31	2,18	m
$\delta s = 21{,}2 - \delta s$	21,20	18,48	15,90	13,46	11,15	m
$\psi = \text{arc tg }s/10$	64°8	61°,6	57°,8	53°4	48°,1	
$\vartheta = R_n/R_{n+1}$		1,25	1,25	1,25	1,25	

Die heraustretenden Membrankräfte für die Belastung $Z = q\cos\psi$, $Y = q\sin\psi$ sind am Rande mit $q = 422$ kg/m²

$$N_{\varphi 0} = -55{,}2 \cdot 0{,}425 q = -23{,}4 \cdot 423 = -9900 \text{ kg/m}$$

$$S_{\varphi 0} = N_{x0} = 0.$$

Und die Randbedingungen ergeben

$$M_\varphi = 0, \quad R_\varphi = 386 \quad N_\varphi = 9900, \quad S_\varphi = -6200 \text{ kg/m}$$

$$m_{\varphi 0} = 0, \quad r_{\varphi 0} = 19, \quad n_{\varphi 0} = 24, \quad s_{\varphi 0} = -7.$$

Die heraustretenden Einheitskräfte für $\varrho\,\varphi = 1$ sind

$$m_\varphi = 0{,}557 \cdot 19 - 0{,}113 \cdot 24 - 0{,}026 \cdot 7 = \quad 7{,}69$$

$$r_\varphi = 0{,}798 \cdot 19 - 0{,}679 \cdot 24 + 0{,}196 \cdot 7 = \quad 0{,}24$$

$$n_\varphi = 0{,}412 \cdot 19 + 0{,}272 \cdot 24 - 0{,}222 \cdot 7 = \quad 12{,}80$$

$$s_\varphi = 0{,}445 \cdot 19 - 0{,}963 \cdot 24 + 0{,}231 \cdot 7 = -13{,}04.$$

Das Verhältnis $\vartheta = R_n/R_{n+1} = 1{,}25$ bei $\varrho\,\varphi = 1, 2$ usw. und die angreifenden Einheitskräfte für $\varrho\,\varphi = 1$ werden

$$m_{\varphi 1} = 7{,}69 \cdot 1{,}25 = 9{,}61, \quad r_{\varphi 1} = 0{,}24 \cdot 1{,}25^{0{,}75} = 0{,}28$$

$$n_{\varphi 1} = 12{,}80 \cdot 1{,}25^{1{,}5} = 17{,}87, \quad s_{\varphi 1} = -13{,}04 \cdot 1{,}25^{1{,}25} = -17{,}20.$$

Die heraustretenden Einheitskräfte bei $\varrho\,\varphi = 2{,}0$ werden

$$m_\varphi = 0{,}724 \cdot 9{,}61 + 0{,}56 \cdot 0{,}28 - 0{,}113 \cdot 17{,}87 - 0{,}023 \cdot 17{,}20 = \quad 4{,}70$$

$$r_\varphi = -0{,}054 \cdot 9{,}61 + 0{,}80 \cdot 0{,}28 - 0{,}679 \cdot 17{,}87 + 0{,}1966 \cdot 17{,}20 = -\ 9{,}06$$

$$n_\varphi = 0{,}1065 \cdot 9{,}61 + 0{,}41 \cdot 0{,}28 + 0{,}272 \cdot 17{,}87 - 0{,}222 \cdot 17{,}20 = \quad 2{,}18$$

$$s_\varphi = 0{,}091 \cdot 9{,}61 + 0{,}445 \cdot 0{,}28 - 0{,}963 \cdot 17{,}87 + 0{,}231 \cdot 17{,}20 = -12{,}24.$$

Die angreifenden Einheitskräfte bei $\varrho\,\varphi = 2{,}0$ sind

$$m_{\varphi 2} = 4{,}70 \cdot 1{,}25 \quad = 5{,}89, \quad r_{\varphi 2} = -\;9{,}06 \cdot 1{,}25^{0{,}75} = -10{,}69$$
$$n_{\varphi 2} = 2{,}18 \cdot 1{,}25^{1{,}5} = 3{,}04 \quad s_{\varphi 2} = -12{,}24 \cdot 1{,}25^{1{,}25} = -16{,}14.$$

Die weitere Berechnung verläuft wie oben gezeigt. Die Längsspannung n_x ist gegeben durch

$$n_x = -0{,}592\,m_\varphi - 1{,}813\,r_\varphi + 2{,}723\,n_\varphi + 2{,}356\,s_\varphi.$$

Bei $\varrho\,\varphi = 0$ ist

$$n_{x0} = -0{,}592 \cdot 0 - 1{,}813 \cdot 19 + 2{,}723 \cdot 24 - 2{,}356 \cdot 7 = 14{,}41.$$

Für $\varrho\,\varphi = 1$ ist

$$n_{x1} = -0{,}592 \cdot 9{,}61 - 1{,}813 \cdot 0{,}28 + 2{,}723 \cdot 17{,}86 - 2{,}356 \cdot 17{,}24 = 1{,}91.$$

Für $\varrho\,\varphi = 2$ ist

$$n_{x2} = -0{,}592 \cdot 5{,}89 + 1{,}813 \cdot 10{,}69 + 2{,}723 \cdot 3{,}04 - 2{,}356 \cdot 16{,}14 = -13{,}85.$$

Die Schnittgrößen der Schale werden

$\varrho\,\varphi$	$M_\varphi = m_\varphi\,R$		$N_\varphi = n_\varphi\,\varrho^2$		$S_\varphi = s_\varphi\,\varrho^3/\lambda$		$[N_x = n_x\,\varrho^4/\lambda^2$	
	R	M_φ	ϱ^2	N_φ	ϱ^3/λ	S_φ	ϱ^4/λ^2	N_x
	m	kgm		kg/m		kg/m		kg/m
0	55,2	0	413	9900	892	$-\;6200$	1932	27840
1	44,2	424	293	5215	690	-11868	1514	2892
2	35,3	208	210	638	507	$-\;8215$	1225	-16994

6. Berechnungsmethoden für Tonnendächer

6.1 Geschichtliche Übersicht

Die Tonnendächer in der heute üblichen Form wurden zuerst von der Firma Dyckerhoff und Widmann [30.1] entwickelt. Die Dachhaut wird aus einer dünnen Zylinderschale gebildet, die durch die Längs- und Ringränder getragen wird. Die zwei Hauptformen sind die Einzeltonne (Abb. 14) und die Reihentonnen (Abb. 15).

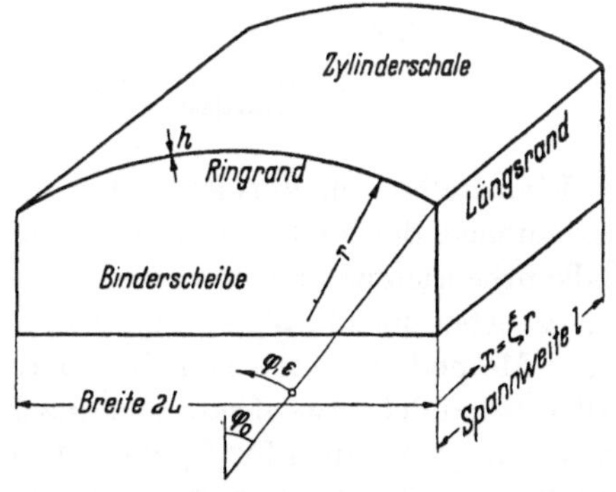

Abb. 14. Einzeltonne

Die Belastung kann durch eine FOURIER-Reihe gegeben sein, und die Lösung wird nach den Abschn. 1—4 durchgeführt. FINSTERWALDER [32.1], *ASCE-Manuals 31* [52.1], RABICH [55.4] und RÜDIGER-URBAN [55.3] ersetzen die Belastung durch die beiden ersten Glieder der harmonischen Analyse und erhalten eine Längsverteilung für die Nutzlast wie in Abb. 16b gezeigt. Diese Nutzlastverteilung ist kaum besser als eine Verteilung nach dem ersten Glied (Abb. 16a), besonders weil die Ringmomente

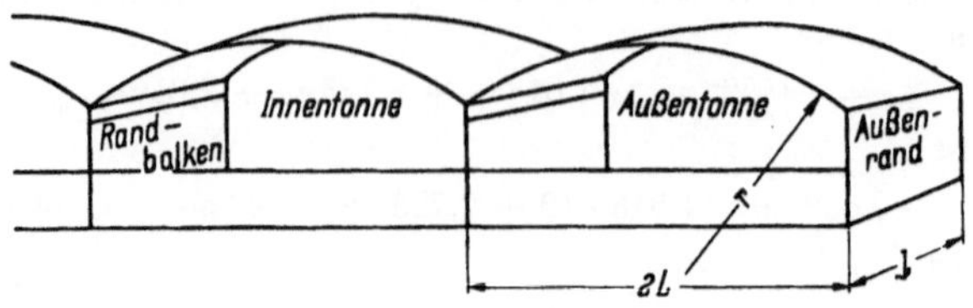

Abb. 15. Tonnenreihe

zu klein werden. Der größte Nachteil ist aber, daß die zwei Belastungsglieder verschiedene ϱ-Werte haben. Es müssen daher Zahlentafeln ausgearbeitet werden, die die Schnittgrößen für dieselben Schalenpunkte geben, damit sie summiert werden können, d. h. es müssen getrennte Zahlentafeln für die zwei Belastungsglieder ausgearbeitet werden, und die Berechnung wird folglich umfangreich [52.1].

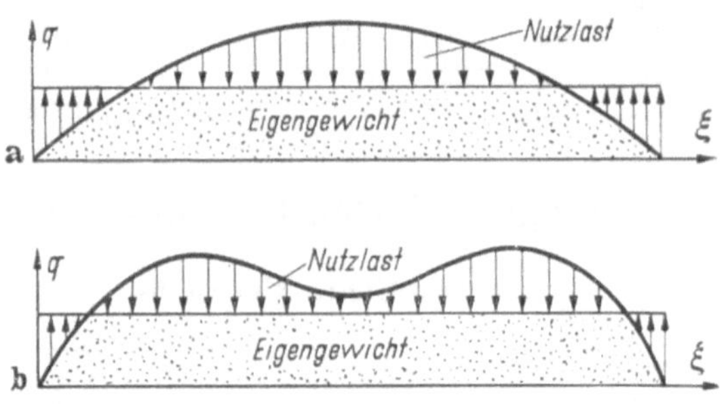

Abb. 16. a) Nutzlastverteilung für ein Lastglied
b) Nutzlastverteilung für zwei Lastglieder

Eine Reihe von Verfassern hat versucht, die partiellen Differentialgleichungen der mathematischen Elastizitätstheorie durch elementare Balkentheorien zu ersetzen. Der erste Vorschlag, eine geradlinige Spannungsverteilung für N_x zu benutzen, ist bei VALETTE [34.4] zu finden. Diese Methode ist auch von FINSTERWALDER [36.2] und AAS-JAKOBSEN [40.3] behandelt, AAS-JAKOBSEN und JOHANSEN [45.2] schlagen eine konstante Ringverteilung für N_x vor. LUNDGREN [49.5] hat diese Theorien so erweitert, daß sie auch unsymmetrische Querschnitte umfassen und Methoden für sukzessive Verbesserungen der angenommenen Spannungsverteilung eingeführt. Unsymmetrische Querschnitte sind des weiteren von KAZINCZY [49.4] behandelt, der eine geradlinige Spannungsverteilung für N_x voraussetzt, während BAKER [50.3] eine konstante N_x-Verteilung benutzt. Berechnungsmethoden nach der elementaren Balkentheorie sind auf lange Schalen beschränkt. Lundgren [*49.5*] hat gezeigt, wie man durch Behandlung der Spannungsresultanten die elementare Balkentheorie so erweitern kann, daß sie auch kurze Schalen umfaßt. Olsen[*51.8*] gibt Lösungsmethoden für durchlaufende Schalen an und zeigt, daß die Längsverteilung der elementaren Balkentheorie auch für durchlaufende

Abb. 17. Überdachung Massenlager in Ålvik.
Bauherr: A/S Bjölvefossen.   Unternehmer: Högenes & Co.   Architekt: G. Bruskeland.
Konstrukteur: Dr.-Ing. A. Aas-Jakobsen

Tonnen eine brauchbare Näherungslösung liefert. Strauss [*54.7*] untersucht den Zusammenhang zwischen Versuch und Berechnung für lange Schalen. Tottenham [*54.8*] gibt Zahlentafeln für die Ringverteilung bei Schalen großer und mittlerer Länge an. Aas-Jakobsen [*55.1*] entwickelt eine allgemeine Balkentheorie, zu welcher die Ringverteilung einer Modellschale entnommen werden kann, während die Längsverteilung der Balkentheorie angepaßt wird.

6.2 Schalenberechnung nach der mathematischen Elastizitätstheorie

Eine Belastung mit Eigengewichtsverteilung in Längs- und Ringrichtung ist durch die folgenden Reihen definiert

$$Z = q \cos \psi \sum \sin n \, \lambda \, \xi \cdot 4/n\pi$$

$$Y = q \sin \psi \sum \sin n \, \lambda \, \xi \cdot 4/n\pi$$

$$n = 1, 3, 5, \ldots$$

Diese Belastungsglieder werden an einem Rohr mit dem gegebenen Schalendurchmesser r und der Spannweite l angebracht. Die Schnittgrößen des Rohres werden durch die Lösung der inhomogenen Differentialgleichung des Abschn. 2 gefunden. Die Schalenfläche des Tonnen-

Zahlentafel IX. *Längsverteilung: Mittelwerte des Verhältnisses X_N zwischen den Spannungen aus einer in der Längsrichtung gleichmäßig verteilten Belastung und dem Höchstwert für dieselben ε bei einer Belastung mit sinusförmiger Längsverteilung der drei Schalen a—c*

x/l ε	0	1	2	3	4	Mittel	Balkentheorie
							$5(l-x)\,x/l^2$
$X_{m\varphi}$ 0,5	1,16	1,18	1,29	1,19	1,27	1,22	1,25
0,25	0,96	0,96	0,90	0,96	0,90	0,94	0,94
0,125	0,68	0,63	0,43	0,57	0,47	0,56	0,55
0	0	0	0	0	0	0	0
$X_{r\varphi}$ 0,5	1,27	1,23	1,17	1,32	1,44	1,26	1,25
0,25	0,98	0,95	0,98	0,89	0,76	0,92	0,94
0,125	0,81	0,45	0,58	0,41	0,56	0,56	0,55
0	0	0	0	0	0	0	0
X_{nx} 0,5	1,20	1,25	1,18	1,27	1,30	1,25	1,25
0,25	0,95	1,04	0,96	0,90	0,88	0,95	0,94
0,125	0,61	0,55	0,59	0,40	0,47	0,55	0,55
0	0	0	0	0	0	0	0
$X_{n\varphi}$ 0,5	1,13	0,99	0,98	1,08	1,11	1,06	1,0
0,25	0,97	1,00	1,03	0,99	0,98	0,99	1,0
0,125	0,81	1,07	1,33	1,06	1,01	1,07	1,0
0	0	0	0	0	0	0	0
							$1,57(1-2x/l)$
$X_{s\varphi}$ 0,5	0	0	0	0	0	0	0
0,25	0,72	0,76	0,87	0,94	0,82	0,82	0,79
0,125	1,11	1,19	1,19	1,13	1,19	1,16	1,18
0	1,79	1,55	1,31	1,26	1,48	1,48	1,57

daches wird aus dem Rohr herausgeschnitten, und die Randbedingungen der Schale werden mit Hilfe der Lösung für die Belastung am Längsrand nach den Abschn. 3 und 4 erfüllt.

Das Berechnungsergebnis dieses Verfahrens soll hier für drei stark verschiedenen Ringrippenschalen gegeben werden.

Beispiel a). Einzeltonnen mit frei aufliegenden Längsrändern entsprechend Vertikalverschiebung $\delta_v = 0$, $M_\varphi = 0$, $\sum H = 0$, $\sigma_{x\,\text{Schale}} = \sigma_{x\,\text{Randglied}}$ $\varrho_\varphi = 5$, $\lambda^2 = 2$.

Beispiel b). Innentonnen ohne Randglieder und mit den Randbedingungen: Horizontalverschiebung $\delta_h = 0$, $\vartheta_\varphi = 0$, $\sum V = 0$, $S_\varphi = 0$, $\varrho_\varphi = 5$, $\lambda^2 = 2$.

Beispiel c). Einzeltonnen frei aufliegend wie Beispiel a) mit $\delta_v = 0$, $M_\varphi = 0$, $\sum H = 0$, $\sigma_{x\,\text{Schale}} = \sigma_{x\,\text{Randglied}}$, $\varrho_\varphi = 16$, $\lambda^2 = 88$.

Die Schnittkräfte sind für 20 Reihenglieder berechnet, und die Summe wurde mit dem Höchstwert des ersten Reihengliedes für denselben ε-Wert dividiert. Man erhält dadurch die Verhältnisse X_N zwischen den Schnittgrößen infolge der gleichmäßig verteilten Belastung in den Schalenpunkten (ξ, ε) und dem Mittel- oder Randwert infolge der Sinusbelastung. So ist für den Längsrand $\varphi = 0$

x/l	$X_{m\varphi}$ für Beispiel			$X_{s\varphi}$ für Beispiel			X_{nx} für Beispiel		
	a	b	c	a	b	c	a	b	c
0,5	1,02	0,99	1,02	0	0	0	0,94	0,90	0,95
0,25	0,70	0,72	0,70	0,68	0,67	0,70	0,75	0,78	0,75
0,125	0,32	0,36	0,33	0,92	0,94	0,94	0,45	0,50	0,44
0	0	0	0	1,05	1,05	0,98	0	0	0

Die berechneten Verhältnisse X_N weichen in den drei gewählten, extremen Beispielen so wenig voneinander ab, daß man daraus schließen kann, daß alle frei aufliegenden Schalen annähernd dasselbe Verhältnis zwischen den Schnittgrößen aus gleichmäßig verteilter Belastung und denjenigen aus der Sinusbelastung haben. Die Mittelwerte von X_N der drei Beispiele a—c sind in der Zahlentafel IX zusammengestellt und mit der Längsverteilung der elementaren Balkentheorie verglichen. Diese drei Beispiele zeigen, daß eine gleichmäßig verteilte Belastung annähernd dieselbe Ringverteilung für die Schnittgrößen erhält wie eine Belastung mit sinusförmiger Längsverteilung. Die Längsverteilung der Schnittgrößen kann der elementaren Balkentheorie entnommen werden.

6.3 Allgemeine Balkentheorie, Modellschale

Nach der elementaren Balkentheorie wird für N_x ein Verlauf gewählt, z. B. geradlinig über den ganzen Querschnitt nach dem „Stadium I" der Betontheorie, oder eine konstante N_x-Spannung in der Druckzone und $N_x = 0$ in der Zugzone nach der Bruchtheorie, die dadurch noch weiter verfeinert werden kann, daß man die Spannungsresultanten nach LUNDGRENS [49.5] „Stringer"-Theorie benutzt. Die Genauigkeit der Berechnungen kann durch iterative Methoden verbessert werden.

Die Bruchtheorien basieren auf dem Spannungszustand, der sich einstellt, nachdem die Schale Risse bekommen hat. Eine Bemessung nach dieser N_x-Verteilung wird daher Rissebildungen in der Schale fördern. Besonders ist die Annahme $N_x = 0$ in der Zugzone gefährlich, da sie Unterbewehrung mit dazugehörigen, störenden Rissebildungen mit sich bringt. Auf Grund der Krümmung kann die Schale entweichen, und die Risse werden größer als diejenigen, die man in hohen, dünnen Scheibenbalken sehen kann, bei welchen — wenn die Bewehrung unten in der Zugzone konzentriert ist — die Risse oberhalb der Bewehrung ansetzen und in der Druckzone verschwinden. Die Bruchtheorien haben auch den Nachteil, daß sie nicht für die Stabilitätsuntersuchungen geeignet sind, die für die Betonabmessungen oft maßgebend sind.

Der lineare N_x-Verlauf nach dem „Stadium I" erlaubt eine einfache Berechnung sowohl für die Kreisquerschnittsform mit konstanter Schalenstärke als auch für andere Querschnittsformen mit veränderlicher Schalenstärke. Wenn aber dieser Verlauf der Längsspannungen wesentlich von demjenigen abweicht, den die Gleichgewichts- und Kontinuitätsbedingungen der mathematischen Elastizitätstheorie ergeben (Abb. 18), so werden die Ringmomente M_φ groß, und die Berechnungsmethode führt zu unwirtschaftlichen Schalenabmessungen.

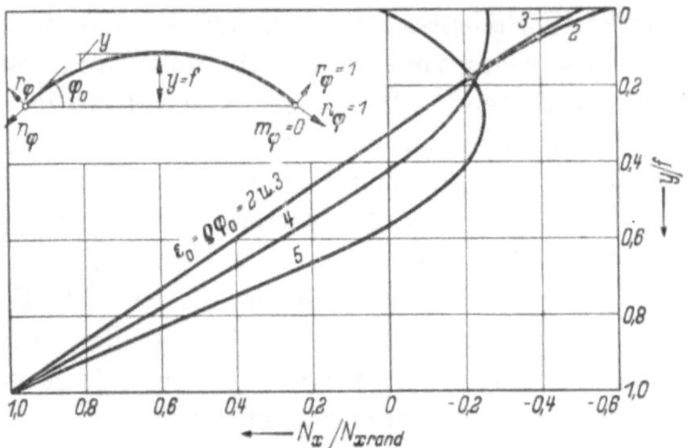

Abb. 18. N_x-Verteilung für eine symmetrische Schale mit $\varepsilon_0 = \varrho\,\varphi_0 = 2,\,3,\,4$ und 5

Zu *einer allgemeinen Balkentheorie* gelangt man dadurch, daß man eine Ringverteilung der Schnittkräfte nach der mathematischen Elastizitätstheorie und eine Längsverteilung nach der elementaren Balkentheorie voraussetzt.

Die Schnittkraftverteilung in der Ringrichtung wird für eine *Modellschale* berechnet, wie es für die isotropen Schalen in den Zahlentafeln III und IV und für die Ringrippenschalen in den Zahlentafeln VI, VII, VIII und IX angegeben ist. Die Modellschale hat idealelastische Materialeigenschaften, liegt auf den Binderscheiben frei auf, und wird für eine Belastung berechnet, die eine annähernde Übereinstimmung in der Ringrichtung mit der gegebenen Belastung aufweist, und in der Längsrichtung eine Sinusverteilung hat. Die Randbedingungen am betrachteten Längsrand (Primärrand) werden *ohne* Rücksichtnahme auf die Membrandeformationen und *ohne* Rücksichtnahme auf den Einfluß vom Sekundärrand erfüllt. Im übrigen ist anzunehmen, daß die Modellschale dieselben Randbedingungen am Längsrand hat wie die gegebene Schale. Diese Berechnungsmethode bringt mit sich, daß die Modellschale Schnittkräfte bekommt, die mit der angenommenen, äußeren Belastung in Gleichgewicht sind, und daß sie Randbedingungen an den Längsrändern erhält, die zur Genüge mit denjenigen der wirklichen Schale übereinstimmen. Eine Schale ist immer ein statisch unbestimmtes System, und geringere Abweichungen in den Randkräften sind belanglos, wenn nur die Schnittgrößen mit der äußeren Belastung im Gleichgewicht sind.

Die Berechnung nach dieser allgemeinen Balkentheorie wird in zwei Hauptstufen durchgeführt, nämlich die Berechnung der Ringverteilung der Schnittgrößen nach der Modellmethode und die Berechnung der Längsverteilung nach der elementaren Balkentheorie.

Die Modellschale hat eine Spannweite l und einen Halbmesser r wie die gegebene Schale. Die expliziten Multiplikatoren, und $\varepsilon = \varrho\,\varphi$ haben für frei aufliegende Schalen

$$\varrho = 2,42 \sqrt{r/l}\ \sqrt[4]{r/h}\ \sqrt[8]{i_\varphi}\ .$$

Ist die gegebene Schale in der Längsrichtung durchlaufend, so ist

$$\varrho = 2,9 \sqrt{r/l}\ \sqrt[4]{r/h}\ \sqrt[8]{i_\varphi}\ .$$

Die isotrope Schale hat $i_\varphi = 1$, und für die Ringrippenschalen ist i_φ im Abschn. 4 angegeben.

Die Zahlentafeln geben die Ringverteilung für ganze Werte von $\varrho\,\varphi$ an, und so muß $2\varrho\,\varphi_0$ der Modellschale eine ganze Zahl sein, damit die Einflüsse der beiden Ränder über die Schale summiert werden können. Da ϱ von r stark abhängig ist, läßt sich die Querschnittsform an diese Bedingung durch kleine Änderungen in r leicht anpassen. Ist die gewünschte Änderung in $\varepsilon_0 = \varrho\,\varphi_0$ gleich $\delta\,\varepsilon$, so erreicht man diese durch eine Änderung δr des Halbmessers gegeben durch

$$\delta r/r = -\,4\,\delta\varepsilon/\varrho\,.$$

Es ist nachzuprüfen, ob der verbesserte Wert $r + \delta r$ die Bedingung für $\varrho\,\varphi_0$ und $r \sin \varphi_0 = L$ erfüllt, wobei $2L$ der Randgliedabstand ist. Die letzte Bedingung ist von untergeordneter Bedeutung.

Die *Ringverteilung* nach der Modellmethode wird in folgender Weise gefunden.

1. Die Membrankräfte werden für eine Belastung mit sinusförmiger Längsverteilung berechnet und mit einer Ringverteilung in der Feldmitte, die bestmögliche der gegebenen Belastung der Schale angepaßt ist. Da der Randwert vom Membranringzug $N_{\varphi 0}$ den größten Einfluß auf die Spannungen hat und das Eigengewicht die überwiegende Belastung ist, wird es in den meisten Fällen das einfachste sein, die Eigengewichtsverteilung für die Gesamtlast q zu wählen.

2. Die heraustretenden Membrankräfte $N_{\varphi 0}$ und $S_{\varphi 0}$ sowie etwaige Belastungen Q_0 vom Randglied oder H_0 von anstoßenden Wänden wer-

den von der Modellschale oder von den Randbalken getragen. Zusätzlich erhalten die Schalenränder und die Randbalken die statisch unbestimmten Randlasten M_φ, R_φ, N_φ und S_φ, die so bestimmt werden, daß die Randbedingungen für jeden Rand erfüllt werden, unabhängig vom Einfluß vom anderen Rand.

3. Als Randbedingungen werden $M_\varphi = 0$ bei annähernd freiem Rand, und $\vartheta_\varphi = 0$ bei biegungssteifem Rand angenommen. Die Verhältnisse r_φ/n_φ oder n_φ/s_φ werden den Zahlentafeln in den Abschn. 3 oder 4 angepaßt, und den Randgliedern werden entsprechende Abmessungen gegeben. Die Anzahl der statisch Unbestimmten wird dadurch auf zwei reduziert, und die Berechnung der Ringverteilung vereinfacht.

Die gefundene Ringverteilung ist im inneren Gleichgewicht und in Gleichgewicht mit der äußeren Belastung. Als Kontrolle gilt für die Längsrichtung

$$\sum_0^{\varepsilon_0} N_{x\varepsilon}\, r/\varrho = S = S_\varphi\, r/\lambda.$$

$$S_\varphi\, \varrho/\lambda = \sum_0^{\varepsilon_0} N_{x\varepsilon}.$$

$N_{x\varepsilon}$ ist N_x in den Punkten $\varepsilon = 0, 1, 2, \ldots$ Ist die gesamte äußere Belastung pro Längeneinheit gleich Q, so ist das Feldmoment

$$Q\, l^2/\pi^2 = h_0\, S + \sum_0^{\varepsilon_0} N_{x\varepsilon}\, (2\varepsilon\,\varepsilon_0 - \varepsilon^2)\, 0{,}48\, r^2/\varrho^2.$$

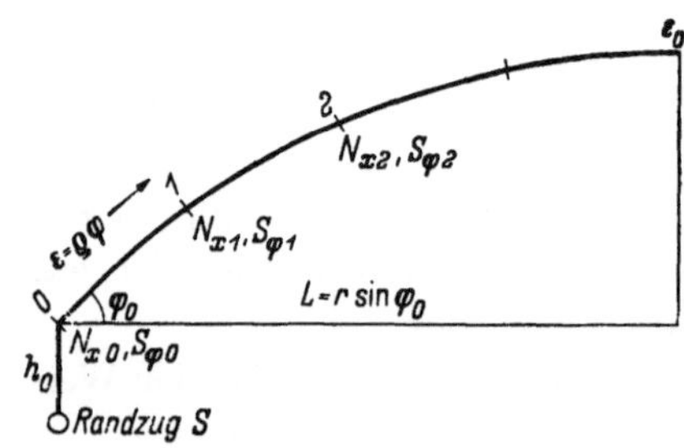

Abb. 19.
Schnittkräfte für $\varepsilon = 0, 1, 2, \ldots, \varepsilon_0$

h_0 ist der Abstand zwischen der Schale und der Zugresultante S (Abb. 19). Alle Summen werden mit Hilfe der Summenformel nach SIMPSON berechnet. Es ist $\varepsilon = 0, 1, 2, \ldots$ gleich ganzen Zahlen, und für den Abstand y_ε ist angenommen

$$y_\varepsilon = h_0 + r\,[\cos\varphi_0 - \cos(\varphi_0 - \varphi)]$$
$$= h_0 + r\,(2\varepsilon_0\,\varepsilon - \varepsilon^2)\, 0{,}48/\varrho^2.$$

Die gesamte senkrechte Belastung wird an den Binderscheiben von der Komponente $(S_x \sin\psi + Q_x \cos\psi)$ getragen. Diese Komponente ist mit guter Annäherung gleich $S_x \sin\psi$, und die Kontrolle ist

$$Q\, l/\pi = A_0 + \sum_0^{\varepsilon_0} S_{\varphi\,\varepsilon}\, (\varepsilon_0 - \varepsilon)^2\, 0{,}48/\varrho^2.$$

A_0 ist die Auflagerkraft des Randbalkens.

Die *Längsverteilung* von N_x, R_φ und S_φ ist der elementaren Balkentheorie zu entnehmen, und für eine frei aufliegende Schale wird

$$N_x = 5 N_{x\varepsilon} (l - x)\, x/l^2.$$

$N_{x\varepsilon}$ ist die Längskraft der Modellschale in Feldmitte für $\varrho\,\varphi = \varepsilon$. Eine durchlaufende Schale hat im Innenfeld

$$N_x = 5 N_{x\varepsilon} (l - x)\, x/l^2 - 0{,}8\, N_{x\varepsilon}$$

und im Außenfeld

$$N_x = 5 N_{x\varepsilon} (l - x)\, x/l^2 - 0{,}8\, N_{x\varepsilon}\, x/l.$$

Die Schubkraft S_φ ist im Schalenpunkt (ξ, ε) für die frei aufliegende und für die durchlaufende Schale im Innenfeld

$$S_\varphi = 1{,}57 S_{\varphi\varepsilon} (1 - 2x/l).$$

Das durchlaufende Endfeld hat

$$S_\varphi = 1{,}57 S_{\varphi\varepsilon} (0{,}84 - 2x/l).$$

$S_{\varphi\varepsilon}$ sind die Auflagerwerte der Modellschale für $\varrho\,\varphi = \varepsilon$. Der Ringzug N_φ ist annähernd konstant und gleich N_φ der Modellschale in der Feldmitte für $x = l/2$. Das Ringmoment kann auch konstant angenommen werden und gleich dem Ringmoment der Modellschale für $x = l/2$ bei durchlaufenden Schalen und 25% höher bei frei aufliegenden Schalen.

6.4 Tonnenreihe mit Randbalken ohne Biegesteifigkeit

Die Deformationsbedingungen an den Längsrändern haben geringen Einfluß auf die Ringverteilung und können deshalb vereinfacht werden. So können explizite Formeln für die Randkräfte aufgestellt werden.

Die Randbedingungen am Längsrand sind bei Innentonnen

a) Winkeländerung ϑ_φ gleich Null für die Randkräfte am betrachteten Rand (Primärrand).

b) Gesamte Randbelastung gleich Eigengewicht und Nutzlast des Randbalkens $2Q_0$.

c) Horizontalverschiebung gleich Null für die Belastung am Primärrand.

d) r_φ/n_φ oder s_φ/n_φ haben einen gewählten Wert.

Die Randkräfte des Membranzustandes haben die Maximalwerte

$$N_{\varphi 0} = - \cos \varphi_0 \cdot q\, r$$

$$S_{\varphi 0} = - \sin \varphi_0 \cdot 2q\, r/\lambda$$

$$N_{x 0} = - \cos \varphi_0 \cdot 2q\, r/\lambda^2.$$

Die statisch unbestimmten Randlasten haben die Maximalwerte

$$M_\varphi = m_\varphi \, r$$
$$R_\varphi = r_\varphi \, \varrho$$
$$N_\varphi = n_\varphi \, \varrho^2$$
$$S_\varphi = s_\varphi \, \varrho^3/\lambda.$$

Die *Randbedingung* a) wird automatisch durch Anwendung der Zahlentafel IV oder VII erfüllt.

Die *Randbedingung* b) — für das Gleichgewicht des Randbalkens in der Vertikalrichtung — lautet

$$(N_\varphi + N_{\varphi 0}) \sin \varphi_0 - R_\varphi \cos \varphi_0 - Q_0 = 0$$

oder

$$n_\varphi - r_\varphi/\varrho \, \mathrm{tg} \, \varphi_0 = (Q_0/L + q \cos \varphi_0) \, r/\varrho^2.$$

$2L$ ist der Abstand zwischen den Randbalken.

Die *Randbedingung* c) — für die Horizontalverschiebung des Längsrandes — lautet

$$w \sin \varphi_0 - v \cos \varphi_0 = 0.$$

Aus der Zahlentafel IV ist für isotrope Schalen zu entnehmen

$$\varrho^2 J w = 1{,}597 \, r_\varphi - 2{,}129 \, n_\varphi - 1{,}122 \, s_\varphi$$
$$\varrho^3 J v = 2{,}128 \, r_\varphi - 3{,}465 \, n_\varphi - 2{,}207 \, s_\varphi$$

und die Verschiebungsgleichung wird

$$r_\varphi (1{,}597 - 2{,}128/\varrho \, \mathrm{tg} \, \varphi_0) - n_\varphi (2{,}129 - 3{,}465/\varrho \, \mathrm{tg} \, \varphi_0) -$$
$$- s_\varphi (1{,}122 - 2{,}207/\varrho \, \mathrm{tg} \, \varphi_0) = 0.$$

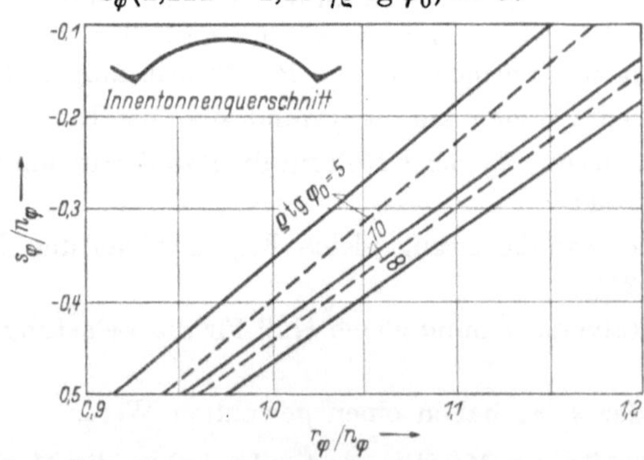

Abb. 20. Zusammenhang zwischen r_φ, n_φ und s_φ für Innentonnen
(isotrope — mit Ringrippen — — —)

Die Verschiebungsgleichungen ergeben einen linearen Zusammenhang zwischen n_φ, r_φ und s_φ. Dieser Zusammenhang ist in Abb. 20 für isotrope Schalen und Schalen mit Ringrippen anschaulich gemacht worden.

Die letzte *Randbedingung* d) liefert die Bestimmungsgleichung für den Querschnitt $2F_0$ des Randbalkens. Wird z. B. $r_\varphi = n_\varphi$ gewählt, so ist nach Bedingungsgleichung b)

$$r_\varphi = n_\varphi = (Q_0/L + q \cos \varphi_0)\, r/\varrho^2 (1 - 1/\varrho \,\mathrm{tg}\, \varphi_0).$$

Die *Verschiebungsgleichung* c) ergibt für isotrope Schalen

$$s_\varphi = n_\varphi(-0{,}532 + 1{,}337/\varrho \,\mathrm{tg}\, \varphi_0)/(1{,}122 - 2{,}207/\varrho \,\mathrm{tg}\, \varphi_0)$$

$$n_x = 1{,}093\, n_\varphi + 2{,}171\, s_\varphi.$$

Die Randkräfte sind nur von $1/\varrho \,\mathrm{tg}\, \varphi_0$ abhängig, und für $1/\varrho \,\mathrm{tg}\, \varphi_0 = 0 - 0{,}2$ und $r_\varphi/n_\varphi = 1{,}0$ sind s_φ/n_φ und n_x/n_φ für $r_\varphi/n_\varphi = 1$:

	Isotrope Schalen			Ringrippenschalen		
$1/\varrho \,\mathrm{tg}\, \varphi_0$	0	0,1	0,2	0	0,1	0,2
s_φ/n_φ	$-0{,}474$	$-0{,}442$	$-0{,}388$	$-0{,}471$	$-0{,}443$	$-0{,}397$
n_x/n_φ	$0{,}066$	$0{,}135$	$0{,}250$	$0{,}107$	$0{,}169$	$0{,}271$

Der Querschnitt des Randbalkens ist aus der Bedingung bestimmt, daß die Längsspannung in Schale und Randbalken gleich bleibt, oder

$$F_0 = -(S_\varphi + S_{\varphi 0})\, r\, h/\lambda(N_x + N_{x 0})$$

$$F_0 = -r\, h\,(s_\varphi \varrho^3 - 2q\, r \sin \varphi_0)/(n_x \varrho^4 - 2q\, r \cos \varphi_0).$$

Würde statt r_φ/n_φ das Verhältnis s_φ/n_φ gewählt, so wären die Gleichungen zur Bestimmung der statisch Unbestimmten und des Randquerschnittes einer isotropen Schale

$$r_\varphi(1{,}597 - 2{,}129/\varrho \,\mathrm{tg}\, \varphi_0) = n_\varphi(2{,}129 + 1{,}122\, s_0 - 3{,}465/\varrho \,\mathrm{tg}\, \varphi_0 -$$
$$- 2{,}207\, s_0/\varrho \,\mathrm{tg}\, \varphi_0)$$

$$n_\varphi - r_\varphi/\varrho \,\mathrm{tg}\, \varphi_0 = (Q_0/L + q \cos \varphi_0)\, r/\varrho^2.$$

Aus diesen zwei Gleichungen werden r_φ, n_φ und $s_\varphi = s_0\, n_\varphi$ gefunden. Weiter folgt wie oben

$$n_x = 2{,}217\, n_\varphi - 1{,}122\, r_\varphi + 2{,}171\, s_\varphi$$

$$F_0 = -r\, h\,(s_\varphi \varrho^3 - 2q\, r \sin \varphi_0)/(n_x \varrho^4 - 2q\, r \cos \varphi_0).$$

Entsprechende Gleichungen können für Ringrippenschalen nach den Zahlentafeln VII aufgestellt werden.

Beispiel. Eine Überdachung besteht aus einer Reihe von parallelen Zylinderschalen, jede mit einer Grundfläche von

$$l \cdot 2L = 19{,}85 \cdot 13{,}10 \,\mathrm{m}.$$

Auf Grund örtlicher Verhältnisse soll der Halbmesser möglichst 10 m betragen, und eine Überschlagsrechnung zeigt, daß eine isotrope Schale $h = 8$ cm stark wird. Der Schalenparameter ϱ wird

$$\varrho = 2{,}42\,(10/19{,}85)^{0{,}5}\,(10/0{,}08)^{0{,}25} = 5{,}73.$$

Der Randwinkel φ_0 ist

$$\sin\varphi_0 = 13{,}10/2 \cdot 10 = 0{,}656 \quad \varphi_0 = 0{,}71$$

$$\varrho\,\varphi_0 = 5{,}73 \cdot 0{,}71 = 4{,}09.$$

Da $\varrho\,\varphi_0$ eine ganze Zahl sein soll, wird $\varrho\,\varphi_0 = 4{,}00$ gewählt, und diese Änderung in $\varrho\,\varphi_0$ ergibt eine Änderung δr im Halbmesser r

$$\delta r/r = -4\,(4 - 4{,}09)/5{,}73 = 0{,}06$$
$$r = 10\,(1 + 0{,}06) = 10{,}60 \text{ m}$$
$$\varrho = 2{,}42\,(10{,}6/19{,}85)^{0{,}5}\,(10{,}6/0{,}08)^{0{,}25} = 6$$
$$\varphi_0 = 4/6 = 2/3 \quad (\varphi_0 = 38°)$$
$$\sin\varphi_0 = 0{,}62, \quad \cos\varphi_0 = 0{,}79, \quad \operatorname{tg}\varphi_0 = 0{,}78$$
$$1/\varrho\,\operatorname{tg}\varphi_0 = 1/6 \cdot 0{,}78 = 0{,}214.$$

Die Schale trägt eine Gesamtlast $q = 0{,}35$ t/m² mit Eigengewichtsverteilung, und eine Randlast $Q_0 = 0{,}62$ t/m aus Eigengewicht und Nutzlast des Randbalkens.

Es wird vorausgesetzt, daß die Schale einen Randbalken hat, der $r_\varphi = n_\varphi$ entspricht. Die Randbedingungen

a) $\vartheta_\varphi = 0$ wird automatisch erfüllt

b) $n_\varphi = r_\varphi = (0{,}62/6{,}55 + 0{,}35 \cdot 0{,}79)\,10{,}6/6^2\,(1 - 0{,}214) = 0{,}138$ t/m.

c) $s_\varphi = -n_\varphi\,(0{,}532 - 1{,}393 \cdot 0{,}214)/(1{,}122 - 2{,}207 \cdot 0{,}214) = -0{,}379\,n_\varphi.$

Als Hauptsystem wird die Randlastkombination nach Zahlentafel IV 6 gewählt mit

$$r_\varphi = n_\varphi = 1, \quad s_\varphi = -0{,}4.$$

Die Randbedingung c) wird durch eine Korrektionsbelastung nach Zahlentafel IV 3 erfüllt

$$s_\varphi = (0{,}4 - 0{,}379) = 0{,}021.$$

Die Schale ist um den Scheitel symmetrisch, so daß es genügt die Ringverteilung der Modellschale für $\varrho\,\varphi = 0 - 4$ zu finden. Diese ist durch die Summe

$$\bar{n} = \text{Zahlentafel IV 6} + 0{,}021 \text{ Zahlentafel IV 3}$$

gegeben, und gibt eine Ringverteilung der Modellschale für die Randlasten

$$r_\varphi = n_\varphi = 10\,000, \quad s_\varphi = -3790$$

	$\varrho\,\varphi$	0—8	1—7	2—6	3—5	4—4
IV 6,	PR[1]	2271	— 723	—2052	—1800	— 817
	SR[2]	76	277	346	17	— 817
0,021·IV 3,	PR	456	96	— 38	— 46	— 14
	SR	0	8	15	10	— 14
	$\bar{n}_x$	2803	— 342	—1729	—1819	—1662

[1] IV 6, PR = Zahlentafel IV 6, Primärrand

[2] SR = Sekundärrand.

	$\varrho\,\varphi$	$0-8$	$1-7$	$2-6$	$3-5$	$4-4$
IV 6,	PR	-4000	-4655	-3116	-1090	237
	SR	135	$-\ 43$	$-\ 377$	$-\ 602$	$-\ 237$
$0{,}021 \cdot$IV 3,	PR	210	$-\ 43$	$-\ 57$	$-\ 9$	22
	SR	7	3	$-\ 9$	$-\ 23$	$-\ 22$
	$\bar{s}_\varphi$	-3648	-4738	-3559	-1724	0
IV 6,	PR	10000	5480	1488	$-\ 606$	$-\ 961$
	SR	196	256	50	$-\ 470$	$-\ 961$
$0{,}021 \cdot$IV 3,	PR	0	54	$-\ 8$	$-\ 41$	$-\ 32$
	SR	6	12	9	$-\ 7$	$-\ 32$
	$\bar{n}_\varphi$	10202	5802	1539	-1124	-1986
IV 6,	PR	-4383	1164	1330	92	$-\ 652$
	SR	183	87	$-\ 223$	$-\ 619$	$-\ 652$
$0{,}021 \cdot$IV 3,	PR	66	53	6	$-\ 33$	$-\ 40$
	SR	7	7	$-\ 4$	$-\ 24$	$-\ 40$
	$\bar{m}_\varphi$	-4127	1311	1109	$-\ 584$	-1384

Die Ringverteilung der gegebenen Schale ist derjenigen der Modellschale gleich, nur sind die expliziten Multiplikatoren und die Längsverteilung verschieden. Der Membranzustand hat $M_{\varphi 0} = 0$ und eine Ringverteilung

$$N_{x0} = -\cos\psi \cdot 2q\,r/\lambda^2 = -\cos\psi \cdot 2 \cdot 0{,}35 \cdot 10{,}6/1{,}678^2 = -2{,}63 \cos\psi \text{ t/m}$$

$$S_{\varphi 0} = -\sin\psi \cdot 2q\,r/\lambda = -\sin\psi \cdot 2 \cdot 0{,}35 \cdot 10{,}6/1{,}678 = -4{,}42 \sin\psi \text{ t/m}$$

$$N_{\varphi 0} = -\cos\psi \cdot q\,r = -\cos\psi \cdot 0{,}35 \cdot 10{,}6 = -3{,}71 \cos\psi \text{ t/m}.$$

Der Einfluß von der Randbelastung $r_\varphi = n_\varphi = 0{,}138$ t/m und $s_\varphi = -0{,}379\,n_\varphi$ wird durch Multiplikation mit n_φ und die expliziten Multiplikatoren der Zahlentafeln gefunden

$$N_{x1} = \bar{n}_x\,n_\varphi\,\varrho^4/\lambda^2 \cdot 10^4 = \bar{n}_x \cdot 63{,}5/10^4 \text{ t/m}$$

$$S_{\varphi 1} = \bar{s}_\varphi\,n_\varphi\,\varrho^3/\lambda \cdot 10^4 = \bar{s}_\varphi \cdot 17{,}77/10^4 \text{ t/m}$$

$$N_{\varphi 1} = \bar{n}_\varphi\,n_\varphi\,\varrho^2/10^4 = \bar{n}_\varphi \cdot 4{,}97/10^4 \text{ t/m}$$

$$M_{\varphi 1} = \bar{m}_\varphi\,n_\varphi\,r \cdot 10^{-4} \cdot 10^3 = \bar{m}_\varphi \cdot 0{,}146 \text{ kgm/m}.$$

Die Summe dieser Schnittgrößen sind mit den Balkenfunktionen zu multiplizieren, und es ergibt sich die folgende Verteilung

$$N_x = 5(N_{x0} + N_{x1})\,(1-x)\,x/l^2$$

$$S_\varphi = 1{,}57\,(S_{\varphi 0} + S_{\varphi 1})\,(1-2x/l)$$

$$N_\varphi = N_{\varphi 0} + N_{\varphi 1}$$

$$M_\varphi = 1{,}25\,M_{\varphi 1}.$$

Ringverteilung der Modellschale

$\varrho\,\varphi$	0—8	1—7	2—6	3—5	4—4
N_{x1}	17,80	− 2,17	−10,98	−11,55	−10,55
N_{x0}	−2,06	− 2,31	− 2,49	− 2,60	− 2,63
$N_{x1} + N_{x0}$	15,74	− 4,48	−13,47	−14,15	−13,18
$S_{\varphi1}$	−6,48	− 8,42	− 6,31	− 3,06	0
$S_{\varphi0}$	−2,72	− 2,11	− 1,44	− 0,73	0
$S_{\varphi1} + S_{\varphi0}$	−9,20	−10,53	− 7,75	− 3,79	0
$N_{\varphi1}$	5,07	2,88	0,76	− 0,56	− 0,99
$N_{\varphi0}$	−2,92	− 3,26	− 3,51	− 3,66	− 3,71
$N_\varphi = N_{\varphi1} + N_{\varphi0}$	2,15	− 0,36	− 2,75	− 4,22	− 4,70

Schnittgrößen für die Punkte $(x, \varrho\,\varphi)$ der gegebenen Schale

x/l	Längsverteilung $5\,(l-x)\,x/l^2$	$\varrho\varphi = 0-8$	1−7	2−6	3−5	4−4
			N_x t/m			
0,5	1,25	19,68	− 5,60	−16,85	−17,69	−16,48
0,25	0,937	14,75	− 4,20	−12,63	−13,26	−12,35
0,125	0,547	8,61	− 2,43	− 7,37	− 7,74	− 7,21
0	0	0	0	0	0	0
	$1,57\,(l - 2\,x/1)$		S_φ t/m			
0	1,570	−14,44	−16,53	−12,17	− 5,95	0
0,125	1,178	−10,84	−12,40	− 9,13	− 4,46	0
0,25	0,785	− 7,24	− 8,27	− 6,08	− 2,98	0
0,5	0	0	0	0	0	0
			M_φ kgm/m			
0,5—0	1,25	−753	240	202	−106	−253

Die Summe der N_x-Kräfte in Schalenmitte ist nach SIMPSONS Summenformel

$$S = 2(-19,68 + 4 \cdot 5,60 + 2 \cdot 16,85 + 4 \cdot 17,69 + 16,48)\,10,6/6 \cdot 3 = 145\ \text{t}.$$

Diese Summe muß dem Zug im Randglied gleich sein

$$S = 0,5 \cdot l\,S_\varphi = 0,5 \cdot 19,85 \cdot 14,48 = 144\ \text{t}$$

(Abweichung 0,7%).

Der Rand trägt eine Vertikalbelastung

$$Q_0 = N_\varphi \sin \varphi_0 - R_\varphi \cos \varphi_0 = 2,18 \cdot 0,62 - 0,826 \cdot 0,78 = 0,71\ \text{t/m}.$$

Die gesamte Schalenbelastung ist

$$Q = 2Q_0 + 2q\,r\,\varphi_0 = 2 \cdot 0,71 + 2 \cdot 0,35 \cdot 10,6 \cdot 2/3 = 6,37\ \text{t/m}.$$

Das Moment in der Feldmitte für diese äußere Belastung ist

$$M = Q\, l^2/8 = 6{,}37 \cdot 19{,}85^2/8 = 314\ \text{tm}.$$

Das Moment der Längskräfte N_x um den Schalenrand ist in der Feldmitte

$$M = \sum N_x(\cos \varphi - \cos \varphi_0)\, r^2/\varrho = 2(4 \cdot 5{,}60 \cdot 0{,}094 + 2 \cdot 16{,}85 \cdot 0{,}162 +$$
$$+ 4 \cdot 17{,}69 \cdot 0{,}202 + 16{,}48 \cdot 0{,}216)\, 10{,}5^2/6 \cdot 3 = 317\ \text{m}$$
$$\text{(Abweichung 1\%)}.$$

Die Vertikalkomponenten der Schubkräfte S_φ für $x = 0$ haben die Summe

$$\sum S_\varphi \sin \psi \cdot r/\varrho = 2(14{,}44 \cdot 0{,}62 + 4 \cdot 16{,}53 \cdot 0{,}48 + 2 \cdot 12{,}17 \cdot 0{,}33 +$$
$$+ 4 \cdot 5{,}95 \cdot 0{,}17)\, 10{,}6/6 \cdot 3 = 62{,}4\ \text{t}.$$

Die Gesamtlast der Schalenhälfte ist

$$Q\, l/2 = 6{,}37 \cdot 19{,}85/2 = 63{,}2\ \text{t}$$
$$\text{(Abweichung 1,3\%)}.$$

Die *Randbedingung* a) lautet $\vartheta_\varphi = 0$ für $\varphi = 0$, und aus Symmetriegründen ist $\vartheta_\varphi = 0$ auch für $\varphi = \varphi_0$ oder $\varrho\,\varphi_0 = 4$. Die Momentensumme über die Bogenhälfte muß somit verschwinden. Die gefundene Ringverteilung M_φ ergibt

$$\sum M_{\varphi 1} = (-604 + 4 \cdot 192 + 2 \cdot 162 - 4 \cdot 85 - 202)/12 = -5\ \text{kgm}.$$

Die Abweichung beträgt $0{,}8\%$ vom Moment am Schalenrand.

Die Abweichungen in den Gleichgewichtskontrollen stammen zum größten Zahlenteil von der groben Teilung bei der Summenberechnung. Bei der Kontrolle von S_φ sind außerdem die Näherungen $S_\varphi \approx S_x$ und $Q_x \approx 0$ benutzt. Die Abweichungen in der Gleichgewichtskontrolle werden immer unterhalb 2% bleiben. Wo größere Abweichungen auftreten, sind diese auf Rechnungsfehler zurückzuführen.

Die Berechnung mit Hilfe der Modellschale zeigt, daß die Ringverteilung nicht aus Differenzen etwa gleich großer Zahlen errechnet wird. Eine numerische Berechnung mit dem Rechenschieber liefert dann auch eine durchaus befriedigende Genauigkeit.

Aus der Bedingung, daß die Randspannung N_x/h der Schale und die Längsspannung S/F_0 des Randbalkens gleich sein müssen, wird der Äquivalentquerschnitt F_0 des Randbalkens gefunden

$$F_0 = h\, S/N_x = 0{,}08 \cdot 144/19{,}68 = 0{,}59\ \text{m}^2.$$

Die Zugkraft S wird von einem Stahl mit $\sigma_{\text{zul}} = 2{,}2\ \text{t/cm}^2$ aufgenommen, und der Betonquerschnitt F_b wird

$$F_b = F_0 - n\, S/\sigma_z = 0{,}59 - 15 \cdot 144/2{,}2 = 0{,}50\ \text{m}^2.$$

Die Schale hat einen Betonquerschnitt

$$F_S = 0{,}08 \cdot 10{,}6 \cdot 2/3 = 0{,}56\ \text{m}^2,$$

d. h. $F_b = 0{,}9\, F_S$, was zu viel ist.

Die Betonzugspannung am Schalenrand $\sigma_x = 196{,}8/8 = 25\ \text{kg/cm}^2$ ist so groß, daß die Bewehrung im Randglied geschweißt werden muß, und so können höhere Betonzugspannungen benutzt werden. Mit $s_\varphi = -0{,}3\, n_\varphi$ entsprechend der Zahlentafel IV 5 werden die Randbedingungen

b) $n_\varphi - 0{,}214\, r_\varphi = (0{,}62/6{,}55 + 0{,}35 \cdot 0{,}79)\, 10{,}6/6^2 = 0{,}1083,$

c) $r_\varphi(1{,}597 - 2{,}128 \cdot 0{,}214) - n_\varphi(2{,}129 - 3{,}465 \cdot 0{,}214) + 0{,}3\, n_\varphi(1{,}122 -$
$$-2{,}207 \cdot 0{,}214) = 0.$$

Für $s_\varphi = -0,3\, n_\varphi$ ergeben die Randbedingungen

$$r_\varphi = 1,044\, n_\varphi$$
$$n_\varphi = 0,139.$$

Die Ringverteilung der Modellschale ist gegeben durch die Summe

$$\bar{n} = \text{Zahlentafel IV 5} + 0,044 \cdot \text{Zahlentafel IV 1}.$$

Am Schalenrand ist

$$\bar{n}_x = 4441 + 74 + 0,044\,(-11215 + 343) = 4037$$
$$N_{x1} = 4037 \cdot 0,139 \cdot 6^4/1,678^2 \cdot 10^4 = 25,8\ \text{t/m}.$$

Eine in der Längsrichtung konstante Belastung hat in der Feldmitte

$$\sigma_x = 1,25\,(258 - 20,6)/8 = 37\ \text{kg/cm}^2.$$

Die Schubkraft S_φ hat

$$\bar{s}_\varphi = -3000 + 167 - 0,044 \cdot 437 = -2852$$
$$S_{\varphi1} = -2852 \cdot 0,139 \cdot 6^3/1,678 \cdot 10^4 = -5,13\ \text{t/m}.$$

Am Schalenrand ist

$$S_\varphi = 1,57\,(-5,10 - 2,74) = -12,3\ \text{t/m}$$

und der Zug im Randglied

$$S = 12,3 \cdot 19,85/2 = 122\ \text{t}.$$

Der Betonquerschnitt des Randgliedes wird

$$F_b = 122/370 - 15 \cdot 122/2,2 \cdot 10^4 = 0,25\ \text{m}^2.$$

Die Längskraft N_x und das Ringmoment M_φ haben die Rand- und Scheitelwerte

$$N_{xr} = 1,25\,(25,8 - 2,06) = 29,68\ \text{t/m}$$
$$N_{xm} = -(0,0885 + 0,046) \cdot 2 \cdot 63,9 - 2,63 = -19,82\ \text{t/m}$$
$$M_{\varphi r} = 1,25 \cdot 0,139 \cdot 1,06\,(-4071 + 218 - 514 - 14) =$$
$$= -0,184 \cdot 4381 = -806\ \text{kgm/m}$$
$$M_{\varphi m} = 0,184\,(-844 + 102)\,2 = -273\ \text{kgm/m}.$$

Die zwei Alternativen haben

F_b	S	$M_{\varphi p}$	$M_{\varphi m}$	$S_{\varphi r}$	$N_{x r}$	$N_{x m}$
0,50	144	−755	−253	−14,48	19,68	−16,48
0,25	122	−806	−273	−12,3	29,68	−19,82
m²	t	kgm/m	kgm/m	t/m	t/m	t/m

Die Verminderung des Randgliedquerschnittes um rund 50% verursacht eine Erhöhung der Längsdruckspannungen um etwa 3% und eine Erhöhung des Ringmomentes um etwa 9%, und das Beispiel zeigt deutlich, wie gering der Einfluß der Randbedingungen auf die Schnittgrößenverteilung ist.

6.5 Tonnenreihe mit biegesteifen Randbalken

Die Schale wird von den Randbalken und den benachbarten Schalen getrennt. Die heraustretenden Membrankräfte $N_{\varphi 0}$ und $S_{\varphi 0}$ belasten den Randbalken mit entgegengesetzt gerichteten Randlasten. Ferner trägt der Randbalken noch sein Eigengewicht und die Nutzlast $2Q_0$. Zwischen Randbalken und Schale entsteht für diese Belastung eine Fuge, die durch die statisch unbestimmten Größen M_φ, R_φ, N_φ und S_φ am Schalenrand beseitigt wird. Die benachbarte Schale wird dasselbe Randmoment M_φ aufweisen wie die betrachtete, und sie heben sich gegenseitig auf, während R_φ, N_φ und S_φ in entgegengesetzter Richtung den Randbalken belasten.

Die statisch unbestimmten Größen M_φ, R_φ, N_φ und S_φ werden durch folgende Randbedingungen bestimmt:

a) Winkeländerung ϑ gleich Null,

b) Horizontalverschiebung gleich Null,

c) Schale und Randbalken haben dieselbe Randspannung σ_0,

d) Schale und Randbalken haben dieselbe Vertikaldeformation y.

Bei Tonnenreihen mit biegesteifen Randbalken ist die Schale gewöhnlich isotrop, und die Randbalken haben Viereckquerschnitt mit der Höhe h_0, Querschnitt $2F_0$, Widerstandsmoment $2W_0 = 2F_0 h_0/6$ und Steifigkeit $2J_0 = 2E\,F_0\,h_0^2/12\,r^4$.

Die Membrandeformationen und die Randkräfte vom Sekundärrand sind ohne Einfluß auf die statisch unbestimmten Randkräfte der Modellschale.

Randbedingung a) lautet $\vartheta_\varphi = 0$, und wird bei der Modellschale erfüllt, wenn die Zahlentafel IV zur Berechnung der statisch Unbestimmten und der Ringverteilung benutzt wird.

Randbedingung b) ist die Verschiebungsgleichung

$$w \sin \varphi_0 - v \cos \varphi_0 = 0.$$

Isotrope Schalen erhalten nach Zahlentafel IV

$$r_\varphi (1{,}597 - 2{,}128/\varrho \text{ tg } \varphi_0) - n_\varphi (2{,}129 - 3{,}465/\varrho \text{ tg } \varphi_0)$$

$$- s_\varphi (1{,}122 - 2{,}207/\varrho \text{ tg } \varphi) = 0.$$

Hier kann

$$s_\varphi = s_0\, n_\varphi$$

gewählt werden, und Randbedingung b) gibt

$$r_\varphi = r_0\, n_\varphi.$$

Randbedingung c). Eine Isotrope Schale hat die Randspannung

$$\sigma_0 = (N_{x0} + N_x)\, h,$$

wobei

$$N_{x0} = - \cos \varphi_0 \cdot 2q\, r/\lambda^2$$

$$N_x = (-1{,}122\, r_0 + 2{,}216 + 2{,}171\, s_0)\, n_\varphi\, \varrho^4/\lambda^2.$$

Die Belastung p des Randbalkens ist

$$p = Q_0 - (N_\varphi + N_{\varphi 0}) \sin \varphi_0 + R_\varphi \cos \varphi_0$$

und die Randspannung infolge der Belastung $2p$ und der Randlast $S_\varphi + S_{\varphi 0}$ ist an der Oberkante des Randbalkens

$$\sigma_0 = -6 p \, r^2/\lambda^2 \, h_0 \, F_0 - (S_\varphi + S_{\varphi 0}) \, 4r/\lambda \, F_0 \,.$$

Hier sind

$$N_\varphi = n_\varphi \, \varrho^2 \qquad\qquad N_{\varphi 0} = -\cos \varphi_0 \cdot q \, r$$

$$R_\varphi = r_\varphi \, \varrho = n_\varphi \, r_0 \, \varrho \qquad\qquad S_{\varphi 0} = -\sin \varphi_0 \cdot 2q \, r/\lambda$$

$$S_\varphi = s_\varphi \, \varrho^3/\lambda = n_\varphi \, s_0 \, \varrho^3/\lambda \,.$$

Randbedingung d). Die Durchbiegung am Schalenrand ist

$$y = w \cos \varphi_0 + v \sin \varphi_0$$

und für isotrope Schalen wird

$$y \, \varrho^2 \, J = (1{,}597 \, r_\varphi - 2{,}129 \, n_\varphi - 1{,}122 \, s_\varphi) \cos \varphi_0$$

$$+ (2{,}128 \, r_\varphi - 3{,}465 \, n_\varphi - 2{,}207 \, s_\varphi) \sin \varphi_0/\varrho \,.$$

Die Durchbiegung des Randbalkens ist

$$y \, \lambda^4 \, J_0 = -p - (S_\varphi + S_{\varphi 0}) \, h_0 \, \lambda/2r \,.$$

Es wurde oben $s_\varphi = s_0 \, n_\varphi$ gewählt, und Randbedingung b) gibt $r_\varphi = r_0 \, n_\varphi$. Es bleiben noch die drei Unbekannten n_φ, h_0 und F_0. Da nur die zwei letzten Randbedingungen zu erfüllen sind, kann h_0 oder F_0 frei gewählt werden. Es ist gewöhnlich h_0 aus den örtlichen Verhältnissen gegeben, und F_0 und n_φ werden so durch die zwei letzten Randbedingungen bestimmt.

Beispiel. Eine Innentonne in einer Reihe von Paralleltonnen hat die Abmessungen $l/r/h = 19{,}85/10{,}6/0{,}08$ m, $\varrho = 6$, $\varphi_0 = 2/3$. Die konstante Schalenbelastung ist $q = 0{,}35$ t/m² und der Randbalken mit der Höhe $h_0 = 1{,}0$ m trägt die Belastung $Q_0 = 0{,}62$ t/m aus Eigengewicht und Nutzlast.

Die *Randbedingung* a) wird erfüllt durch Verwendung der Zahlentafel IV. Für die Modellschale wird

$$s_\varphi = -0{,}4 \, n_\varphi$$

gewählt, und die *Randbedingung* b) lautet

$$n_\varphi (2{,}129 - 3{,}465 \cdot 0{,}214) - 0{,}4 \, n_\varphi (1{,}122 - 2{,}207 \cdot 0{,}214) =$$

$$= r_\varphi (1{,}597 - 2{,}128 \cdot 0{,}214)$$

$$r_\varphi = 0{,}988 \, n_\varphi \,.$$

Die Randkräfte der statisch Unbestimmten sind

$$N_\varphi = n_\varphi \, \varrho^2 = 36 \, n_\varphi$$

$$R_\varphi = r_\varphi \, \varrho = 0,988 \cdot 6 \cdot n_\varphi = 5,93 \, n_\varphi$$

$$S_\varphi = s_\varphi \, \varrho^3/\lambda = -0,4 \, n_\varphi \, 6^3/1,68 = -51,5 \, n_\varphi$$

$$N_x = (-1,122 \cdot 0,988 + 2,216 - 2,171 \cdot 0,4) \, n_\varphi \, 6^4/1,68^2 = 109 \, n_\varphi.$$

Die heraustretenden Membrankräfte sind

$$N_{\varphi 0} = -2,89 \ \mathrm{t/m}$$

$$S_{\varphi 0} = -2,74 \ \mathrm{t/m}$$

$$N_{x0} = -2,06 \ \mathrm{t/m}.$$

Die Randbalkenbelastung ist

$$p = 0,62 - (36 \, n_\varphi - 2,89) \, 0,62 + 6 \, n_\varphi \cdot 0,786 = 2,4 - 17,6 \, n_\varphi.$$

Die *Randbedingung* c) für die Randspannungen lautet

$$(109 \, n_\varphi - 2,06)/0,08 = (17,6 \, n_\varphi - 2,4) \, 6 \cdot 10,6^2/1,68^2 \, F_0 \, +$$

$$+ \, (51,5 \, n_\varphi + 2,74) \, 4 \cdot 10,6/1,68 \, F_0$$

$$n_\varphi \, F_0 = 4,06 \, n_\varphi - 0,019 \, F_0 - 0,371.$$

Die *Randbedingung* d) bedeutet, daß die Durchbiegung der Schale

$$y \, \varrho^2 \, J = (1,597 \cdot 0,988 - 2,129 + 0,4 \cdot 1,122) \, n_\varphi \cdot 0,786 \, +$$

$$+ \, (2,128 \cdot 0,988 - 3,465 + 0,4 \cdot 2,207) \, n_\varphi \cdot 0,62/6 = -0,130 \, n_.$$

gleich der Durchbiegung des Randbalkens sein soll

$$y \, \lambda^4 \, J_0 = 17,6 \, n_\varphi - 2,4 + (51,5 \, n_\varphi + 2,74) \, 1,68/2 \cdot 10,6 = 21,7 \, n_\varphi - 2,18$$

$$J = E \, h^3/12r^3, \quad J_0 = E \, F_0 \, h_0^2/12r^4.$$

Die *Randbedingung* d) lautet sodann

$$-0,130 n_\varphi/6^2 \cdot 0,08^3 = (21,7 \, n_\varphi - 2,18) \, 10,6/1,68^4 \, F_0$$

$$n_\varphi \, F_0 = -4,10 \, n_\varphi + 0,41.$$

F_0 und n_φ können durch Subtraktion und Iteration bestimmt werden

$$n_\varphi = 0,096 + 0,0023 \, F_0 = 0,0964 \ \mathrm{t/m}$$

$$F_0 = (4,06 - 0,371/0,0964)/(1 + 0,019/0,0964) = 0,175 \ \mathrm{m^2}.$$

Einer Bewehrung von 50 cm² entspricht

$$F_b = 1750 - 15 \cdot 50 = 1000 \ \mathrm{cm^2}.$$

Der Randbalken erhält die Dimensionen (Gesamtquerschnitt)

$$b_0/h_0 = 0,20/1,00 \ \mathrm{m}.$$

Die Ringverteilung der Modellschale für $\vartheta_\varphi = 10$, $n_\varphi = 10000$, $r_\varphi = 9880$ und $s_\varphi = -4000$ ist

$$\bar{n} = \text{Zahlentafel IV 6} - 0,012 \ \text{Zahlentafel IV 1}.$$

$\varrho\,\varphi$		0—8	1—7	2—6	3—5	4—4
IV 6,	PR	2271	— 723	—2052	—1800	— 817
	SR	76	277	346	17	— 817
—0,012·IV 1,	P + S	135	— 23	— 43	— 13	13
	n_x	2482	— 469	—1749	—1796	—1621
IV 6,	PR	—4000	—4655	—3116	—1090	237
	SR	135	— 43	— 373	— 602	— 237
—0,012·IV 1,	P + S	— 28	— 29	0	41	0
	$\bar{s}_\varphi$	—3893	—4727	—3489	—1651	0
IV 6,	PR	—4383	1164	1330	92	— 652
	SR	183	87	— 223	— 619	— 652
—0,012·IV 1,	P + S	140	35	— 30	— 44	— 28
	$\bar{m}_\varphi$	—4060	1286	1077	— 571	—1332

Die Schnittkraftverteilung in der Feldmitte für N_x und für M_φ und am Schalenbinder für S_φ wird in derselben Weise gefunden wie im Abschn. 6.4 es sind

$\varrho\,\varphi$	0—8	1—7	2—6	3—5	4—4	
N_x	11,18	— 5,45	—12,75	—13,13	— 12,21	t/m
M_φ	—518	165	137	—74	—174	kgm/m
S_φ	— 11,82	—12,62	— 9,04	— 4,41	0	t/m

Ein Vergleich mit dem Beispiel in Abschn. 6.4 zeigt, daß sich die Ringverteilungen nur wenig unterscheiden, obwohl die Randbalken der Schalen sehr ungleich sind. Die Bedingungen am Längsrand sind nur von untergeordneter Bedeutung für die Ringverteilung, maßgebend ist der Parameter $\varrho\,\varphi_0$.

Die zwei Alternativen in Abschn. 6.4 und dieses Beispiel haben

F_b	S	$M_{\varphi r}$	$M_{\varphi m}$	$S_{\varphi r}$	$N_{x r}$	$N_{x m}$
0,51	144	—755	—253	—14,48	19,68	—16,48
0,25	122	—806	—273	—12,30	29,68	—18,16
0,10	119	—518	—174	—11,82	11,18	—12,21
m²	t	kgm/m	kgm/m	t/m	t/m	t/m

Die Beispiele zeigen die günstige Wirkung der biegesteifen Randbalken auf die Schnittkräfte und Ringmomente.

6.6 Einzeltonnen oder Außenrand der Paralleltonnen

Die Randbalken der Einzeltonne, oder der äußere Randbalken bei Paralleltonnen ist im Außenrand durch Wände oder Wandsäulen gestützt. Das Gewicht des Randbalkens wird von der Wand getragen, die auch verhindert, daß der Schalenrand vertikale Deformationen erhält, während die Wand in der Horizontalrichtung von der Schale abgestützt wird. Die resultierende Horizontalkraft ist deshalb — außer bei Windbelastung — gleich Null. Die einfachsten Randbedingungen sind

a) Summe der Momente gleich Null,
b) Summe der Horizontalkräfte gleich Null,
c) Vertikalverschiebung gleich Null.

d) Die statisch unbestimmte Randschubkraft s_φ der Modellschale hat einen gewählten Wert $s_\varphi = s_0\, n_\varphi$.

Die *Randbedingung* a) wird für die Modellschale erfüllt, wenn die Zahlentafeln III oder VI mit $m_\varphi = 0$ verwendet werden.

Die *Randbedingung* b) für das Gleichgewicht des Schalenrandes in der Horizontalrichtung lautet

$$(N_\varphi + N_{\varphi 0}) \cos \varphi_0 + R_\varphi \sin \varphi_0 = 0$$

oder

$$n_\varphi + r_\varphi \operatorname{tg} \varphi_0/\varrho = \cos \varphi_0 \cdot q\, r/\varrho^2.$$

Die *Randbedingung* c) ist die Deformationsgleichung

$$w \cos \varphi_0 + v \sin \varphi_0 = 0.$$

Eine isotrope Schale hat nach Zahlentafel III

$$r_\varphi\,(4{,}180 + 4{,}018 \operatorname{tg} \varphi_0/\varrho) - n_\varphi\,(4{,}019 + 4{,}847 \operatorname{tg} \varphi_0/\varrho) -$$

$$- s_\varphi\,(1{,}814 + 2{,}713 \operatorname{tg} \varphi_0/\varrho) = 0.$$

Da $\operatorname{tg} \varphi_0/\varrho$ bei gewöhnlichen Schalen zwischen 0,05 und 0,15 und s_φ zwischen $-0{,}3$ und $-0{,}4$ liegen, werden die dazugehörigen r_φ-Werte einer isotropen Schale

tg φ_0/ϱ	Randbedingung c)	r_φ/n_φ für		
		$s_\varphi = -0{,}3\, n\,\varphi$	$-0{,}4\, n\,\varphi$	$-0{,}5\, n\,\varphi$
0,05	$r_\varphi = 0{,}973\, n_\varphi + 0{,}445\, s_\varphi$	0,850	0,795	0,751
0,15	$r_\varphi = 0{,}992\, n_\varphi + 0{,}464\, s_\varphi$	0,853	0,806	0,760

Im Mittel ist $r_\varphi/n_\varphi = 0{,}8$ für die freien Außenränder, und die Zahlentafeln sind für diesen Durchschnittswert berechnet.

Die *Randbedingung* d), $s_\varphi = s_0\, n_\varphi$, wird durch die Bedingung erfüllt, daß die Zugspannungen in der Schale und im Randglied gleich sein sollen

$$(N_x + N_{x\,0})/h = -(S_\varphi + S_{\varphi 0})\, r/\lambda\, F_0$$

oder

$$F_0 = r\, h\,(-s_0\, n_\varphi\, \varrho^3 + \sin \varphi_0 \cdot 2q\, r)/(n_x\, \varrho^4 - \cos \varphi_0 \cdot 2q\, r).$$

Die isotrope Schale hat nach Zahlentafel III

$$n_x = -1{,}813\, r_\varphi + 2{,}723\, n_\varphi + 2{,}356\, s_\varphi.$$

Der Randgliedquerschnitt kann, nachdem alle Schnittkräfte gefunden sind, berechnet werden, z. B. gilt für die frei aufliegende Schale

$$F_0 = l\,h\,sS_\varphi 2N_x.$$

S_φ und N_x sind die maximalen Randwerte.

Beispiel. Eine isotrope Einzeltonne hat die Breite $2L = 15$ m und ist durchlaufend über zwei Felder zu $l = 20$ m aufgelagert. Es ist ein Halbmesser von etwa 15 m erwünscht, und eine Überschlagsberechnung hat eine Schalenstärke $h = 0,08$ m ergeben. Die Belastung ist 0,35 t/m².

Die frei aufgelagerte Modellschale hat die $\varrho\,\varphi$-Werte

$$\varrho_0 = 2,9\,\sqrt{r/l}\,\sqrt[4]{r/h} = 2,9\,(15/20)^{0,5}\,(15/0,08)^{0,25} = 9,28$$

$$\sin\varphi_0 = 7,5/15 = 0,5, \quad \varphi_0 = \pi/6$$

$$\varrho_0\,\varphi_0 = 9,28\,\pi/6 = 4,86.$$

Da $\varrho_0\,\varphi_0$ eine ganze Zahl sein soll, wird $\varrho\,\varphi_0 = 5,0$ gewählt und

$$\delta\,\varrho\varphi_0 = 5 - 4,86 = 0,14.$$

Der verbesserte Wert von ϱ ist

$$\varrho = \varrho_0 - 3\delta\,\varrho\varphi_0 = 9,28 - 3\cdot 0,14 = 8,86$$

$$\varphi_0 = 5/8,86 = 0,565, \quad \varphi_0 = 32°,5$$

$$\sin\varphi_0 = 0,537, \quad \cos\varphi_0 = 0,844$$

$$r = 15 - 4\cdot 15\cdot 0,14/9,28 = 14,1 \text{ m}$$

$$\varrho = 2,9\,(14,1/20)^{0,5}\,(14,1/0,08)^{0,25} = 8,86$$

$$2L = 2r\sin\varphi_0 = 2\cdot 14,1\cdot 0,537 = 15,1 \text{ m}.$$

Die Bedingung $2L = 2r\sin\varphi_0$ ist zufriedenstellend erfüllt

$$\text{tg }\varphi_0 = 0,637, \quad \text{tg }\varphi_0/\varrho = 0,637/8,86 = 0,072$$

$$\lambda = \pi\cdot 14,1/20 = 2,21.$$

Als statisch unbestimmte Randbelastung wird gewählt

$$s_\varphi = -0,4\,n_\varphi.$$

Die *Randbedingung* a) gibt

$$(4,180 + 4,018\cdot 0,072)\,r_\varphi = (4,019 + 4,847\cdot 0,072)\,n_\varphi -$$
$$- 0,4\,(1,814 + 2,713\cdot 0,072)\,n_\varphi$$
$$r_\varphi = n_\varphi\,3,564/4,469 = 0,8\,n_\varphi.$$

Die *Randbedingung* b) lautet

$$n_\varphi(1 + 0,8\cdot 0,072) = 0,844\cdot 0,35\cdot 14,1/8,86^2$$
$$n_\varphi = 0,053/1,058 = 0,05 \text{ t/m}.$$

Die Membrankräfte sind

$$N_{\varphi 0} = -\cos\psi\cdot 0,35\cdot 14,1 = -\cos\psi\cdot 4,93 \text{ t/m}$$
$$S_{\varphi 0} = -\sin\psi\cdot 2\cdot 0,35\cdot 14,1/2,21 = -\sin\psi\cdot 4,47 \text{ t/m}$$
$$N_{x0} = -\cos\psi\cdot 2\cdot 0,35\cdot 14,1/2,21^2 = -\cos\psi\cdot 2,02 \text{ t/m}.$$

Die Randbelastung der Modellschale mit $n_\varphi = 0{,}05$ t/m, $r_\varphi = 0{,}8\,n_\varphi = 0{,}04$ t/m und $s_\varphi = -0{,}4\,n_\varphi = -0{,}02$ t/m hat folgende Schnittgrößen

$$N_{x1} = \bar{n}_x\,n_\varphi\,\varrho^4/\lambda^2 \cdot 10^4 = \bar{n}_x \cdot 63{,}1/10^4 \text{ t/m}$$

$$S_{\varphi 1} = \bar{s}_\varphi\,n_\varphi\,\varrho^3/\lambda \cdot 10^4 = \bar{s}_\varphi\,15{,}7/10^4 \text{ t/m}$$

$$M_{\varphi 1} = M_\varphi = \bar{m}_\varphi \cdot n_\varphi\,r/10 = \bar{m}_\varphi \cdot 0{,}0705 \text{ kgm/m}.$$

$\bar{n}_x$, $\bar{s}_\varphi$ und $\bar{m}_\varphi$ sind die Ringverteilungssummen der Modellschale für $m_\varphi = 0$, $n_\varphi = 10000$, $r_\varphi = 8000$ und $s_\varphi = -4000$. Die Ringverteilung kann der Zahlentafel III 8 direkt entnommen werden. Die Schale ist symmetrisch und erhält

$\varrho\,\varphi$	0—10	1—9	2—8	3—7	4—6	5—5
PR	3302	— 749	—2530	—2092	— 788	211
SR	— 113	— 104	56	337	511	211
$\bar{n}_x$	3189	— 853	—2474	—1755	— 277	422
N_{x1}	20,12	— 5,38	—15,61	—11,07	— 1,75	2,66
N_{x0}	— 1,70	— 1,82	— 1,90	— 1,97	— 2,01	— 2,02
$N_{x1}+N_{x0}$	18,42	— 7,20	—17,51	—13,04	— 3,76	0,64
PR	—4000	—5144	—3287	— 839	615	850
SR	50	170	207	14	— 430	— 850
$\bar{s}_\varphi$	—3950	—4974	—3080	— 825	185	0
$S_{\varphi 1}$	— 6,20	— 7,81	— 4,84	— 1,30	0,29	0
$S_{\varphi 0}$	— 2,40	— 1,96	— 1,49	— 1,01	— 0,51	0
$S_{\varphi 1}+S_{\varphi 0}$	— 8,60	— 9,77	— 6,33	— 2,31	— 0,22	0
PR	0	3223	1828	— 157	—1011	— 797
SR	4	135	250	174	— 217	— 797
$\bar{m}_\varphi$	4	3358	2078	17	—1228	—1594

Die Zweifeldschale mit $l/r/h = 20/14{,}1/0{,}08$ m und die konstante Belastung $q = 0{,}35$ t/m² erhält dieselbe Ringverteilung wie die Modellschale und eine Längsverteilung nach Abschn. 6.

$$N_x = N_{x\varepsilon}(-0{,}8 + 5{,}8\,x/l - 5\,x^2/l^2)$$

$$S_\varphi = S_{\varphi\varepsilon}(1{,}82 - 3{,}14\,x/l)$$

$$N_\varphi = N_{\varphi\varepsilon}, \quad M_\varphi = M_{\varphi\varepsilon}.$$

x/l	$\varrho\,\varphi$ Längsverteilung	0—10	1—9	2—8 N_x t/m	3—7	4—6	5—5
0	—0,80	—14,74	5,76	13,99	10,43	3,01	— 0,51
0,58	0,88	16,21	— 6,34	—15,39	—11,48	— 3,31	0,56
				S_φ t/m			
0	1,82	—15,64	—17,78	—11,52	— 4,20	— 0,40	0
1	—1,32	11,35	12,90	8,36	3,05	0,29	0
				M_φ kgm/m			
0—1	1,00	0	237	146	1	—87	—112

6.7 Der Einfluß des Sekundärrandes und der Membrandeformationen

Die Randbedingungen, die bei den Schalenberechnungen angenommen werden, sind Idealisierungen, die nur mit grober Annäherung bei einer gegebenen Schale zutreffen. Es hat daher keinen Zweck, diese Idealisierungen exakt zu befriedigen. Es genügt immer die Randbedingungen der Modellschale zu verwenden. Auch wenn die Abweichungen zwischen den idealisierten Randbedingungen und den Randbedingungen der Modellschale ziemlich groß sind, geben die Verteilungsfunktionen der Modellschale Spannungen, die nur wenige Prozent von den Lösungen abweichen, für welche die idealisierten Randbedingungen exakt erfüllt wurden. Dies weil die Randbedingungen nur geringen Einfluß auf die Ringverteilung haben, und weil die Schnittgrößen der Modellschale im Gleichgewicht mit der äußeren Belastung sind.

Beispiel. Eine isotrope Schale mit $\varrho\,\varphi_0 = 4$ hat frei drehbare Ränder, die senkrecht zur Schale gestützt werden und sinusförmige Randlasten tragen. Die Schale hat ein Randglied, das $r_\varphi/n_\varphi = 0,8$ entspricht, und die Randlasten der Modellschale sind nach Zahlentafel III 7

	m_φ	r_φ	n_φ	s_φ
Primärrand	0	8000	10000	−3725
Sekundärrand	257	26	244	215
Modellschale	257	8026	10244	−3510

Die Hauptbelastung am Schalenrand ist $N_\varphi \approx q\,r = n_\varphi\,\varrho^2$, d. h. $n_\varphi = r\,q/\varrho^2$, und das Randmoment wird

$$M_\varphi = m_\varphi\,r = 0{,}0257\,q\,r^2/\varrho^2.$$

Dieses Moment ist von der Größenordnung 10— 30 kgm/m und kann bei gewöhnlichen Schalen immer aufgenommen werden, auch wenn die theoretische Randbedingung $M_\varphi = 0$ lautet.

Die Randkräfte n_φ, r_φ und s_φ am Sekundärrand geben nach Zahlentafel III eine Verschiebung am Primärrand.

$$w_1 = (257 \cdot 2{,}21 - 26 \cdot 4{,}18 - 244 \cdot 4{,}02 + 215 \cdot 1{,}81)\,n_\varphi/\varrho^2\,J \cdot 10^4 =$$

$$= -132\,q\,r/\varrho^4\,J \cdot 10^4.$$

Diese Randverschiebung ist von der Größenordnung 1 mm, und statt $w = 0$ hätte ebensogut die Verschiebung

$$w = -132\,n_\varphi/\varrho^2\,J \cdot 10^4$$

der Modellschale angenommen werden können.

Den Einfluß der Randbedingungen $m_\varphi = w = 0$ auf die Ringverteilung findet man, wenn die Ringverteilung der Modellschale aus Zahlentafel III 7 − 257 · Zahlentafel III 9 + 132 · 0,2392 · Zahlentafel III 2 hinzugefügt wird. Die verbesserten Ringverteilungen werden

	0—8	1—7	2—6	3—5	4—4
III 7, PR	0	3230	1794	220	—1069
SR	257	184	— 221	— 824	—1069
Modellschale $\overline{\overline{m}}_\varphi$	257	3414	1573	— 604	—2138
—257·III 9, PR + SR	—257	—117	— 17	37	53
32·III 2, PR + SR	— 1	+ 15	22	21	19
$\overline{m}_\varphi$	— 1	3312	1578	— 546	—2066
III 7, PR	3949	—639	—2589	—2152	— 798
SR	54	345	531	228	— 798
Modellschale $\overline{\overline{n}}_x$	4003	—294	—2058	—1924	—1596
—257·III 9, PR + SR	— 92	6	26	3	— 11
32·III 2, PR + SR	— 56	14	13	— 5	— 13
$\overline{n}_x$	3855	—274	—2019	—1926	--1620

Die Modellschale hat — mit $m_\varphi = 257$ und $w = -132\, n_\varphi/J\, \varrho^2 \cdot 10^4$ — Momente, die etwa 3% größer sind als diejenigen der Schale mit $m_\varphi = w = 0$. Die Randzugspannung ist 4% und die Druckspannung 2% größer bei der Modellschale als bei der Schale mit $m_\varphi = w = 0$. Die Modellschale gibt immer Spannungen auf der sicheren Seite an. Die Unterschiede sind ohne praktische Bedeutung.

Wo N_φ eine Belastung mit Eigengewichtsverteilung entspricht, ist nach Abschn. 2.3 die Membrandeformation

$$w_0 \approx N_\varphi/\varrho^6\, J = n_\varphi/\varrho^4\, J.$$

w_0 ist von derselben Größenordnung wie w_1, und braucht deshalb nicht berücksichtigt zu werden.

6.8 Streifenlasten $P = \sin \lambda\, \xi$ senkrecht zur Schalenfläche

Die Schale wird aus zwei Hälften zusammengesetzt, wobei jede Hälfte die Randlast $R_\varphi = \sin \lambda\, \xi \cdot \varrho\, r_\varphi = -\,0{,}5 \sin \lambda\, \xi$ trägt. Die Einheitslast ist

$$r_\varphi = -\,0{,}5/\varrho.$$

Aus der Symmetrie folgt $s_\varphi = 0$, und die Kontinuitätsbedingungen sind $\vartheta_\varphi = 0$ und $v = 0$. Mit Randwerten aus der Zahlentafel IV oder VII wird die erste Bedingung $\vartheta_\varphi = 0$ automatisch erfüllt, und $v = 0$ entspricht für die isotrope Schale

$$-2{,}13/2\varrho - 3{,}46\, n_\varphi = 0$$

$$n_\varphi = -\,0{,}308/\varrho$$

$$m_\varphi = 1{,}17/2\varrho_\varphi - 0{,}855 \cdot 0{,}308/\varrho = 0{,}332/\varrho.$$

Für die Ringrippenschale ist

$$-2{,}473/2\varrho_\varphi - 4{,}107\,n_\varphi = 0$$

$$n_\varphi = -\,0{,}301/\varrho$$

$$m_\varphi = 1{,}305/2\varrho_\varphi - 1{,}016 \cdot 0{,}301/\varrho_\varphi = 0{,}347/\varrho_\varphi.$$

Für die isotrope Schale gibt als gute Näherung $1 \gg 1/\varrho^2$, $\omega = 0$
Aus Zahlentafel IId entnehmen wir die Multiplikatoren der Integrationskonstanten $A-D$, und die Randbedingungen werden

$$[\alpha(1-\varkappa) + \beta]\,A + [-\alpha + \beta(1-\varkappa)]\,B - [\gamma\,[(1+\varkappa)-\delta]\,C -$$

$$-\,[\gamma - \delta(1 \div \varkappa)]\,D = -\,0{,}707/\varrho$$

$$-\beta\,A \div \alpha\,B + \delta\,C - \delta\gamma\,D = 0$$

$$-\,[\alpha - \beta(1-\varkappa)]\,A - [\beta \div \alpha(1-\varkappa)]\,B + [\gamma + \delta(1+\varkappa)]\,C \,\div$$

$$+\,[\delta - \gamma(1+\varkappa)]\,D = 0$$

$$\alpha\,A \div \beta\,B \div \gamma\,C + \delta\,D = 0.$$

$\alpha - \delta$ werden der Abb. 10 entnommen, und $A-D$ können für verschie-
dene Werte von $\varkappa = \lambda^2/\varrho^2$ berechnet werden. Die Randkräfte n_φ und m_φ
sind

$$n_\varphi = B - D$$

$$1{,}414\,m_\varphi = (1+\varkappa)\,A - B - (1-\varkappa)\,C - D.$$

Randwerte für Streifenlast auf isotropen Schalen

λ^2/ϱ^2	0	0,10	0,20	Modell-schale
m_φ	0,326	0,320	0,312	0,321
n_φ	−0,328	−0,310	−0,294	−0,307

Der Einfluß von λ^2/ϱ^2 ist selbst bei den extremen Werten M_φ und N_φ
für eine Streifenlast so gering, daß eine Berechnung für die Modellschalen
nach den Zahlentafeln Abweichungen kleiner als 4% ergibt. Die Abweichungen in den Verteilungsfunktionen sind ohne jede Bedeutung.

7. Trajektorienbewehrung, Binderberechnung

7.1 Geschichtliche Übersicht

Die Zusammensetzung der Längs- und Schubkräfte ist auf MOHR
[06.1] zurückzuführen, und die Transformationsgleichungen sind in den
meisten Büchern über Schalentheorie zu finden (FLÜGGE, LUNDGREN,

Girkmann, Gibson-Cooper u. a.). Es sind Versuche mit Trajektorienbewehrung von Platten, Scheiben [30.2] und Torsionskörpern durchgeführt worden, und diese zeigen, daß die Bewehrung in der Richtung der Hauptzugspannungen die Breite der Risse erheblich vermindert.

Die Berechnung des Bogens am Ringrand (die Binderscheibe, Abb. 15) ist bisher in der Schalenliteratur wenig behandelt worden. Binderlose Schalen wurden von Odquist [40.1] als Ölbehälter und von Paduart [52.11] als Schalendächer verwendet.

Abb. 21. Fabrikanlage in Oslo.
Bauherr: Norsk Elektrisk Kabelfabrik A/S, Unternehmer: K. Skutle,
Architekt: G. Bruskeland, Konstrukteur: Dr.-Ing. A. Aas-Jakobsen

7.2 Die Trajektorienbewehrung

Die Betondimensionierung der Schale — maßgebend ist hier das Ringmoment M_φ oder die Knicksicherheit — und die Berechnung der Ringbewehrung werden im nächsten Abschnitt behandelt, während sich dieser mit der Bewehrung für die Hauptzugspannungen befassen soll.

Aus der Schalenberechnung sind die Schnittkräfte N_x, N_φ und S_φ für das Koordinatensystem $x - \varphi$ bekannt. Die Schnittkräfte in einem Schnitt unter dem Winkel α zu der x-Achse werden aus den Gleichgewichtsbedingungen eines rechtwinkligen Schalenelementes (Abb. 22) gefunden.

$$N_\alpha = N_x \sin^2 \alpha + N_\varphi \cos^2 \alpha - 2 S_\varphi \sin \alpha \cos \alpha$$

$$S_\lambda = (N_\varphi - N_x) \sin \alpha \cos \alpha + S_\varphi (\cos^2 \alpha - \sin^2 \alpha).$$

8*

Die Hauptspannung tritt in dem Schnitt auf, für welchen $S_\varphi = 0$ ist, d. h.

$$2N_\alpha = N_x + N_\varphi + \sqrt{(N_x - N_\varphi)^2 + 4S_\varphi^2}$$

$$\operatorname{tg} \alpha = -(N_\alpha - N_\varphi)/S_\varphi.$$

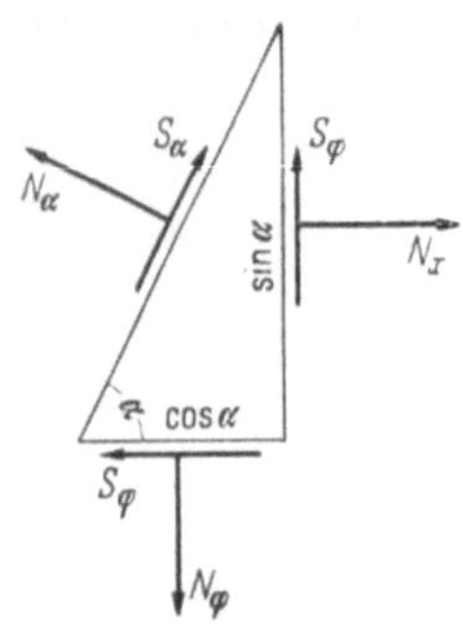

Abb. 22. Schalenelement der Transformationsgleichung

Zur Aufnahme der Momente infolge Einzellasten und Temperatur wird die Schale mit einer Grundbewehrung versehen, die aus einem Netz in der x-φ-Richtung besteht. Gegen die Auflager erhält die Schale durch S_φ große Schrägzugspannungen, und die Grundbewehrung muß hier durch eine Bewehrung in der Hauptspannungsrichtung — die sog. Trajektorienbewehrung — ergänzt werden. Die Bewehrungsquerschnitte in den drei Richtungen sind f_α, f_φ und f_x mit den dazugehörigen Spannungen σ_α, σ_φ und σ_x wobei $\sigma_\varphi = \sigma_\alpha \cos \alpha$ und $\sigma_x = \sigma_\alpha \sin \alpha$ sind. Dies eingesetzt in die Bedingungsgleichung für N_α ergibt

$$f_\alpha \sigma_x = (N_x - f_x \sigma_x) \sin^2 \alpha + (N_\varphi - f_\varphi \sigma_\varphi) \cos^2 \alpha - 2S_\varphi \sin \alpha \cos \alpha$$

$$f_\alpha = N_\alpha/\sigma_\alpha - f_x \sin^3 \alpha - f_\varphi \cos^3 \alpha.$$

Gegen die Binderscheiben ist $N_\varphi \approx 0$, und eine frei aufliegende Schale hat $N_x = 0$, was $\operatorname{tg} \alpha = S_\varphi/S_\varphi = 1$, $\alpha = 45°$ und $\sin^3 \alpha = \cos^3 \alpha = 0{,}35$ entspricht

$$f_\alpha = N_\alpha/\sigma_\alpha - 0{,}35(f_x + f_\varphi).$$

Die Trajektorienbewehrung ist also nahezu dreimal so effektiv wie die Netzbewehrung in der x-φ-Richtung und ist deshalb in wirtschaftlicher Hinsicht vorzuziehen. Sie gibt auch wesentlich geringere Rissebildung, was durch Versuche mit hohen Scheibenbalken, kräftigen Flanschen, dünnem Steg und Zugarmierung konsequent in der Richtung der Hauptzugspannungen oder durch reine Zugversuche leicht zu erkennen ist.

Die Schale hat im Außenrand große Ringmomente. Die Ringbewehrung muß für das Ringmoment M_φ und für die Ringkraft N_φ bemessen werden. Die Trajektorienbewehrung muß sodann die Hauptspannung

$$N_\alpha = N_x/2 + \sqrt{(N_x/2)^2 + S_\varphi^2}$$

aufnehmen

$$\mathrm{tg}\,\alpha = -\,N_\alpha/S_\varphi.$$

Beispiel. Eine Innenschale mit $l/r/h = 19{,}85/10{,}6/0{,}08$ m und $\varphi_0 = 2/3$ hat Schnittkräfte wie sie in den Beispielen, Abschn. 6, berechnet wurden. Die Schale hat eine netzförmige Grundbewehrung $\varnothing\ 8$ kreuzweise in Abstand 15 cm mit $f_x = f_\varphi = 3{,}3$ cm²/m. Die Trajektorienbewehrung f_α wird mit $\sigma_\alpha = 1{,}4$ t/cm², für $x = 0$, $l/8$, $l/4$ und $l/2$.

$\varrho\,\varphi$	0	1	2	3	4
$N_x = 0,\ \alpha = 45°$			$x = 0$		
$N_\alpha = -S_\varphi$	14,44	16,53	12,17	5,55	0
N_α/σ_α	10,4	11,8	8,7	4,3	0
$(\sin^3\alpha + \cos^3\alpha)\,3{,}3$	2,3	2,3	2,3	2,3	2,3
f_α	8,1	9,5	6,4	2,0	−2,3
			$x = l/8$		
S_φ	−10,84	−12,40	−9,13	−4,46	
$N_x/2$	4,30	− 1,21	−3,68	−3,87	
$N_\alpha = N_x/2 + \sqrt{(N_x/2)^2 + S_\varphi^2}$	16,0	11,3	6,2	2,0	
$\mathrm{tg}\,\alpha = -N_\alpha/S_\varphi$	1,47	0,90	0,68	0,45	
α	56°	42°	34°	24°	
N_α/σ_α	11,5	8,0	4,5	1,4	
$(\sin^3\alpha + \cos^3\alpha)\,3{,}3$	2,5	2,4	2,5	2,7	
f_α	9,0	5,6	2,0	−1,3	
			$x = l/4$		
S_φ	− 7,24	− 8,27	−6,08		
$N_x/2$	7,37	− 2,10	−6,31		
N_α	17,7	6,6	2,6		
$\mathrm{tg}\,\alpha$	2,45	0,78	0,41		
x	66°	38°	24°		
N_α/σ_x	12,3	4,5	1,9		
$(\sin^3\alpha + \cos^3\alpha)\,3{,}3$	2,7	2,4	2,7		
f_x	9,6	2,1	−0,8		
$S = 0,\ \alpha = 90°$			$x = l/2$		
$\sin^3\alpha + \cos^3\alpha = 1$					
$N_\alpha = N_x$	19,68	−5,55			
N_α/σ_x	14,0	−4,0			
f_x	10,3	−7,3			

Die notwendige Trajektorienbewehrung ist für die Schnitte $x = 0$, $l/8$, $l/4$ und $l/2$ in Abb. 23 eingezeichnet. Diese Diagramme zeigen die Begrenzung der Zone, die von der Grundbewehrung allein gedeckt wird, und sie geben die Trajektorienbewehrung an. Durch Absetzen des Winkels α in den Punkten x und $\varphi\,r$ kann die Form der Trajektorienbewehrung eingezeichnet und die Maßzeichnung für die Übertragung derselben auf die Schalung ausgearbeitet werden.

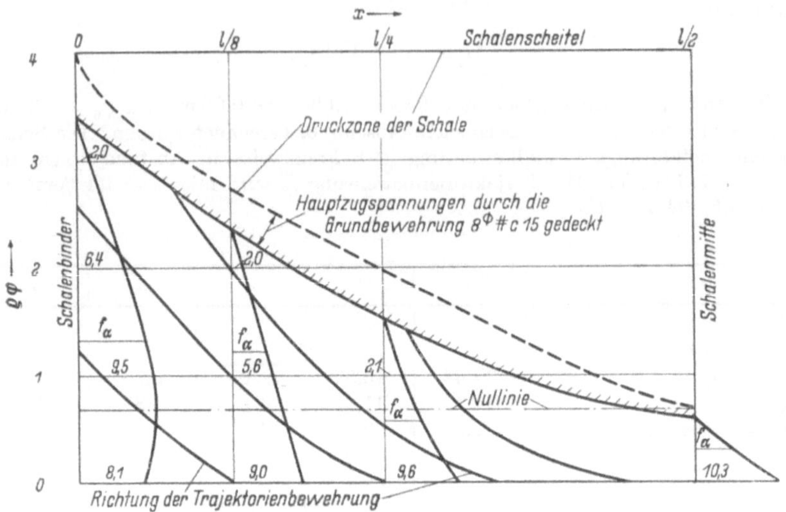

Abb. 23. Trajektorienbewehrung der Zugzone

7.3 Binderberechnung

Der Ringrand einer Schale wird im Außenrand von einem krummen
Balken oder einem Bogen, dem sog. Schalenbinder, gestützt. Die Schale
überträgt S_x, Q_x und M_t auf den Binder. Die Bindermomente infolge
S_x, Q_x und M_t sind annähernd gleich den Bindermomenten, die bei der
Belastungsannahme $S_x = S_\varphi$ und $Q_x = M_t = 0$ auftreten würden. Die
Binder sind also für ihr Eigengewicht und für eine Tangentialbelastung
S_φ zu berechnen. Diese Tangentialbelastung läßt sich in die Kompo-
nenten $H_\psi = S_\varphi \cos \psi$ und $V_q = S_\varphi \sin \psi$ spalten, wobei ψ der Winkel
der Schalennormale mit der Vertikalen ist. Er wird für die Punkte
berechnet, für welche S_φ bekannt ist, d. h. für die Winkel ε/ϱ, wobei ε
ganze Zahlen 1, 2, 3, 4, ... analog den Winkeln $\varphi = 0$, $1/\varrho$, $2/\varrho$, $3/\varrho$. ...
sind. Die dazugehörigen Winkelfunktionen sind mit guter Näherung

$$\sin \psi = \psi - 0{,}16\, \psi^3$$

$$\cos \psi = 1 - 0{,}48\, \psi^2.$$

Ist $\psi > 0{,}7$, so empfiehlt es sich, sin-cos-Tafeln zu verwenden. S_ε
kann durch Einzellasten in den ε-Punkten ersetzt werden.

$$S_0 = (7 S_{\varphi 0} + 6 S_{\varphi 1} - S_{\varphi 2})\, r/24\varrho$$

$$S_1 = S_{\varphi 1}\, r/\varrho$$

$$S_2 = S_{\varphi 2}\, r/\varrho \quad \text{usw.}$$

Diese Tangentialkräfte haben die Komponenten

$$V_0 = S_0 \sin \varphi_0 \qquad\qquad H_0 = S_0 \cos \varphi_0$$

$$V_1 = S_1 \sin (\varphi_0 - 1/\varrho) \qquad H_1 = S_1 \cos (\varphi_0 - 1/\varrho)$$

$$V_2 = S_2 \sin (\varphi_0 - 2/\varrho) \qquad H_2 = S_2 \cos (\varphi_0 - 2/\varrho)$$

$$\cdots\cdots\cdots \qquad\qquad \cdots\cdots\cdots$$

Wo die Schale an den Ringrändern durch Wände (Binderscheiben) unterstützt ist, werden die Vertikalbelastungen $V_{0,1,2,3}\ldots$ direkt auf die Fundamente übertragen, während der obere Teil der Wand — zur Aufnahme der Horizontalbelastungen $H_{0,1,2,3}\ldots$ — horizontal bewehrt werden muß. Eine Säulenwand mit oberem, krummen Randbalken ist in entsprechender Weise zu berechnen.

Eine häufig vorkommende Binderform, die viel Rechenarbeit mit sich zieht, ist der Kreisbogen mit oder ohne Zugband. Als Grundsystem ist es vorteilhaft, zwei beim Schalenfuß eingespannte Bogenhälften zu verwenden. Auf den beiden Bogenhälften sind für symmetrische Bela-

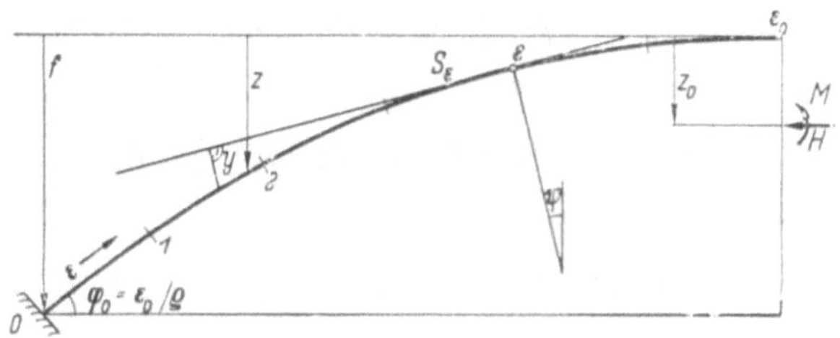

Abb. 24. Bogen am Ringrad

stung die statisch unbestimmten Größen M und H (Abb. 24) anzubringen. Die Systemlinie hat mit guter Näherung die Gleichung

$$z = f\,\psi^2/\varphi_0^2 = f(1 - \varepsilon/\varepsilon_0)^2.$$

Die statisch unbestimmte Horizontalkraft H ist im Schwerpunkt der elastischen Gewichte z_0 anzubringen und durch

$$\int_0^{\varphi_0} (z_0 - f\,\psi^2/\varphi_0^2)\, r\, d\psi = 0, \quad z_0 = f/3$$

gegeben.

Die Steifigkeit ist konstant angenommen, und $z_0 = f/3$ ist derselbe Wert wie für einen Parabelbogen mit $J_b\,E \cos \psi =$ konst. Das Moment M wird der Bedingung entnommen, daß die gesamte Winkeländerung über die Bogenhälfte Null ist.

$$M\,\varphi_0\,r + \textstyle\sum M_\varepsilon\,\delta s = 0, \text{ wobei } \delta s = r/\varrho \text{ und } \varphi_0 = \varepsilon_0/\varrho$$

$$M = -\,(1/\varepsilon_0)\,\textstyle\sum M_\varepsilon.$$

M_ε sind die Bindermomente in den Punkten $\varepsilon = 0, 1, 3, \ldots, \varepsilon_0$, und diese werden

$$M_0 = S_1\, y_1 + S_2\, y_2 + \cdots + S_{\varepsilon_0}\, y_{\varepsilon_0}$$

$$y = 0{,}48\, r\, \varepsilon^2/\varrho^2, \quad \varepsilon = 1, 2, 3, \ldots$$

$$M_0 = (S_1 + 4 S_2 + 9 S_3 + \cdots + \varepsilon_0^2\, S_{\varepsilon_0})\, 0{,}48\, r/\varrho^2$$

$$M_1 = S_2 + 4 S_3 + 9 S_4 + \cdots + S_{\varepsilon_0}\, (\varepsilon_0 - 1)^2 \cdot 0{,}48\, r/\varrho^2 \quad \text{usw.}$$

$$\sum M_\varepsilon = M_0/2 + M_1 + M_2 + \cdots$$

$$= (0{,}5 S_1 + 3 S_2 + 9{,}5 S_3 + 22 S_4 + \cdots)\, 0{,}48\, r/\varrho^2$$

$$M = -\frac{0{,}48\, r}{\varepsilon_0\, \varrho^2}\, (0{,}5 S_1 + 3 S_2 + 9{,}5 S_3 + 22 S_4 + 42{,}5 S_5 + 115{,}5 S_6 + \cdots$$

Die statisch unbestimmte Horizontalkraft H ist durch

$$H = \sum M_\varepsilon\, (z_0 - z)\, s / \int (z_0 - z^2)\, r\, d\psi$$

bestimmt.

Der Nenner ist

$$r \int (z_0 - z)^2\, d\psi = r\, f^2 \int (0{,}33 - \psi^2/\varphi_0^2)^2\, d\psi = 4\, r\, f^2/45.$$

Der Zähler ist

$$\sum M_\varepsilon\, (\varepsilon^2/\varepsilon_0^2 - 0{,}67)\, f\, s = 0{,}67\, M\, r\, f\, \varepsilon_0/\varrho + \sum M_\varepsilon\, \varepsilon^2\, r\, f/\varepsilon_0^2\, \varrho$$

und wir erhalten

$$H = 7{,}5\, M\, \varepsilon_0/\varrho\, f + (S_2 + 8 S_3 + 34 S_4 + 104 S_5 + 256 S_6 +$$
$$+ 560 S_7 + \cdots)\, 11{,}3/\varrho\, \varepsilon_0^4.$$

Die Momente des Bogens infolge der Schalenbelastung sind

$$M\, \psi = M_\varepsilon + M + H\, (0{,}67 - \varepsilon^2/\varepsilon_0^2)\, f.$$

Das Eigengewicht g_b des Bogens ist annähernd eine Stützlinienbelastung mit konstanter Horizontalkomponente $H_g = g_b\, r$ und Vertikalkomponente $V_g = g_b\, r \sin \psi$.

Eine Auflagerverschiebung t infolge Zugbandverlängerung oder Temperatur ergibt $M = 0$ und

$$H_t = 45\, J\, E\, t/4\, r\, f^2.$$

Ein Moment M_0 im Kämpfer verursacht eine Horizontalkraft

$$H_0 = 5 M_0/4 f$$

und eine Winkeländerung

$$\vartheta_0 = M_0\, r\, \varphi_0/6\, J_b\, E.$$

Schalen mit $\varrho\, \varphi_0 > 7$ übertragen ihre Schubkräfte S_φ an einen beschränkten Teil des Schalenbinders, und der Bogenbinder kann auf

Verstärkungen in den Schalenecken reduziert werden. Die Momente infolge einseitiger Nutzlast werden von der ganzen Schale aufgenommen und überlagern die Momente infolge beidseitig verteilter Lasten. Die Berechnung solcher Schalen bietet keine neuen Probleme und soll hier nicht weiter behandelt werden.

8. Stabilität, Ring- und Längsmomente

8.1 Geschichtliche Übersicht

Die Bemessung der Schalendruckzone führt in erster Linie zur Berechnung der Eigenwerte für das Ring- und Axialknicken. Die Stabilitätsverhältnisse der Zylinderschalen sind Gegenstand intensiver Untersuchungen theoretischer und experimenteller Art gewesen, und es soll hier eine Übersicht der wichtigsten Beiträge gegeben werden.

Die klassischen Methoden zur Berechnung der Eigenwerte stammen von LORENZ [*11.1*], SOUTHWELL [*13.1, 2*], v. MISES [*14.1*], FLÜGGE [*32.2, 34.3*], SANDEN und TÖLKE [*32.4*], TIMOSHENKO [*36.7*] und DONNELL [*33.2, 34.2, 43.1, 47.4*]. Die Lösungen setzen voraus, daß die Deformationen im Verhältnis zur Schalenstärke klein bleiben. Diese Voraussetzung gibt Eigenwerte für das Ringknicken, die mit ausgeführten Versuchen gut übereinstimmen. Resultate solcher Versuche sind von TIMOSHENKO [*36.7*], PILARSKI [*37.2*] und HANSEN [*37.1*] gegeben.

Die Eigenwerte des Axialknickens sind von der Voraussetzung über Form und Größe der Deformationen stark abhängig. Eine Theorie, die dieses Verhalten berücksichtigt, haben v. KÁRMÁN und TSIEN [*41.1*] aufgestellt. BATDORF [*47.1*] gibt vereinfachte Lösungen für kleine Deformationen, während DONNELL und WAN [*50.5*] große Deformationen behandeln.

Die Druckzonenbemessung von Betonschalen ist von LUNDGREN [*49.5*] behandelt, der auch Versuche mit dem Ringknicken an Zylinderschalen aus Beton angestellt hat.

Schalen mit Ringrippen sind von STEIN, SANDERS und CRATE [*51.12*] für Torsion untersucht, während MOE [*56.4*] das Ring- und Axialknicken der Ringrippenschalen behandelt.

8.2 Eigenwerte des Ringknickens

Die zusätzlichen Spannungen infolge der Deformationen lassen sich mit Hilfe der Eigenwerte für Ring- und Längsknicken berechnen. Diese Berechnungen können nur mit groben Annäherungen durchgeführt werden, und die Bestimmung der Eigenwerte kann entsprechend verein-

facht werden. Zunächst wird $\nu = 0$ eingeführt und bei den Schnittgrößen des Abschn. 1 werden alle Sekundärglieder vernachlässigt. so daß

Abb. 25. Volkwagenwerkstatt in Oslo.
Bauherr: Harald A. Möller A/S,   Unternehmer: Ing. E. Dybvik,
Architekt: G. Bruskeland, Konstrukteur: Dr.-Ing. A. Aas-Jakobsen

die Schnittgrößen infolge einer zusätzlichen Verschiebung w an einer
isotropen Schale werden

$$M_\varphi = J\,r\,w_{20} \qquad Q_\varphi = J\,\varDelta w_{10}$$
$$M_x = J\,r\,w_{02} \qquad Q_x = J\,\varDelta w_{01}$$
$$M_t = J\,r\,w_{11}.$$

Die Schale hat eine äußere Belastung. die eine Ringkraft $N_{\varphi c}$ erzeugt.
Die Ringkrümmung infolge der Deformation w ist w_{20}/r^2 und die Druck-
kraft $N_{\varphi c}$ erzeugt eine radiale Belastung Z_c

$$Z_c = N_{\varphi c}\,w_{20}/r^2.$$

Das Gleichgewicht in radialer Richtung ergibt nach Abschn. 1

$$N_\varphi + Q_{\varphi 10} + Q_{x 01} + Z_c\, r = 0$$

$$N_\varphi = -J\, \Delta^2 w - N_{\varphi c}\, w_{20}/r.$$

Weiter ist nach Abschn. 1

$$S_{\varphi 01} = S_{x 01} = -N_{\varphi 10} + Q_\varphi = J\, \Delta(\Delta + 1)\, w_{10} + N_{\varphi c}\, w_{30}/r$$

$$N_{x 01} = -S_{\varphi 10}.$$

Die Schnittkräfte N_x, S_φ und N_φ sind auch durch die elastischen Verschiebungen u, v, w gegeben, und für $v = 0$ und $J \ll F$ ist

$$N_x = F\, u_{01}$$

$$S_\varphi = F(u_{10} + v_{01})/2$$

$$N_\varphi = F(v_{10} + w).$$

Hier können u und v beseitigt werden, und $N_{\varphi 04}$ wird

$$N_{\varphi 04} = S_{\varphi 31} + 2S_{\varphi 13} + F\, w_{04}.$$

N_φ und S_φ — durch die Gleichgewichtsbedingungen gegeben — werden eingesetzt und bestimmen $N_{\varphi c}$

$$N_{\varphi c} = -J\, r(\Delta^4 w + \Delta w_{40} + 2\Delta w_{22} + w_{04}/k)/\Delta^2 w_{20}.$$

Nach der klassischen Theorie wird als Knickform gewählt

$$w = \cos m\, \varphi \sin \lambda\, \xi$$

und für diese Ausbiegung w wird

$$N_{\varphi c}/r\, J\, \lambda^2 = (\zeta + 1)^2/\zeta + \varrho^8/\lambda^8(\zeta + 1)^2\, \zeta - (\zeta + 2)/\lambda^2(\zeta + 1)$$

$$\zeta = m^2/\lambda^2.$$

Der kleinste Wert für $N_{\varphi c}$ entsteht für *eine* Längswelle mit $\lambda = \pi\, r/l$. und $N_{\varphi c}$ variiert dann nur mit ζ. Der kritische Wert für $N_{\varphi c}$ ist durch die Bedingung $dN_{\varphi c}/d\zeta = 0$ gegeben, oder

$$\varrho^8/\lambda^8 = (\zeta + 1)^4\, (\zeta - 1)/(3\zeta + 1) + \zeta^2(\zeta + 1)/\lambda^2(3\zeta + 1).$$

Aus dieser Gleichung kann ζ bestimmt und in die Gleichung für $N_{\varphi c}$ eingesetzt werden. Eine explizite Lösung für ζ ist allerdings nicht möglich, und es ist darum einfacher ζ als frei wählbaren Parameter zu benutzen und zusammengehörende Werte von ϱ^8/λ^8, ϱ^2/λ^2 und $N_{\varphi c}$ zu berechnen.

Die isotrope Schale hat $J = E\, h^3/12 r^3$ und

$$N_{\varphi c} = c_\varphi\, E\, h^3/l^2$$

$$c_\varphi\, 12/\pi^2 = 4(\zeta + 1)^2/(3\zeta + 1) - (3\zeta^2 + 6\zeta + 2)/\lambda^2(3\zeta + 1)\,(\zeta + 1).$$

Die zusammengehörenden Werte von ϱ^2/λ^2 und c_φ werden

$\lambda = 1$	ϱ^2/λ^2	0,84	2,72	4,27	8,09	11,90	15,70	19,50
	c_φ	2,16	4,30	6,49	11,97	17,45	22,94	28,42
$\lambda = 10 - \infty$	ϱ^2/λ^2	0,27	2,68	4,24	8,07	11,88	15,69	19,49
	c_φ	3,28	5,25	7,39	12,83	18,30	23,78	29,25
	ζ	1	3	5	10	15	20	25

Diese Werte c_φ sind in Abb. 26 als Funktion von ϱ^2/λ^2 gegeben und $N_{\varphi c}$ kann diesem Bild für alle ϱ/λ-Werte entnommen werden.

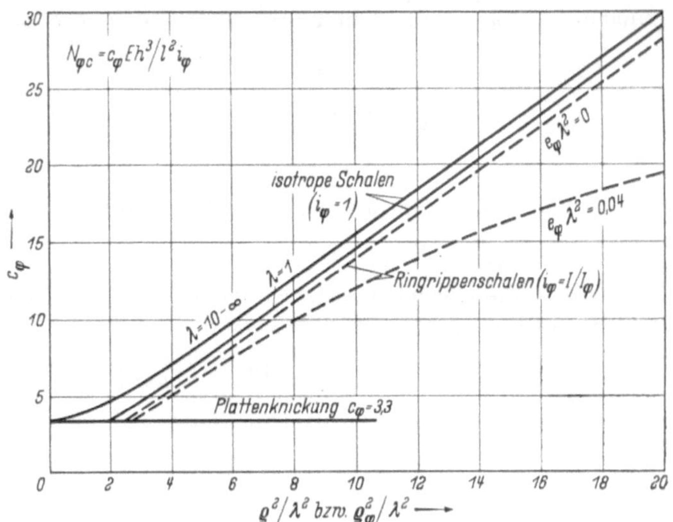

Abb. 26. Eigenwerte des Ringknickens

Der Grenzwert für kleine ϱ/λ-Werte entspricht $m^2/\lambda^2 = 1$ und $r\,h \gg l^2$. Dann ist $c_\varphi = \pi^2/3$ und

$$N_{\varphi c} = 3{,}3 E\, h^3/l^2\,.$$

Diese kritische Ringkraft stimmt mit der Knicklast für eine lange Platte mit dem Abstand l zwischen den Randabsteifungen. Schalen mittlerer Abmessungen haben $\varrho^2/\lambda^2 \approx 10$ und sie erhalten nach Abb. 26 einen Eigenwert der etwa fünfmal so groß ist, wie derjenige einer Platte.

Wo die Schale durch Ringrippen unterhalb der Schale ausgesteift ist, gilt nach Abschn. 1.4, wenn $J_\varphi \gg J$ und $\nu = 0$ eingeführt werden

$$M_\varphi = J_\varphi\, r_1\, w_{20}$$
$$Q_\varphi = J_\varphi\, w_{30} - e_\varphi\, S_{\varphi 01}$$
$$N_\varphi = -Q_{\varphi 10} - Z_c\, r = -J_\varphi\, w_{40} + e_\varphi\, S_{\varphi 11} - N_{\varphi c}\, w_{20}/r$$
$$S_{\varphi 01} = S_{x 01} = -N_{\varphi 10} + Q_\varphi = J_\varphi(w_{50} + w_{30}) - e_\varphi(S_{\varphi 21} + S_{\varphi 01}) + N_{\varphi c}\, w_{30}/r\,.$$

Die erste Differentialgleichung zur Bestimmung von $N_{\varphi c}$ wird hieraus erhalten

$$(1 + e_\varphi)\, S_{\varphi 01} + e_\varphi\, S_{\varphi 21} = J_\varphi (w_{50} + w_{30}) + N_{\varphi c}\, w_{30}/r.$$

Nach Abschn. 1 ist

$$N_{x01} = -\,S_{\varphi 10}.$$

Die Schnittkräfte N_x, S_x, S_φ und N_φ sind durch die elastischen Verschiebungen u, v und w gegeben und für $v = 0$ und $J_q \ll F_q$ ist

$$N_x = F\, u_{01}$$
$$S_x = S_\varphi = F\,(u_{10} + v_{01})/2$$
$$N_\varphi = F_\varphi\,(v_{10} + w).$$

Hier können u und v beseitigt werden, und $N_{\varphi 03}$ wird

$$N_{\varphi 03} = (S_{\varphi 30} + 2 S_{\varphi 12})\, F_\varphi/F + F_\varphi\, w_{03}.$$

N_φ — durch die Gleichgewichtsbedingung gegeben — wird eingesetzt, und die zweite Differentialgleichung zur Bestimmung von $N_{\varphi c}$ ist

$$S_{\varphi 30} + 2 S_{\varphi 12} - f_\varphi\, e_\varphi\, S_{\varphi 14} = -\,f_\varphi\, J_\varphi\, w_{43} - F\, w_{03} - f_\varphi\, N_{\varphi c}\, w_{23}/r.$$

Diese zwei Differentialgleichungen können in folgender Form geschrieben werden

$$a_1\, S_\varphi + b_1\, w = 0$$
$$a_2\, S_\varphi + b_2\, w = 0$$

oder

$$(-a_1\, b_2 + a_2\, b_1)\, w = 0$$
$$(-a_1\, b_2 + a_2\, b_1)\, S_\varphi = 0.$$

Die Eliminationsoperatoren der Differentialgleichungen sind

$$a_1\, f = f_{30} + 2 f_{12} - f_\varphi\, e_\varphi\, f_{14}$$
$$a_2\, f = (1 + e_\varphi)\, f_{01} + e_\varphi\, f_{21}.$$

Der kritische Ringdruck $N_{\varphi c}$ ist gegeben durch

$$(-a_1\, b_2 + a_2\, b_1)\, f = N_{\varphi c}\,[f_{60} + 2 f_{42} + (f_\varphi + f_\varphi\, e_\varphi)\, f_{24}]/r$$
$$+\, J_\varphi\, f_{80} + 2 J_\varphi\, f_{62} + J_\varphi\, f_{60} + 2 J_\varphi\, f_{42} + f_q\, J_\varphi\, f_{44} +$$
$$+\, (e_\varphi\, f_{24} + e_\varphi\, f_{04} + f_{04})\, F = 0$$

$$N_{\varphi c} = -\,r\, J_q\, \frac{\Delta^2\,(w_{40} + w_{20}) + (f_\varphi - 1)\, w_{44} - w_{24} + (e_q\, w_{24} + e_q\, w_{04} + w_{04})\, F\,J_q}{\Delta^2\, w_{20} + (f_\varphi + e_\varphi\, f_\varphi - 1)\, w_{24}}.$$

Das Knickmuster ist bei kleinen Deformationen dasselbe wie für isotrope Schalen $w = \cos m\,\varphi \sin \lambda\,\xi$, und der kritische Ringdruck wird

$$N_{\varphi c} = r\, J_q\, \frac{\lambda^2\,(\zeta + 2)\,\zeta^2 - (\zeta + 2)\,\zeta + f_\varphi\, \lambda^2\,\zeta + (1 + e_q)\, \varrho_q^8\, \lambda^6\,\zeta - e_q\, \varrho_q^6\, \lambda^4}{\zeta^2 + 2\,\zeta + f_\varphi c}.$$

Hier ist $1 - e_\varphi \approx 1$, $(\zeta + 2)\,\zeta \ll \lambda^2(\zeta + 2)\,\zeta^2$ und $N_{\varphi c}$ wird mit guter Annäherung

$$N_{\varphi c}/r\,J_\varphi\,\lambda^2 = \zeta + (1 - e_\varphi\,\lambda^2\,\zeta)\,\varrho_q^3/\lambda^3(\zeta^2 + 2\zeta + f_{\varphi c})\,\zeta.$$

Die Knickbedingung $dN_{\varphi c}/d\zeta = 0$ ergibt

$$\varrho_q^3/\lambda^3 = \zeta^2(\zeta^2 + 2\zeta + f_{\varphi c})^2/(-2e_\varphi\,\lambda^2\,\zeta^3 - 2e_q\,\lambda^2\,\zeta^2 + 3\zeta^2 + 4\zeta + f_{\varphi c})$$

$$N_{\varphi c} = c_\varphi\,E\,h^3/l^2\,i\,\varphi$$

$$c_q\,12/\pi^2 = \zeta + \frac{(1 - e_\varphi\,\lambda^2\,\zeta)\,\varrho_q^3}{\zeta\,(\zeta^2 + 2\zeta + f_{\varphi c})\,\lambda^8}\,.$$

e_q ist nur wenig von $f_{\varphi c}$ abhängig, und für alle Ringrippenschalen kann $f_{\varphi c} = 0{,}7$ benutzt werden. Ringrippen unterhalb der Schale haben $e_q\,\lambda^2 < 0{,}04$, und die zusammengehörenden Werte für ϱ_q^2/λ^2 und c_φ sind für $e_q\,\lambda^2 = 0{,}04$, und $e_q = 0$ (zentrische Ringrippen) werden

	$e_\varphi = 0$ *(zentrische Ringrippen)*		
ϱ_q^2/λ^2	4,3	8,1	11,9	15,7
c_q	5,7	11,1	16,6	22,1

	$e_q\,\lambda^2 = 0{,}04$		
ϱ_q^2/λ	4,4	8,7	13,5	18,9
c_q	5,5	10,6	15,2	18,8
ζ	5	10	15	20

Diese c_φ-Werte sind in Abb. 26 eingezeichnet.

Kontinuität hat auf die Eigenwerte keinen Einfluß.

8.3 Eigenwerte des Axialknickens

Eine isotrope Schale mit Längskräften N_{xc} aus einer äußeren Belastung erhält für eine zusätzliche Deformation w die Schnittgrößen, die in Abschn. 8.2 gegeben sind. Die Längskraft N_{xc} erzeugt eine radiale Belastung

$$Z_c = N_{xc}\,w_{02}/r^2$$

und die Gleichgewichtsbedingung in radialer Richtung gibt

$$N_q = -J\,\Delta^2 w - N_{xc}\,w_{02}/r.$$

Die Gleichgewichtsbedingungen in der Ring- und Längsrichtung sind

$$S_{\varphi 01} = S_{x 01} = -N_{\varphi 10} - Q_q = J\,\Lambda(\Lambda - 1)\,w_{10} - N_{xc}\,w_{12}/r$$

$$N_{x 01} = -S_{\varphi 10}\,.$$

Die elastischen Verschiebungen geben nach Abschn. 8.2 den Zusammenhang zwischen den Schnittkräften und w

$$N_{\varphi 04} = S_{\varphi 31} + 2 S_{\varphi 13} + F\, w_{04}.$$

N_φ und S_φ werden eingesetzt und bestimmen N_{xc}

$$N_{xc} = -J\, r(\Delta^4 w + \Delta w_{40} + 2\Delta w_{22} + w_{04}/k)/\Delta^2\, w_{02}.$$

Solange die Deformationen klein bleiben, ist das Knickmuster des Axialknickens gleich demjenigen des Ringknickens mit $w = \cos m\,\varphi \sin \lambda\,\xi$, das oben eingesetzt, die kritische Längskraft N_{xc} bestimmt

$$N_{xc}/E\,h\,\lambda^2\,k = (\zeta + 1)^2 - (\zeta^2 + 2\zeta)/\lambda^2(\zeta + 1) + \varrho^8/\lambda^8(\zeta + 1)^2.$$

Der kleinste Eigenwert wird für eine Längswelle mit $\lambda = \pi\,r/l$ erhalten, und m wird aus der Minimumsbedingung $dN_{xc}/d\zeta = 0$ gefunden

$$\varrho^8/\lambda^8 = (\zeta + 1)^4 - (\zeta + 1)^3/2\lambda^2 - (\zeta + 1)/2\lambda^2$$

$$N_{xc} = c_x\, E\, h^2/r$$

$$c_x\, \varrho^4/\lambda^4 = (\zeta + 1)^2/\sqrt{3} - (\zeta + 1)\sqrt{3}/4\lambda^2 + \sqrt{3}/4\lambda^2(\zeta + 1).$$

ζ wird hier als Lösungsparameter benutzt und gibt die folgenden Werte für c_x und ϱ^2/λ^2

$\lambda = 1$	ϱ^2/λ^2	1,82	2,85	3,86	4,87	5,87	10,87
	c_x	0,46	0,49	0,51	0,52	0,53	0,55
$\lambda = 10 - \infty$	ϱ^2/λ^2	2,00	3,00	4,00	5,00	6,00	7,00
	c_x	0,58	0,58	0,58	0,58	0,58	0,58
	ζ	1	2	3	4	5	10

Große Werte von ζ haben

$$\varrho^2/\lambda^2 = \zeta + 1, \quad c_x = 0,58$$

$$N_{xc} = 0,58\, E\, h^2/r.$$

Die zusammengehörenden Werte von ϱ^2/λ^2 und c_x sind in Abb. 27 wiedergegeben.

Für große Deformationen haben v. KÁRMÁN und TSIEN [41.1] nachgewiesen, daß die Eigenwerte des Längsknickens auch kleiner werden können. Dies ist durch Versuche mit Metallmodellen bestätigt worden. Das Knickmuster wird diagonalförmig, und die Schale erhält so große Deformationen, daß negative Halbmesser auftreten, und die Schale die Ausgangsform völlig verliert. Der Knickverlauf bei Axialknicken mit großen Deformationen kann an einfachen Papiermodellen leicht veranschaulicht werden („Durchschlag").

v. Kármán und Tsien nehmen rhombenförmige Deformationen an, und das Gleichgewicht der Axialbelastung mit den inneren Spannungen wird für eine gegebene Ausbiegung aus der Bedingung für das Energie-

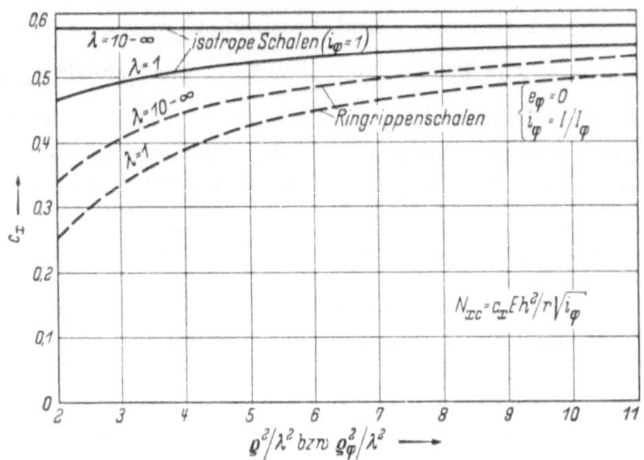

Abb. 27. Eigenwerte des Axialknickens

minimum gefunden. In Abb. 28 ist das Verhältnis zwischen w/h und die Eigenwerte $N_{xc}\, r/E\, h^2$ für ein diagonalquadratisches Muster mit $m = n$ sowie für ein lang ausgedehntes Muster gezeigt. Die Schale hat bei

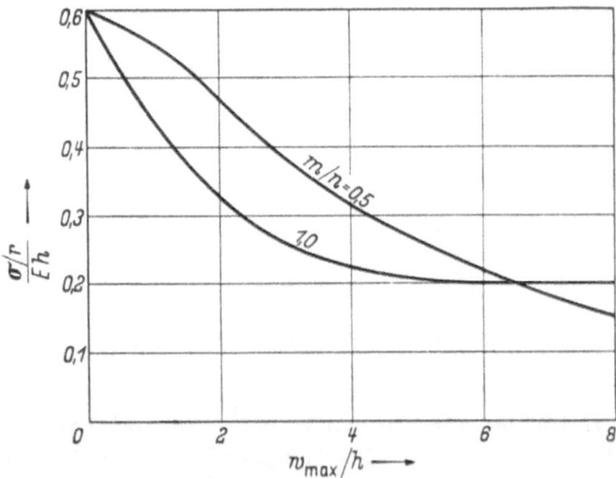

Abb. 28. Eigenwerte für diagonalförmige Knickmuster $w = w_0 + w_1 \cos^2 (m\,\xi/2 + n\,\varphi/2$ und große Ausbiegungen nach Th. v. Kármán und H. S. Tsien)

Axialbelastung zwei Gleichgewichtslagen — eine mit kleinen Deformationen und $N_{xc} = e_x E h^2/r$ — und eine mit $N_{xc} < c_x E h^2/r$, wobei N_{xc} von der Ausgangsdeformation abhängig ist. Wenn die Ausbiegung

w/h größer als eins ist, kann N_{xc} erheblich unterhalb $c_x E\, h^2/r$ liegen (vgl. Abb. 28). Die zugehörigen Knickfiguren haben kurze Wellenlängen, und da die Deformationen gleichzeitig groß sind, kann Axialknicken dieser Art nur bei dünnen Metall- oder Stahlzylindern vorkommen; dieser Fall hat deshalb für die Berechnung zusätzlicher Momente an Betonschalen wenig Interesse, und wird darum hier nicht näher behandelt.

Schalen mit zentrischen Ringrippen und einer Längskraft N_{xc} erhalten nach Abschn. 8.2

$$N_\varphi = -J_\varphi\, w_{40} - N_{xc}\, w_{02}/r$$

$$S_{\varphi 01} = J_\varphi (w_{50} + w_{30}) + N_{xc}\, w_{12}/r.$$

Der Eigenwert N_{xc} wird

$$N_{xc} = -r\, J_\varphi (\Delta^2\, w_{40} + \Delta^2\, w_{20} + f_\varphi\, w_{44} - w_{44} - w_{24} +$$
$$+ w_{04}\, F/J_\varphi)/(\Delta^2 w_{02} + f_\varphi\, w_{06} - w_{06}).$$

Als Knickmuster wird wie oben $w = \cos m\,\varphi \sin \lambda\, \xi$ benutzt und für $f_\varphi = 1$ wird

$$N_{xc}/r\, J_\varphi\, \lambda^2 = \zeta - (\zeta^3 + 2\zeta^2)/\lambda^2 (\zeta + 1)^2 + \varrho_\varphi^8/\lambda^8 (\zeta + 1)^2.$$

Die Knickbedingung $dN_{xc}/d\zeta = 0$ ergibt

$$\varrho_\varphi^8/\lambda^8 = \zeta(\zeta + 1)^3 - (\zeta^2 + 3\zeta + 4)\,\zeta/2\lambda^2$$

$$N_{xc} = c_x E\, h^2/r \sqrt{i_\varphi}$$

$$c_x \sqrt{12}\, \varrho_\varphi^4/\lambda^4 = \zeta^2 - \zeta^2(\zeta + 2)/\lambda^2 (\zeta + 1)^2 + \varrho_\varphi^8/\lambda^8 (\zeta + 1)^2.$$

Mit ζ als frei wählbaren Parameter werden $\varrho_\varphi^2/\lambda^2$ und c_x

$\lambda = 1$	$\varrho_\varphi^2/\lambda$	1,4	2,5	3,6	4,6	5,6	10,6
	c_x	0,18	0,30	0,37	0,41	0,44	0,50
$\lambda = 10 - \infty$	$\varrho_\varphi^2/\lambda^2$	1,7	2,7	3,7	4,7	5,7	10,7
	c_x	0,31	0,39	0,44	0,46	0,48	0,53
	ζ	1	2	3	4	5	10

Die zusammengehörenden Werte von $\varrho_\varphi^2/\lambda^2$ und c_x sind in Abb. 27 zu finden.

Große Werte von $\varrho_\varphi^2/\lambda^2$ haben

$$N_{xc} = 0{,}58\, E\, h^2/r \sqrt{i_\varphi}\ .$$

Die Eigenwerte $N_{\varphi c}$ und N_{xc} werden für die Bemessung der Ringrippen benutzt. Die Schale zwischen den Ringrippen wird als eine isotrope

Schale berechnet und hat die Eigenwerte

$$N_{\varphi c} = 3{,}3E\,h^3/(a_\varphi + b_\varphi)^2$$
$$N_{xc} = 0{,}82E\,h^3/(a_\varphi + b_\varphi)^2\,.$$

8.4 Bemessung der Schalendruckzone, Ring- und Längsmomente

Die Bemessung eines Stahlbetonquerschnittes wird am einfachsten nach dem Additionsgesetz durchgeführt, und die Bemessung der Druckzone mit etwaiger Druckbewehrung sowie die Bemessung der Zugbewehrung wird getrennt durchgeführt. AAS-JAKOBSEN [55.2] hat gezeigt, daß die Bemessungsgleichungen für die Betondruckzone mit Normalkraft N und Moment M sind

$$N/(\sigma_0\,F_b + 2\sigma_a\,F_a) + M/(\sigma_b\,W_b + \sigma_a\,F_a\,h_a) = 1$$

oder mit guter Annäherung für einen Viereckquerschnitt

$$\sigma_0\,F_b + 2\sigma_a\,F_a = N + 3{,}3M/h\,.$$

Hier ist

σ_0 die zulässige zentrische Betondruckspannung,
σ_a die zulässige Druckspannung in der Bewehrung,
F_b Betonquerschnitt,
F_a Druckbewehrung,
W_b Widerstandsmoment des Betonquerschnittes,
h_a Abstand zwischen Druck- und Zugbewehrung.

Schlanke Konstruktionen erhalten zusätzliche Spannungen infolge von Anfangsexzentrizitäten und elastischen Deformationen, und haben folgende Bemessungsgleichung für die Druckzone

$$\sigma_0\,F_b + 2\sigma_a\,F_a = N + N\,\sigma_B/\sigma_c + 3{,}3M/h\,.$$

Die Bruchspannung σ_B des Betons ist für die Betonqualitäten, die bei Schalen benutzt werden

$$\sigma_B = E/1500\,.$$

Die kritische Druckspannung σ_c entspricht dem Eigenwert N_c

$$\sigma_c = N_c/F\,.$$

Diese Bemessungsgleichung für die Druckzone hat eine allgemeine Gültigkeit und kann auch für die Schalen benutzt werden. Die Schalendruckzone hat einen zweiseitigen Druck N_φ und N_x und die Eigenwerte $N_{\varphi c}$ und N_{xc} entsprechen den kritischen Spannungen $\sigma_{\varphi c}$ und σ_{xc}. Die Bemessungsgleichungen werden für die φ- und x-Richtung einer isotropen Schale

$$\sigma_0\,F_b + 2\sigma_a\,F_a = N_\varphi + N_\varphi\,\sigma_B/\sigma_{\varphi c} + N_x\,\sigma_B/\sigma_{xc} + 3{,}3M_\varphi/h$$
$$\sigma_0\,F_b + 2\sigma_a\,F_a = N_x + N_\varphi\,\sigma_B/\sigma_{\varphi c} + N_x\,\sigma_B/\sigma_{xc} + 3{,}3M_x/h\,.$$

Die Eigenwerte $N_{\varphi c}$ und N_{xc} sind in den Abschn. 8.2 und 8.3 abgeleitet und für die isotrope Schale ist

$$\sigma_{\varphi c} = c_\varphi\, E\, h^2/l^2$$

$$\sigma_{xc} = c_x\, E\, h/r .$$

Die Bemessungsgleichungen werden

$$\sigma_0\, F_b + 2\sigma_a\, F_a = N_\varphi + N_\varphi\, l^2/1500\, c_\varphi\, h^2 + N_x\, r/1500\, c_x\, h + 3{,}3\, M_\varphi/h$$

$$\sigma_0\, F_b + 2\sigma_a\, F_a = N_x + N_\varphi\, l^2/1500\, c_\varphi\, h^2 + N_x\, r/1500\, c_x\, h + 3{,}3\, M_x/h .$$

Die Erhöhung der Normalspannung läßt sich auf ein zusätzliches Moment M_1 in Ring- und Längsrichtung zurückführen

$$3{,}3\, M_1/h = N_\varphi\, l^2/1500\, h^2\, c_\varphi + N_x\, r/1500\, h\, c_x$$

$$M_1 = N_\varphi\, l^2/5000\, h\, c_\varphi + N_x\, r/5000\, c_x .$$

Die Zugbewehrung $F_{e\varphi}$ in der Ringrichtung wird für eine zulässige Stahlspannung σ_e

$$\sigma_e\, F_{e\varphi} = 1{,}25\,(M_\varphi + M_1)/h - 0{,}45\, N_\varphi .$$

Für die Längsrichtung ist die Zugbewehrung F_{ex}

$$\sigma_e\, F_{ex} = 1{,}30\,(M_x + M_1)/h - 0{,}45\, N_x .$$

Liegt die Zugbewehrung in der Schalenmitte, dann ist für die beiden Richtungen

$$\sigma_e\, F_e = 2{,}3\,(M + M_1)/h - N .$$

Die Druckzone wird für das Moment M_φ und die Normalkraft N dimensioniert, wo

$$N = N_\varphi + N_\varphi\, l^2\, i_\varphi/1500\, c_\varphi\, h^2 + N_x\, r\, \sqrt{i_\varphi}/1500\, c_x\, h .$$

Die Bemessungsgleichung ist

$$N_0/(\sigma_b\, F_b + 2\sigma_a\, F_a) + M_\varphi/(\sigma_b\, W_b + \sigma_a\, F_a\, h_a) = 1 .$$

Aus dieser Gleichung wird das zusätzliche Moment M_1 berechnet und die Zugbewehrung gefunden.

In der Längsrichtung wird die isotrope Schale zwischen den Ringrippen untersucht. Diese Schale hat die Eigenwerte

$$N_{\varphi c} = 3{,}3\, E\, h^3/(a_\varphi + b_\varphi)^2$$

$$N_{xc} = 0{,}82\, E\, h^3/(a_\varphi + b_\varphi)^2 .$$

Die Bemessungsgleichungen sind dieselben wie im obigen Beispiel für die isotropen Schalen, und die Normalkraft für die Ringrichtung wird

$$N = N_\varphi + (N_\varphi/5000 + N_x/1230)\,(a_\varphi + b_\varphi)^2/h^2 .$$

Das zusätzliche Moment M_1 ist

$$M_1 = (N_\varphi/16\,500 + N_x/4060)\,(a_\varphi + b_\varphi)^2/h .$$

9. Das vorgespannte Tonnendach

9.1 Geschichtliche Übersicht

Vorspannung der Hauptzugbewehrung weitgespannter Zylinderschalen ist in den letzten zehn Jahren eine normale Ausführung geworden, und das Interesse an geeigneten Berechnungsmethoden ist darum stark gestiegen. BAKER [50.3] schlägt vor, die Plastizitätstheorie zu verwenden, während SILVERA [50.17] den Längsträger so vorspannen will, daß Membranspannungsverhältnisse in der Schale entstehen. GIBSON und COOPER [54.3] behandeln den vorgespannten Randträger, ohne auf die negativen Balkenmomente des gesamten Tragwerkes infolge Vorspannung zu achten. LEONHARDT [55.3] gibt die allgemeine Grundlage für die Berechnung der Spannbetontragwerke und beschreibt ausgeführte, vorgespannte Zylinderschalen.

9.2 Berechnungsgrundlagen

Die Zylinderschale ist eine Bauform der großen Spannweiten, und da ihre Belastung zur Hauptsache aus dem Eigengewicht besteht, sind die Bedingungen vorhanden, unter welchen die Vorspannung am vorteilhaftesten ist. Eine Vorspannung der Binderscheiben oder der Bogenbinder bietet selten irgendwelche schwierige Probleme. Es müssen jedoch alle Phasen der Vorspannung mit dem Einbetonieren und dem späteren Aufbringen der Nutzlasten eingehend untersucht werden, damit keine unerträglichen Deformationen entstehen.

Vorspannung des Längsrandes kommt im wesentlichen bei frei aufliegenden Schalen zur Anwendung und kann bei Tonnen ohne biegesteifen Randbalken oder bei hohen Randbalken aus trajektorienförmigen, gebogenen Kabeln bestehen. Im letzteren Fall empfiehlt es sich, die Kabel von der Balkenunterkante bis zur Schwerpunktachse der Schale und des Randbalkens aufzubiegen. Die Achse liegt normalerweise oberhalb des Randbalkens, so daß man negative Momente in der Schalenfläche erhält, selbst wenn das Kabel an der Oberkante des Randbalkens verankert ist. Bei Schalen ohne biegesteifen Randbalken können gerade Vorspanndrähte in einer offenen Aussparung im Randbalken angebracht werden, die dann — nach Spannung der Drähte — zubetoniert wird. In diesem Fall müssen die Schrägzugspannungen in der Schale durch besondere Trajektorienbewehrung gedeckt werden. Das negative Moment am Auflager infolge der Spannkraftexzentrizität erzeugt einen Druck im Randglied, und die Trajektorienbewehrung kann deshalb — selbst bei großen Spannweiten — ohne Schweißung im Randbalken verankert werden.

Berechnungsmäßig ist die vorgespannt Schale ein veränderliches System, da diese während des Spannens mit freien Kabeln von der Schale im Endzustand abweicht, und die Kabel zur Schale festbetoniert sind. Es entstehen so zwei Berechnungsstufen, wobei sich die erste, die

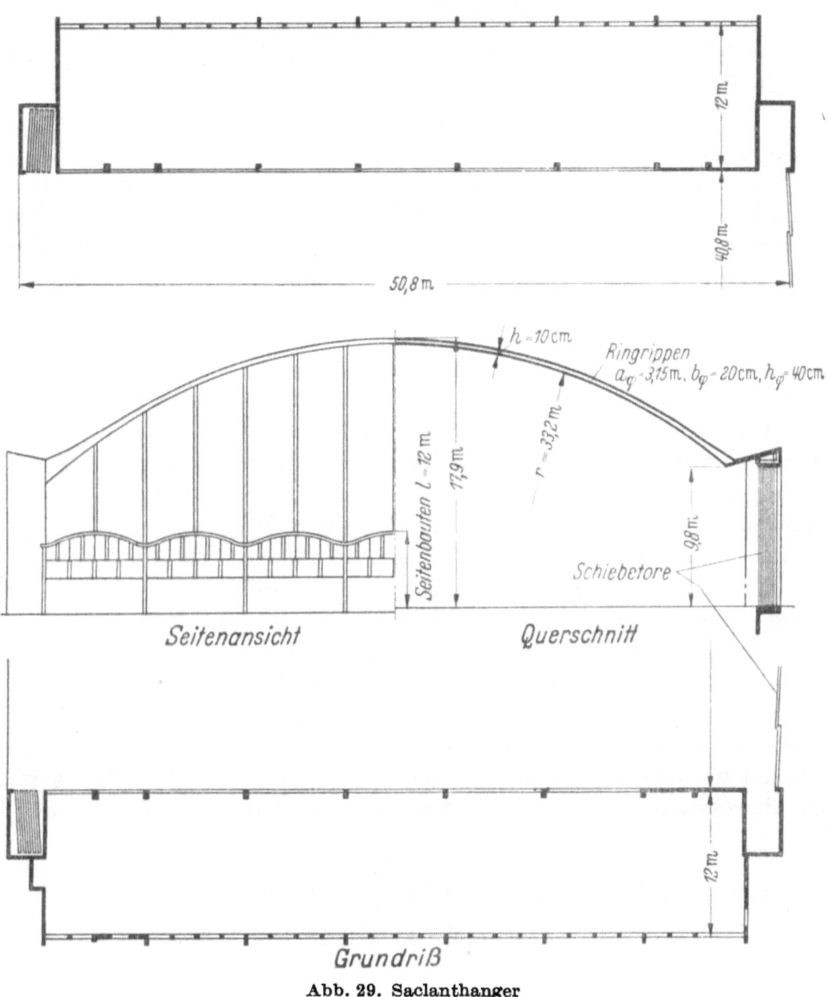

Abb. 29. Saclanthanger

Vorspannstufe, bei einer weiteren Belastung nicht ändert, während die zweite Stufe Spannungsänderungen proportional zur Belastung erfährt. Eine willkürliche Größe N wird somit bei einer vorgespannter Schale die Form

$$N_f = N + q\,N_q$$

haben, wobei N_f der Einfluß der Vorspannung ist, während N_q von der Belastung herrührt. Hier ist $N_f \gtrless N_q$, was bei der Berechnung der Schale berücksichtigt werden muß.

Ist die Sicherheit s, so ist N_B bei Bruch

$$N_B = N_f + s\,q\,N_q$$

und bei Normalbelastung und normalen Spannungen muß die Schale deshalb für

$$N = N_f/s + q\,N_q \approx 0,6\,N_f + q\,N_q$$

bemessen werden.

Wenn die Vorspannung die Spannungen infolge Normalbelastung vergrößert, muß die Schale auch für Vorspannung zuzüglich eines abgeminderten Eigengewichtes bemessen werden. Die Sicherheit kann dabei etwas kleiner als im ersten Falle angenommen werden, und es genügt

$$N = N_f + 0,7\,g\,N_q.$$

Dies macht sich insbesondere dann geltend, wenn die Exzentrizitäten der Spannkabel einen Verlauf haben, der von dem Verlauf des Balkenmomentes abweicht, so z. B. wenn gerade Kabel in die Randbalken einbetoniert werden. In einem solchen Fall können die negativen Momente gegen die Auflager so große Umlagerungen im Ringmoment verursachen, daß Momente entgegengesetzt den Momenten des Mittelschnittes entstehen, während die N_x-Zugspannungen der Schalendruckzone gleichzeitig die Trajektorienbewehrung ändern.

Bei Vorspannung des Längsrandes wird normalerweise eine Spannkraft gleich dem totalen Randzug S infolge Nutzlast und Eigengewicht gewählt. Bei Totalbelastung wird dann σ_x im Randglied Null sein, und das ganze Randglied hat Druck für Eigengewichtsbelastung. Diese Vorspannung nimmt berechnungsmäßig etwa 60% des Totalzuges auf, während die gesamte schlaffe Bewehrung das übrige aufnehmen wird. Der Bewehrungsquerschnitt F_V für die Spannkabel mit σ_t beträgt

$$F_V = S/\sigma_t$$

und die schlaffe Bewehrung F_S mit σ_S wird durch

$$(F_V + F_S)\,\sigma_S = 0,4\,S$$

bestimmt

$$F_S = S(0,4/\sigma_S - 1/\sigma_t).$$

Kaltgezogener Spannstahl $\varnothing$ 7 m/m kann bis $\sigma_t = 10$ t/cm² beansprucht werden, und naturharter Bewehrungsstahl hat $\sigma_S = 2,5$ t/cm², d. h. $\sigma_t = 4\,\sigma_S$, und mit S in Tonnen werden

$$F_V = S/\sigma_t = 0,25\,S/\sigma_S$$
$$F_S = S(0,4/\sigma_S - 0,25/\sigma_S) = 0,15/\sigma_S.$$

Ohne Vorspannung ist $F_S = S/\sigma_S$, so daß $0{,}85\, S/\sigma_S$ erspart ist. Soll jetzt die Vorspannung wirtschaftlich vorteilhaft sein, müssen die Gesamtkosten der Vorspannung weniger als $0{,}85/0{,}25 = 3{,}4$mal die Kosten gewöhnlichen, naturharten Bewehrungsstahls je kg sein. Zu dem, was man an Randträgerbewehrung erspart, kommt noch das, was man durch die Verminderung der Ringmomente und der Normaldruckspannungen der Schalendruckzone, durch billigere Verankerung der Trajektorienbewehrung, sowie durch verringerte Gefahr der Rissebildungen ersparen kann.

9.3 Vorgespannte Reihentonnen

Die Schale wird zuerst ohne Vorspannung für eine Belastung mit Eigengewichtsverteilung berechnet. Darauf berechnet man die Schale für die Spannkraft S, und die ungünstigsten Spannungen infolge einer der beiden Lastkombinationen

$$\text{Gesamtlast} + 0{,}6S$$

$$0{,}7 \cdot \text{Eigengewicht} + S$$

werden den Bemessungs- und Deformationsbedingungen zugrunde gelegt.

Die Berechnung der Schale für eine Belastung mit Eigengewichtsverteilung ist in Abschn. 6 behandelt worden, und wir können uns deshalb hier auf die Berechnung der Spannungsverteilung infolge der Spannkraft S beschränken. Die Randträger seien nicht biegesteif. Die Randbedingung $\vartheta_\varphi = 0$ für den eingespannten Rand wird erfüllt, wenn die Zahlentafel IV benutzt wird. Am Schalenrand wirken die drei statisch unbestimmten Randkräfte N_φ, R_φ und S_φ, und für die zugehörigen Einheitskräfte ergibt die Gleichgewichtsbedingung der Vertikalrichtung

$$n_\varphi = r_\varphi/\varrho \ \mathrm{tg}\ \varphi_0.$$

Die Bedingung, daß die Horizontalverschiebung Null sein soll, lautet

$$w = v/\varrho \ \mathrm{tg}\ \varphi_0$$

oder mit Werten aus Zahlentafel IV für eine isotrope Schale

$$1597 r_\varphi - 2129 n_\varphi - 1122 s_\varphi = (2128 r_\varphi - 3465 n_\varphi - 2207 s_\varphi)/\varrho \ \mathrm{tg}\ \varphi_0$$

$$r_\varphi = s_\varphi (1122 - 2207/\varrho \ \mathrm{tg}\ \varphi_0)/(1597 - 4257/\varrho \ \mathrm{tg}\ \varphi_0 + 3465/\varrho^2 \ \mathrm{tg}^2\ \varphi_0).$$

Die Einheitslängskraft n_x der Schale ist

$$n_x = -1{,}122 r_\varphi + 2{,}217 n_\varphi + 2{,}171 s_\varphi.$$

Hier sind die Ausdrücke für n_φ und r_φ einzusetzen, und n_x erhält die Form

$$n_x = n_0\, s_\varphi.$$

Wird N_x für den Rand $\varphi_0 = 0$ gewählt — d. h. $N_x = N_0$ — wird, die Randbedingung

$$n_x \, \varrho^4/\lambda^2 = N_0$$

oder mit

$$n_x = n_0 \, s_\varphi$$

$$s_\varphi = N_0 \, \lambda^2/\varrho^4 \, n_0 \, .$$

Die Spannkraft des Randgliedes wird von der Bedingung bestimmt, daß die Längsspannungen in der Schale und im Randglied gleich sein müssen. Mit sinusförmiger Vorspannkraft S werden

$$N_0/h = - (S + s_\varphi \, r \, \varrho^3/\lambda^2)/F_0$$

$$S = - N_0 (F_0/h + r/\varrho \, n_0) \, .$$

Wird dagegen die Spannkraft S gewählt, so ergibt die Randspannungsbedingung

$$(S - S_\varphi \, r/\lambda)/F_0 = N_x/h$$

$$s_\varphi = - S \, \lambda^2/\varrho^3 \, (r + \varrho \, n_0 \, F_0/h) \, .$$

Die weitere Berechnung der Verteilungsfunktionen ist dieselbe, wie für die vertikale Belastung.

Beispiel. Eine isotrope Innentonne hat $r/l/h = 10{,}6/19{,}85/0{,}08$ m, $\lambda = 1{,}678$, $\varrho = 6$, $\varphi_0 = 2/3$, $1/\varrho \, \mathrm{tg} \, \varphi_0 = 0{,}214$, $F_0 = 0{,}296$ m², $g = 0{,}71 \, q$.

Die Gesamtbelastung $q = 0{,}35 \, \mathrm{t/m^2}$ mit sinusförmiger Längsverteilung verursacht — für $x = l/2$ und $\varphi = 0$ — $N_x = 15{,}74 \, \mathrm{t/m}$.

Es wird eine Vorspannung so gewählt, daß unter Vollast $\sigma_x = 0$ am Rande wird, was $N_0 = -15250 \, \mathrm{kg/m}$ entspricht. Die statisch unbestimmten Einheitsbelastungen am Rande werden

$$n_\varphi = 0{,}214 r_\varphi$$

$$r_\varphi = s_\varphi (1122 - 2207 \cdot 0{,}214)/(1597 - 4257 \cdot 0{,}214 + 3465 \cdot 0{,}214^2) =$$
$$= s_\varphi \, 650/845 = 0{,}769 \, s_\varphi$$

$$n_\varphi = 0{,}214 \cdot 0{,}769 \, s_\varphi = 0{,}165 \, s_\varphi$$

$$n_x = (-1{,}122 \cdot 0{,}769 + 2{,}217 \cdot 0{,}165 + 2{,}171) \, s_\varphi = 1{,}674 \, s_\varphi$$

$$n_0 = 1{,}674$$

$$s_\varphi = -1{,}740 \cdot 1{,}678^2/6^4 \cdot 1{,}674 = -20{,}4 \, \mathrm{kg/m}$$

$$S = -15{,}74 \, (0{,}296/0{,}08 + 10{,}6/6 \cdot 1{,}674) = 74{,}8 \, \mathrm{t} \, .$$

Die Berechnung der Verteilungsfunktionen wird durch Verwendung der Zahlentafel IV 9 für $s_\varphi = 1$ und $r_\varphi = 0{,}703$ erleichtert. Zu dieser Randkraftkombination muß noch $n_\varphi = 0{,}165$ und $r_\varphi = (0{,}769 - 0{,}703) = 0{,}066$ hinzugefügt werden, so daß die Ringverteilung aus

Zahlentafel IV 9 $+$ 0,066 Zahlentafel IV 1 $+$ 0,165 Zahlentafel IV 2

zu finden ist.

Ringverteilung der Modellschale bei Vorspannung

$\varrho\,\varphi$		0—8	1—7	2—6	3—5	4—4
IV 9	PR	—5084	493	2035	1025	— 290
	SR	128	— 164	— 606	— 815	— 290
0,066·IV 1	PR	— 771	— 190	163	245	153
	SR	— 20	— 45	— 39	30	153
0,165·IV 2	PR	1410	834	— 169	— 700	— 617
	SR	104	147	45	— 253	— 617
	$\overline{m}_{\varphi f}$	—4233	1075	1429	— 468	—1508
IV 9	PR	13824	5887	723	—1443	—1413
	SR	243	370	158	— 548	—1413
0,066·IV 1	PR	— 740	125	236	71	— 69
	SR	23	— 1	— 52	— 96	— 69
0,165·IV 2	PR	3658	— 133	—1047	— 619	— 8
	SR	— 44	74	235	276	— 8
	$\overline{n}_{xf}$	16964	6322	253	—2359	—2980
IV 9	PR	10000	356	—2694	—2105	— 551
	SR	19	— 305	— 606	— 448	551
0,066·IV 1	PR	0	224	1	— 159	— 152
	SR	— 29	— 42	— 17	60	152
0,165·IV 2	PR	0	—1461	— 696	191	489
	SR	116	108	— 47	— 322	— 489
	$\overline{s}_{\varphi f}$	10106	—1120	—4059	—2783	0
IV 9	PR	0	4575	2992	401	— 938
	SR	276	142	— 336	— 923	— 938
0,066·IV 1	PR	0	189	315	223	55
	SR	— 1	— 39	— 73	— 54	55
0,165·IV 2	PR	1650	599	— 565	— 788	— 397
	SR	54	177	220	35	— 397
	$\overline{n}_{\varphi f}$	1979	5643	2553	—1106	—2560

Die Schnittkraftverteilung der Schale für die Belastung q wurde im Abschn. 6.4 gefunden, und bei Vorspannung soll die ungünstigste der beiden Kombinationen

$$N_f + 0{,}5\,N_q \quad \text{oder} \quad 0{,}6\,N_f + N_q$$

der Bemessung als Grundlage dienen.

Die Momente infolge der Vorspannung haben entgegengesetztes Vorzeichen zu denjenigen infolge Eigengewichts bzw. Totalbelastung. Sie sind jedoch wesentlich kleiner als die Eigengewichtsmomente, so daß die Momente, die infolge Vorspannung entstehen, während die Schale noch vom Gerüst gestützt wird, ungefährlich sind. Dasselbe betrifft auch die Momente, die dadurch entstehen, daß die Spannkraft nicht wie vorausgesetzt in der Längsrichtung sinusförmig verteilt ist, sondern konstant. Wo die Spannkabel nur an den Bindern verankert und durch

9. Das vorgespannte Tonnendach

Schnittkraftverteilung der vorgespannten Schale

$\varrho\,\varphi$	0	1	2	3	4

$$M_{\varphi f} = \overline{m}_{\varphi f}\, s_\varphi\, r \cdot 10^{-4} = -\,\overline{m}_{\varphi f} \cdot 0{,}0216$$

$\varrho\,\varphi$	0	1	2	3	4
$M_{\varphi f}$	91	$-$ 23	$-$ 31	10	33
$0{,}5\,M_{\varphi q}$	-302	96	81	-43	-101
$M_{\varphi f} + 0{,}5\,M_{\varphi q}$	-213	73	50	-33	$-$ 68
$0{,}6\,M_{\varphi f}$	55	$-$ 13	$-$ 19	6	20
$M_{\varphi q}$	-604	192	162	-85	-202
$0{,}6\,M_{\varphi f} + M_{\varphi q}$	-549	-179	143	-79	-182 kgm/m

$$N_{xf} = \overline{n}_{xf}\, s_\varphi\, \varrho^4/\lambda^2 \cdot 10^4 = -\overline{n}_{xf} \cdot 9{,}39 \cdot 10^{-4}$$

$\varrho\,\varphi$	0	1	2	3	4
N_{xf}	$-15{,}93$	$-$ 5,94	$-$ 0,24	2,22	$\cdot$ 2,80
$0{,}5\,N_{xq}$	7,87	$-$ 2,22	$-$ 6,74	$-$ 7,08	$-$ 6,58
$N_{xf} + 0{,}5\,N_{xq}$	$-$ 8,06	$-$ 8,16	$-$ 6,98	$-$ 4,86	$-$ 3,78
$0{,}6\,N_{xf}$	$-$ 9,56	$-$ 3,56	$-$ 0,14	1,33	1,68
N_{xq}	15,74	$-$ 4,44	$-13{,}48$	$-14{,}15$	$-13{,}18$
$0{,}6\,N_{xf} + N_{xq}$	6,18	$-$ 8,00	$-13{,}62$	$-12{,}82$	$-11{,}50$ t/m

$$S_{\varphi f} = \overline{s}_\varphi\, s_\varphi\, \varrho^3/\lambda \cdot 10^4 = -\overline{s}_{\varphi f}\, 2{,}63 \cdot 10^{-4}$$

$\varrho\,\varphi$	0	1	2	3	4
S_φ	$-$ 2,66	0,29	1,07	0,73	0
$0{,}6\,S_{\varphi f}$	$-$ 1,6	0,2	0,6	0,4	0
$S_{\varphi q}$	$-$ 9,2	$-10{,}6$	$-$ 7,8	$-$ 3,8	0
$0{,}6\,S_{\varphi f} + S_{\varphi q}$	$-10{,}8$	$-10{,}4$	$-$ 7,2	$-$ 3,4	0 t/m

$$N_{\varphi f} = \overline{n}_{\varphi f}\, s_\varphi\, \varrho^2 \cdot 10^{-4} = -\overline{n}_{\varphi f} \cdot 0{,}734 \cdot 10^{-4}$$

$\varrho\,\varphi$	0	1	2	3	4
$N_{\varphi f}$	$-$ 0,15	$-$ 0,41	$-$ 0,19	0,08	0,19
$0{,}6\,N_{\varphi f}$	$-$ 0,1	$-$ 0,2	$-$ 0,1	0	0,1
$N_{\varphi q}$	2,2	$-$ 0,4	$-$ 2,7	$-$ 4,2	$-$ 4,7
$0{,}6\,N_{\varphi f} + N_{\varphi q}$	2,1	$-$ 0,6	$-$ 2,8	$-$ 4,2	$-$ 4,6 t/m

Injektion oder Aufbetonieren zur Schale befestigt sind, läßt es sich — durch Reihenentwicklung — nachweisen, daß die Ringverteilung für eine konstante Vorspannung ungefähr gleich der Ringverteilung für die erste Harmonische ist. Der Multiplikator für N_x ist konstant und bewirkt, daß im Schalenscheitel am Auflager Zug entsteht. Im obenstehenden Beispiel ist der Zug maximal $2{,}80 \cdot 1{,}25 = 3{,}5$ t/m, und dies wird von der Grundbewehrung der Schale aufgenommen. Diese soll mindestens $\varnothing$ 8 m/m kreuzweise in Abstand 15 cm entsprechen, d. h. $3{,}33$ cm²/m kreuzweise mit $\sigma_e = 3{,}5/3{,}33 = 1{,}05$ t/cm² Zugspannung.

9.4 Vorgespannte Einzeltonne mit frei aufliegenden Randbalken

Die statisch unbestimmten Einheitsrandkräfte r_φ, s_φ und n_φ sind durch die Randbedingungen bestimmt, daß die Horizontalkraft und die

Vertikaldeformation null, und daß die Längsspannungen in der Schale und im Randglied gleich sein sollen. Die Bedingung, daß das Moment am Rande null ist, wird erfüllt, wenn die Verteilungsfunktionen den Zahlentafeln III oder VI oder IX entnommen werden. Die Gleichgewichtsbedingungen ergeben

$$n_\varphi = - r_\varphi \, \mathrm{tg} \, \varphi_0/\varrho$$

und die Deformationsbedingung lautet

$$w = - v/\mathrm{tg} \, \varphi_0/\varrho \, .$$

Eine isotrope Schale erhält

$$4,180 r_\varphi + 4,019 n_\varphi - 1,814 s_\varphi = (4018 r_\varphi - 4847 n_\varphi - 2713 s_\varphi) \, \mathrm{tg} \, \varphi_0/\varrho$$

$$r_\varphi = s_\varphi (1814 - 2713 \, \mathrm{tg} \, \varphi_0/\varrho)/(4180 - 8037 \, \mathrm{tg} \, \varphi_0/\varrho + 4847 \, \mathrm{tg} \, \varphi_0^2/\varrho^2)$$

$$n_x = - 1,813 r_\varphi + 2,723 n_\varphi + 2,356 s_\varphi = n_0 \, s_\varphi .$$

Die Spannungsbedingungen ergeben dieselben Formeln für s_φ und S, wie sie für die Reihentonnen im Abschn. 9.3 entwickelt wurden.

10. Belastung am Ringrand $x = 0$

10.1 Geschichtliche Übersicht

Die Lösung für die Belastung am Ringrand $x = 0$ wurde zuerst von MIESEL [30.3] behandelt, der die stark gedämpften Lösungen untersuchte. FINSTERWALDER [33.1] führte die Näherung $M_\varphi = M_t = 0$ ein, während FLÜGGE [34.3] die vollständigen Gleichungssysteme aufstellte, ohne die praktische Lösung durchzuführen. GRUBER [35.2] spaltete die Lösung in analoger Art wie MIESEL und behandelte auch die schwach gedämpften Lösungen. AAS-JAKOBSEN [39.2] führte die Lösung mittels sukzessiver Elimination durch und verwendete Iteration zur Lösung der charakteristischen Gleichung. LUNDGREN [42.4] benutzte die Ringlösung zur Berechnung von Schalen mit Einzellasten. OLSEN [51.8] löste das Wurzelproblem für $v = 0$ und stellte vollständige Tafeln für die Schnittgrößen auf. OLSEN gab als erster eine Lösung für durchlaufende Zylinderschalen sowie von Zylinderschalen mit Ringabsteifung, und untersuchte auch Silos auf Einzelstützen. OHLIG [53.7] benutzte die sukzessive Elimination zur Aufstellung der Schnittgrößen und gab eine Lösung der charakteristischen Gleichung mittels STURMscher Ketten. Die Lösung wurde zur Untersuchung vorgespannter Behälter verwendet. HOFF [54.5] geht von DONNELLS Näherungen für die Gleichgewichtsgleichungen aus und stellt Ausdrücke für Deformationen und Schnittgrößen auf. BERGER [54.2] gibt eine iterative Lösung der charakteristischen Gleichung. HOLAND [56.2] benutzt die WLASSOWschen Lösungsfunktionen zur Aufstellung der Multiplikatoren der Deformationen und der Schnittgrößen, und gibt auch Näherungen derselben an. HOLAND löst die charakteristischen Gleichung mittels des Verfahrens von NEWTON und gibt genäherte Wurzeln und Zahlentafeln für Belastungskombinationen am Ringrand an.

10.2 Die Lösungsfunktion

Als Lösungsfunktion dient — nach Abschn. 1 — die Verschiebung w. Die Belastung am Ringrand hat

$$w = e^{m\,\xi} \sin n\,\varphi = W \sin n\,\varphi$$

$$\xi = x/r.$$

n wird den Randbedingungen am Ringrand angepaßt.

Die Lösungsfunktion ist durch ihre Differentialgleichung

$$\varDelta^2(\varDelta + 1)^2\,w + 2(1 - \nu)\,(w_{42} + w_{22} - w_{06}) + (3 - 3\nu^2 + 1/k_1)\,w_{04} = 0$$

bestimmt.

Die Einführung von $w = e^{m\,\xi} \sin n\,\varphi$ in diese Differentialgleichung gibt die charakteristische Gleichung für m bei isotropen Schalen

$$(m^2 - n^2)^2\,(m^2 - n^2 + 1)^2 + 2(1 - \nu)\,(n^4\,m^2 - n^2\,m^2 - m^6) +$$

$$+ (3 - 3\nu^2 + 1/k_1)\,m^4 = 0$$

oder nach Potenzen von m geordnet

$$m^8 - 4(n^2 - \nu/2)\,m^6 + (1/k_1 + 6n^4 - 6n^2 + 4 - 3\nu^2)\,m^4 -$$

$$- [4n^2(n^2 - 1)^2 + 2\nu\,n^2(n^2 - 1)]\,m^2 + n^4(n^2 - 1)^2 = 0$$

$$k_1 = J/F\,(1 - \nu^2) = h^2/12\,r^2\,(1 - \nu^2).$$

Diese Gleichung 4ten Grades für m^2 wird am einfachsten durch Iteration gelöst. Die Gleichung kann

$$m^8 + 4c_6\,m^6 + c_4\,m^4 + c_2\,m^2 + c_0^4 = 0$$

geschrieben werden. Das Glied $c_2\,m^2$ ist bei isotropen Schalen belanglos, während m^8 und $c_4\,m^4$ maßgebend sind. Die Glieder $4c_6\,m^6$ oder c_0^4 können durch kleine Änderungen in den Beiwerten c_{0-6} beseitigt werden. Die Gleichung für m^2 kann

$$(m^2 + c_8)^4 + 4(c_6 - c_8)\,m^6 + (c_4 - 6c_8^2)\,m^4 + (c - 4c_8^3)\,m^2 + (c_0^4 - c_8^4) = 0$$

geschrieben werden. Die charakteristische Gleichung hat für kleine Werte von n zwei große und zwei kleine Wurzeln. Bei den ersten ist $4c_6\,m^6$ groß und muß mit Hilfe von $c_6 - c_8 = 0$ beseitigt werden, während für die zwei kleinen Wurzeln $4c_6\,m^6$ belanglos ist und es vorteilhaft ist, $c_0^4 - c_8^4 = 0$ zu wählen. Die zwei ersten Wurzeln erhalten dann die Iteration

$$(m^2 - c_6)^4 = m^4 c^4$$

$$c^4 = -3 - 1/k_1 + 6n^2 - 4(2n^2 - 1)/m^2 + n^4(2n^2 - 1)/m^4.$$

In den Sekundärgliedern wird hier $\nu = 0$ eingeführt

$$(m - c/2)^2 = c_6 + c^2/4$$

$$m = c/2 \pm (c_6 + c/4)^{0,5}.$$

Vorausgesetzt wurde, daß n klein ist, und die erste Näherung für c ist $c^4 = -1/k_1$

$$c = \pm (1 + i)/\sqrt[4]{4k_1}$$

$$c^2 = i\sqrt{k_1}\,.$$

Die großen Wurzeln werden

$$m_{1,2} = \alpha \pm i\,\beta$$

$$\alpha\,\sqrt[4]{64k_1} = -1 - [(1 + 16k_1 c_6^2)^{0,5} + 4\sqrt{k_1}\,c_6]^{0,5}$$

$$\beta\,\sqrt[4]{64k_1} = +1 + [(1 + 16k_1 c_6^2)^{0,5} - 4\sqrt{k_1}\,c_6]^{0,5}$$

$$c_6 = n^2 - \nu/2.$$

Verbesserte Wurzeln werden gewonnen durch Einsetzen der ersten Näherung $m^4 = -1/k_1$, $m^2 = \pm 1/i\sqrt{k_1}$ in c^4

$$c^4 = -1/k_1 + 6n^2 - k_1 n^4(2n^2 - 1) \pm i\sqrt{k_1}\,4(2n^2 - 1) - 3.$$

Für $k_1 = 10^{-4}$ ist die erste Näherung $c^4 = -10\,000$, während die zweite Näherung für $n = 10$ ist $c^4 = -9602 \pm i\,7{,}96$ und für $n = 20$ ist $c^4 = -8881 \pm i\,15{,}76$.

Die zwei kleinen Wurzeln werden durch die Iteration

$$c_8^4 = c_0^4 = n^4(n^2 - 1)$$

$$(m^2 - c_0)^4 = m^4 c^4$$

$$c^4 = -1/k_1 + 2m^2 - 2(n^2 - 1)/m^2$$

gewonnen. Auch hier ist die erste Näherung $c^4 = -1/k_1$, und die Wurzeln sind

$$m_{3,4} = \gamma \pm i\,\delta$$

$$\gamma\,\sqrt[4]{64k_1} = 1 - [(1 + 16\,k_1 c_0^2)^{0,5} + 4\sqrt{k_1}\,c_0]^{0,5}$$

$$\delta\,\sqrt[4]{64k_1} = 1 - [(1 + 16\,k_1 c_0^2)^{0,5} - 4\sqrt{k_1}\,c_0]^{0,5}$$

$$c_0 = n\,\sqrt{n^2 - 1}\,.$$

Die zweite Näherung wird durch Einsetzen in c^4

$$m^4 = -1/k_1, \quad m^2 = \pm 1/i\sqrt{k_1} = \mp i/\sqrt{k_1}$$

$$c^4 = -[1 \pm i(1 + k_1\,n^2)\,2\sqrt{k_1}]/k_1$$

$$c^4 = -(1 \pm i\sqrt{4k_1})/k_1$$

$$c^2 = k_1 \pm i/\sqrt{k_1}$$

$$c = [1 + 0{,}35\sqrt{k_1} \pm i(1 - 0{,}35\sqrt{k_1})]/\sqrt[4]{4k_1}\,,$$

c wird sodann in

$$m = c/2 \pm (c_0 + c^2/4)^{0,5}$$

eingesetzt. Die Verbesserung in $c^2/4$ ist ohne Bedeutung, und die Wurzelverbesserung $\hat{m}$ wird

$$\hat{m} = -(1-i)\,0{,}13\sqrt[4]{k_1}\,.$$

Für $k_1 = 10^{-4}$ werden die vier Wurzeln der abklingenden Lösungen

n	0	1	2	5	10	20
$-\alpha$	7,07	7,14	7,36	9,03	13,61	23,55
β	7,07	7,00	6,79	5,81	4,78	4,16
$-\gamma$	0	0	0,25	1,92	6,52	16,46
δ	0	0	0,24	1,24	2,29	2,91

Die erste Näherung der Wurzeln hat

$$m_{1,2} = c/2 \pm (c_6 + c^2/4)^{0,5}$$

$$m_{3,4} = c/2 \pm (c_0 + c^2/4)^{0,5}.$$

Hier ist

$$c^4 = -1/k_1$$

und

$$c_6 = n^2 - v/2$$

$$c_0 = n\sqrt{n^2 - 1}\,.$$

Mit guter Näherung ist für $n > 3$

$$c_6 = c_0 = n^2$$

und

$$m_{1-4} = c/2 \pm (n^2 + c^2/4)^{0,5}$$

$$\alpha, \gamma = (\mp 1 - [(1 + \eta^4)^{0,5} + \eta])^{0,5}\,n/\eta\sqrt{2}$$

$$\beta, \delta = (1 \pm [(1 + \eta^4)^{0,5} - \eta]^{0,5})\,n/\eta\sqrt{2}$$

$$\eta = 2n\sqrt[4]{k_1}\,.$$

Beispiel. Ein Behälter mit biegesteifer Bodenplatte steht auf sechs Säulen. Die Randbelastung von der Bodenplatte und der Behälterwand wird von dieser zu den Säulen abgeleitet. Die erste Harmonische dieser Belastung entspricht $n = 6$. Die Abmessungen sind $h = 15$ cm, $r = 10$ m. Für die Annahme, daß $\nu = 0$, haben wir

$$k_1 = 15^2/12 \cdot 10^6 = 0{,}1875 \cdot 10^{-4} \qquad \sqrt{k_1} = 0{,}0043$$

$$1/\sqrt[4]{64\,k_1} = 5{,}38, \qquad c_6 = 36, \qquad c_0 = 35{,}5.$$

Die Wurzeln haben

$$\alpha/5{,}38 = -1 - [(1 + 16 \cdot 0{,}1875 \cdot 0{,}1296)^{0{,}5} + 0{,}622]^{0{,}5}$$

$$\alpha = -2{,}342 \cdot 5{,}38 = -12{,}6$$

$$\beta/5{,}38 = +1 + (1{,}180 - 0{,}622)^{0{,}5}$$

$$\beta = 1{,}746 \cdot 5{,}38 = 9{,}4$$

$$\gamma/5{,}38 = +1 - [(1 + 16 \cdot 0{,}1875 \cdot 0{,}126)^{0{,}5} + 0{,}616]^{0{,}5}$$

$$\gamma = -0{,}338 \cdot 5{,}38 = -1{,}82$$

$$\delta/5{,}38 = +1 - [(1 + 16 \cdot 0{,}1875 \cdot 0{,}126)^{0{,}5} - 0{,}615]^{0{,}5}$$

$$\delta = 0{,}254 \cdot 5{,}38 = 1{,}37$$

$$\alpha_1 = (12{,}6 + 9{,}4)\,(12{,}6 - 9{,}4) = 71$$

$$\beta_1 = -2 \cdot 12{,}6 \cdot 9{,}4 = -237$$

$$\gamma_1 = (1{,}82 - 1{,}37)\,(1{,}82 + 1{,}37) = 1{,}44$$

$$\delta_1 = -2 \cdot 1{,}82 \cdot 1{,}37 = -4{,}98.$$

10.3 Schnittgrößen und Verschiebungen

Die Verschiebungen sind im Abschn. 1 gegeben

$$\Delta^2 u = w_{21} - \nu\, w_{03} + k\,(w_{05} - w_{41})$$

$$\Delta^2 v = -\,(2 + \nu)\, w_{12} - w_{30} + 2\,k\,\Delta w_{12}.$$

Es ist

$$w = \sin n\,\varphi\; W/J, \quad W = e^{m\,\xi}$$

$$u = \sin n\,\varphi\; W_u\, W/J$$

$$v = \cos n\,\varphi\; W_v\, W/J$$

$$W_u = [-n^2\, m - \nu\, m^3 + k_1\,(m^5 - n^4\, m)]/(m^2 - n^2)^2$$

$$W_v = [-(2 + \nu)\, n\, m + n^3 + 2\,k\,(m^2 - n^2)\, n\, m^2]/(m^2 - n^2)^2.$$

In Abschn. 10.2 wurde als Näherung gefunden

$$(m^2 - n^2)^4 = m^4\, c^4, \quad c^4 = -\,1/k_1$$

und die Verschiebungen u und v haben

$$W_u = -\,n^2/m\,c^2 - \nu\, m/c^2 + k_1\,(m + 2n^2/c)$$

$$W_v = -\,(2 + \nu)\, n/c + n^3/m^2\, c^2 + 2\,k_1\, n\, m/c.$$

Die Schnittkräfte sind

$$N_\varphi = \cos n\,\varphi\,(n\,W_v - \nu\,m\,W_u + 1 - k_1\,u^2)\,W/k_1$$

$$N_x = \cos n\,\varphi\,(m\,W_u + \nu\,n\,W_v + \nu - k_1\,m^2)\,W/k_1$$

$$S_\varphi = \sin n\,\varphi\,(n\,W_u + m\,W_v + k_1\,n\,m)\,W(1-\nu)/2\,k_1$$

$$S = \sin n\,\varphi\,(n\,W_u + m\,W_v - k_1\,n\,m)\,W(1-\nu)/2\,k_1\,.$$

Eine genaue oder iterative Berechnung nach diesem Verfahren ist umständlich. Einfacher und übersichtlicher ist die Methode der sukzessiven Elimination. Die Multiplikatoren werden zunächst aus den Momenten- und Gleichgewichtsgleichungen abgeleitet. Mit

$$w = \sin n\,\varphi \cdot e^{m\,\xi}/J = \sin n\,\varphi \cdot W/J$$

werden

$$M_\varphi = \sin n\,\varphi\,(\nu\,m^2 + 1 - n^2)\,r\,W = \sin n\,\varphi \cdot W_{m\varphi}\,r\,W$$

$$M_x = \sin n\,\varphi\,(m^2 - \nu\,n^2 + \nu)\,r\,W = \sin n\,\varphi \cdot W_{mx}\,r\,W$$

$$M_t = \cos n\,\varphi\,[(1-\nu)\,(m\,n - m\,W_v) + k_1\,W_{s\varphi}]\,r\,W = \cos n\,\varphi \cdot W_{mt}\,r\,W\,.$$

Weiter sind

$$W_{qx} = m\,W_{mx} - n\,W_{mt} - k_1\,n\,W_{s\varphi}$$

$$W_{q\varphi} = n\,W_{m\varphi} + m\,W_{mt} - k_1\,m\,W_{s\varphi}$$

$$W_{n\varphi} = n^2\,W_{m\varphi} - m^2\,W_{mx} + 2n\,m\,W_{mt}$$

$$W_{sx} = (-n\,W_{n\varphi} + W_{q\varphi})/m$$

$$W_{s\varphi} = W_{sx} + W_{mt}$$

$$W_{nx} = n\,W_{s\varphi}/m$$

$$W_{u\,01} = (W_{nx} - \nu\,W_{n\varphi} + W_{mx})\,k_1$$

$$W_{v\,10} = -1 + (W_{n\varphi} - \nu\,W_{nx} - W_{m\varphi})\,k_1$$

$$W_{\vartheta x} = m$$

und die Schnittgrößen werden

$$Q_x = \sin n\,\varphi \cdot W_{qx}\,W \qquad u = \sin n\,\varphi \cdot W_u\,W/J$$

$$Q_\varphi = \cos n\,\varphi \cdot W_{q\varphi}\,W \qquad v = \cos n\,\varphi \cdot W_v\,W/J$$

usw.

Aus diesen Gleichungen lassen sich die Multiplikatoren der Integrationskonstanten direkt herausholen. Sie sind in Zahlentafel X 2 zusammengestellt.

Das Drillmoment M_t enthält die unbekannten Multiplikatoren a_v, b_v und $a_{s\varphi}$, $b_{s\varphi}$. Es können für diese Multiplikatoren leicht gute Näherungen gefunden werden. Das Ringmoment ist bei der Belastung am Ringrand klein gegenüber den anderen Schnittgrößen, und in M_φ ist w

gegenüber w_{20} klein, so daß

$$M_\varphi = J\, r\, (w_{20} + \nu\, w_{02})$$
$$M_x = J\, r\, (w_{02} + \nu\, w_{20})$$
$$M_t = J\, r\, w_{11}$$
$$Q_x = J\, \Delta w_{01}$$
$$Q_\varphi = J\, \Delta w_{10}$$
$$N_\varphi = -\, J\, \Delta^2 w$$
$$S_{x01} = J\, \Delta\, (\Delta + 1)\, w_{10}$$
$$S_\varphi = S_x$$
$$N_{x02} = -\, S_{x11}$$

eingeführt werden können.

Die Differentialgleichung für w kann

$$\Delta^2 (\Delta + 1)^2\, w = c^4\, w_{04}$$

geschrieben werden. c^4 ist hier ein Operator, der mit guter Annäherung gleich $-1/k_1$ gesetzt werden kann. Die Lösungsfunktion $w = \sin n\,\varphi\; e^{m\,\xi}$ wird eingesetzt, und die charakteristische Gleichung wird

$$(m^2 - n^2)^2\, (m^2 - n^2 + 1)^2 = c^4\, m^4 = -\, m^4/k_1$$
$$(m^2 - n^2)\, (m^2 - n^2 + 1) = \pm\, i\, m^2/\sqrt{k_1}\,.$$

Die Schnittkräfte werden

$$N_{x02} = \mp\, i\, m^2\, n^2\, J\, w/\sqrt{k_1}$$
$$N_x = \mp\, i\, n^2\, J\, w/\sqrt{k_1}$$
$$S_{\varphi 10} = -\, N_{x01} = \pm\, i\, n^2\, m\, J\, w/\sqrt{k_1}\,.$$

Die Differentialgleichung für w kann auch

$$\Delta^2 (\Delta + 1)^2\, w - 2 w_{06} = -\, w_{04}/k_1$$

geschrieben werden, oder mit guter Annäherung

$$\Delta^4\, w = -\, w_{04}\, k_1$$
$$(m^2 - n^2)^2 = \pm\, i\, m^2/\sqrt{k_1}$$
$$N_\varphi = -\, J\, \Delta^2 w = \pm\, i\, m^2\, J\, w/\sqrt{k_1}\,.$$

Mit diesen Werten für N_φ und N_x kann die Verschiebung v gefunden werden

$$v_{10} = -\, w + (N_\varphi - \nu\, N_x)/F\,.$$

Es sind jetzt gute Näherungen für v und S_φ gefunden worden. Diese werden in die Sekundärglieder der Schnittgrößen M_t und Q_x eingesetzt und die Multiplikatoren werden erhalten.

Die Multiplikatoren der ersten Näherung sind in Zahlentafel X 1 zu finden.

Zahlentafel X 1. *Erste Näherung für die Multiplikatoren der Integrationskonstanten bei Belastung am Ringrand einer isotropen Schale*

	$n\varphi$	Multi-plikatior	a	b	c	d
w	sin	$1/J$	1	0	1	0
v	cos	$\sqrt{k_1}/J\,n$	$\beta_1 + 1/\sqrt{k_1}$	$-\alpha_1 + \nu n^2$	$-\delta_1 + 1/\sqrt{k_1}$	$\gamma_1 - \nu n^2$
ϑ_x	sin	$1/r\,J$	α	β	γ	δ
N_x	sin	$n^2/\sqrt{k_1}$	0	-1	0	1
$S_x = S_\varphi$	cos	$n/\sqrt{k_1}$	β	$-\alpha$	$-\delta$	γ
N_φ	sin	$1/\sqrt{k_1}$	$-\beta_1$	α_1	δ_1	$-\gamma_1$
M_x	sin	r	$\alpha_1 - \nu n^2 + \nu$	β_1	$\gamma_1 - \nu n^2 + \nu$	δ_1
M_φ	sin	r	$\nu\alpha_1 - n^2 + 1$	$\nu\beta_1$	$\nu\gamma_1 - n^2 + 1$	$\nu\delta_1$
M_t	cos	$r(1-\nu)$	$\alpha n - \alpha a_v + \beta b_v + {} + k_1 a_{s\varphi}$	$\beta n - \alpha b_v - {} - \beta a_v + k_1 b_{s\varphi}$	$\gamma n - \gamma c_v + {} + \delta d_v + k_1 c_{s\varphi}$	$\delta n - \gamma d_v + {} + \delta c_v + k_1 d_{s\varphi}$

$$\alpha_1 = (\alpha + \beta)(\alpha - \beta), \quad \beta_1 = 2\alpha\beta, \quad k_1 = h^2/12\,r^2(1 - \nu^2)$$

Die Multiplikatoren der Zahlentafel X 1 sind in den meisten Fällen so genau, daß eine Verbesserung unnötig ist. Wenn größere Genauigkeit gewünscht ist, werden nur die Multiplikatoren für v, S_φ und M_t berechnet. Diese werden in die Sekundärglieder der Zahlentafel X 2 eingesetzt, und es ergeben sich Multiplikatoren von großer Genauigkeit. Diese sind in der Zahlentafel X 2 zusammengestellt.

Zahlentafel X 2. *Multiplikatoren der Integrationskonstanten für Belastung am Ringrand einer isotropen Schale*

	Multi-plikator	a	b
M_φ	$r\sin n\varphi$	$\nu\alpha_1 - n^2 + 1$	$\nu\beta_1$
M_x	$r\sin n\varphi$	$\alpha_1 - \nu n^2 + \nu$	β_1
M_t	$r\cos n\varphi$	$(1-\nu)(n\alpha - \alpha a_v + \beta b_v) + k_1 a_{s\varphi}$	$(1-\nu)(n\beta - \alpha b_v - \beta a_v) + k_1 b_{s\varphi}$
Q_φ	$\cos n\varphi$	$n a_{m\varphi} + \alpha(a_{mt} - k_1 a_{s\varphi}) - {} - \beta(b_{mt} - k_1 b_{s\varphi})$	$n b_{m\varphi} + \alpha(b_{mt} - k_1 b_{s\varphi}) + {} + \beta(a_{mt} - k_1 a_{s\varphi})$
Q_x	$\sin n\varphi$	$\alpha a_{mx} - \beta b_{mx} - n(a_{mt} + k_1 a_{s\varphi})$	$\alpha b_{mx} + \beta a_{mx} - n(b_{mt} + k_1 b_{s\varphi})$
N_φ	$\sin n\varphi$	$n^2 a_{m\varphi} - \alpha_1 a_{mx} + \beta_1 b_{mx} + 2n\alpha a_{mt} - {} - 2n\beta b_{mt}$	$n^2 b_{m\varphi} - \alpha_1 b_{mx} - \beta_1 a_{mx} + 2n\alpha b_{mt} + {} + 2n\beta a_{mt}$
S_x	$\cos n\varphi$	$\dfrac{\alpha(-n a_{n\varphi} + a_{q\varphi}) + \beta(-n b_{n\varphi} + b_{q\varphi})}{\alpha^2 + \beta^2}$	$\dfrac{\alpha(-n b_{n\varphi} + b_{q\varphi}) - \beta(-n a_{n\varphi} + a_{q\varphi})}{\alpha^2 + \beta^2}$
S_φ	$\cos n\varphi$	$a_{sx} + a_{mt}$	$b_{sx} + b_{mt}$
N_x	$\sin n\varphi$	$(\alpha a_{s\varphi} + \beta b_{s\varphi})\,n/(\alpha^2 + \beta^2)$	$(\alpha b_{s\varphi} - \beta a_{s\varphi}\,n/(\alpha^2 + \beta^2)$
u_{01}	$\sin n\varphi/J$	$(a_{nx} - \nu a_{n\varphi} + a_{mx})\,k_1$	$(b_{nx} - \nu b_{n\varphi} + b_{m\varphi})\,k_1$
u	$\sin n\varphi/J$	$(\alpha a_{x01} + \beta b_{x01})/(\alpha^2 + \beta^2)$	$(\alpha b_{x01} - \beta a_{x01})/(\alpha^2 + \beta^2)$
v	$\cos n\varphi/J$	$1/n - (a_{r\varphi} - \nu a_{nx} - a_{m\varphi})\,k_1/n$	$-(b_{n\varphi} - \nu b_{nx} - b_{m\varphi})\,k_1/n$
w	$\sin n\varphi/J$	1	0
ϑ_x	$\sin n\varphi/rJ$	α	β

10.4 Verteilungsfunktionen

Die ersten Lösungsfunktionen und die dazugehörigen Wurzelwerte sind

$$W = A\,e^{\alpha\,\xi}\cos\beta\,\xi + B\,e^{\alpha\,\xi}\sin\beta\,\xi$$

$$\alpha\sqrt[4]{k_1} = -\,0{,}354 - 0{,}354\,[(1 + \eta^4)^{0,5} + \eta]^{0,5}$$

$$\beta\sqrt[4]{k_1} = \,0{,}354 + 0{,}354\,[(1 + \eta^4)^{0,5} - \eta]^{0,5}$$

$$\eta = 2n\sqrt[4]{k_1}\;.$$

Solange η kleiner bleibt als etwa 1,5, werden die Wurzeln, wie aus Abb. 30 ersichtlich, nur wenig von η abhängig. Dasselbe gilt auch für die Verteilungsfunktionen, wenn sie mit $\xi\sqrt[4]{k_1} = 0, 1, 2$, usw. als Eingangswerte ausgerechnet werden. Für $\eta > 1{,}5$ oder $n > \sqrt{2r/h}$ werden die Wurzeln

$$\alpha/n = -\,0{,}707/\eta - 0{,}707\,[(1 + 1/\eta^4)^{0,5} + 1]^{0,5}$$

$$\beta/n = +\,0{,}707/\eta + 0{,}707\,[(1 + 1/\eta)^{0,5} - 1]^{05,}$$

geschrieben.

Wie Abb. 30 zeigt, hat diese Wurzeldarstellung die Abhängigkeit von η reduziert. Zahlentafeln für Verteilungsfunktionen, bei denen $n\,\xi = 0, 1, 2, \ldots$ als Eingangswerte benutzt werden, sind nur wenig

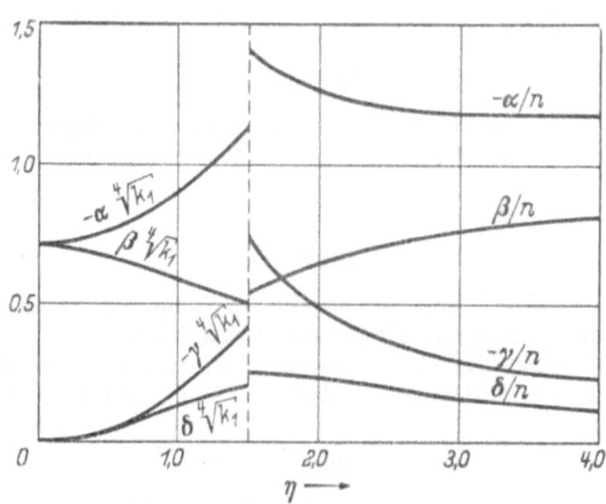

Abb. 30. Wurzeln $m_{1,2} = \alpha \pm i\,\beta$ und $m_{3,4} = \gamma \pm i\,\delta$ als Funktion von $\eta = 2n\sqrt[4]{k_1}$

von η abhängig. Oft liegen aber die erste und die dritte Harmonische im ersten Gebiet, während die weiteren Harmonischen im zweiten Lösungsgebiet liegen, und die Schalenpunkte $\sqrt[4]{k_1}\,\xi$ und $n\,\xi$ fallen nicht zusammen. Dies erschwert die Lösung und macht die Ausarbeitung von Zahlentafeln fraglich. Dazu kommt noch der Umstand, daß Schalenprobleme am Ringrand selten vorkommen, so daß der praktische Bedarf an Zahlentafeln für den Ringrand nicht vorhanden ist.

Literaturverzeichnis

Die Schalenliteratur ist heute so umfassend, daß es selbst für das enge Gebiet — die Berechnung der Zylinderschalen — unmöglich ist, ein einigermaßen vollständiges Verzeichnis zu geben. Hier ist das Verzeichnis auf Arbeiten beschränkt, die die Berechnung der Tonnendächer gefördert haben. Arbeiten, die auch die Berechnung von Schalen in Flugzeugen, Unterseebooten und dgl. behandeln, sind zu finden bei

NASH, W. A.: Bibliography on shells and shell-like structures. Navy Department Washington DC, Report 863 (1954).

NASH, W. A.: Bibliography on shells and shell-like structures. Department of Engeneering Mechanics, Gainesville, Florida 1957.

Die Literaturverzeichnisse von NASH enthalten 2339 Bücher und Aufsätze und sind sehr umfassend, besonders weil sie auch russische und osteuropäische Arbeiten mitnehmen. Gute Literaturverzeichnisse für Tonnendächer sind weiter zu finden bei

FLÜGGE, W.: Statik und Dynamik der Schalen, Berlin: Springer (1. Aufl.) 1934, (2. Aufl.) 1957.

LUNDGREN, H.: Cylindrical shells. Copenhagen: The Danish Technical Press 1949.

Cement and Concrete Association: Procceedings of a symposium on concrete shell roof construction. London 1954.

RÜHLE, H.: Schalenkatalog, Nr. 73.71. Dresden: Entwurfsbüro für Typung 1955.

Nachstehend sind theoretische Arbeiten über Zylinderschalen von 1890 bis 1956 mitgenommen.

1890

[90.1]   BASSET, A. B.: On the extension and flexure of cylindrical and spherical thin elastic shells. Phil. Trans. roy. Soc. Lond. Ser. A Vol. 181 (1890) P. 433.

1892

[92.1]   LOVE, A. E. H.: A treatise on the mathematical theory of elasticity. Cambridge: Cambridge University Press 1892.

[92.2]   RUNGE, C.: Über die Formänderung eines zylindrischen Wasserbehälters durch den Wasserdruck. Z. Math. u. Phys. Bd. 51 (1904) S. 254.

1906

[06.1]   MOHR, O.: Abhandlungen aus dem Gebiete der technischen Mechanik, Abh. V. Berlin 1906.

1908

[08.1]   REISSNER, H.: Über die Spannungsverteilung in zylindrischen Behälterwänden. Beton u. Eisen Bd- 7 (1908) S. 150.

1911

[11.1]   LORENZ, R.: Die nicht achsensymmetrische Knickung dünnwandiger Hohlzylinder. Phys. Z. Bd. 12, S. 241.

1913

[*13.1*] SOUTHWELL, R. V.: On the collapse of tubes by external pressure.
Phil. Mag. (6) Vol. 25 (1913) S. 687. — Vol. 26 (1913) S. 502. — Vol.
29 (1915) S. 67.

[*13.2*] SOUTHWELL, R. V.: On the general theory of elastic stability. Phil.
Trans. A Roy. Soc. Lond. Vol. 213 (1913) S. 187.

1914

[*14.1*] v. MISES, R.: Der kritische Außendruck zylindrischer Rohre. Z. VDI
Bd. 58, S. 750.

1920

[*20.1*] THOMA, D.: Die Beanspruchung frei tragender gefüllter Rohre durch
das Gewicht der Flüssigkeit. Ztg. Turb.-Wes. Bd. 17, 1920.

1926

[*26.1*] PÖSCHL, TH.: Berechnung von Behältern nach neueren analytischen
und graphischen Methoden, 2. Aufl. Berlin: Springer 1926.

1927

[*27.1*] BRAZIER, L. G.: On the flexure of thin cyclindrial shells and other "thin"
sections. Proc. Roy. A Soc., Lond. Vol. 166 (1927) p. 104.

1928

[*28.1*] Handbuch der Physik Bd. VI. Berlin: Springer 1928.

1930

[*30.1*] DISCHINGER, F.: Eisenbetonschalendächer Zeiß-Dywidag zur Überdachung weitgespannter Räume. Lüttich: La Technique des Travaux
1930.

[*30.2*] LEITZ, H.: Bewehrung von Scheiben und Platten. T. H. Graz 1930.

[*30.3*] MIESEL, K.: Über die Festigkeit von Kreiszylinderschalen mit nicht-
achsensymmetrischer Belastung. Ing.-Arch. Bd. 1 (1930) S. 22.

1931

[*31.1*] RÜSCH, H.: Theorie der querversteiften Zylinderschalen für schmale,
unsymmetrische Kreissegmente. Borma-Leipzig: R. Noßke 1931.

[*31.2*] SAUNDERS, H. E., and D. F. WINDENBURG: Strength of thin cylindrical
shells under external pressure. Trans. Amer. Soc. mech. Engrs. (1931)
AMP-53-17a.

1932

[*32.1*] FINSTERWALDER, U.: Die Theorie der kreiszylindrischen Schalengewölbe
System Zeiß-Dywidag. Zürich: Internationale Vereinigung für Brücken-
bau und Hochbau, Abh., Bd. I (1932) S. 127.

[*32.2*]   FLÜGGE, W.: Die Stabilität der Kreiszylinderschalen. Ing.-Arch. Bd. 3 (1932) S. 463.

[*32.3*]   GIRKMANN, K.: Zur Berechnung zylindrischer Flüssigkeitsbehälter auf Winddruck. Sitzungsberichte der Akademie der Wissenschaften in Wien, 141 H. 9/10, 1932.

[*32.4*]   SANDEN, K. v., u. F. TÖLKE: Über Stabilitätsprobleme dünner, kreiszylindrischer Schalen. Ing.-Arch. Bd. 3 (1932) S. 24.

1933

[*33.1*]   FINSTERWALDER, U.: Die querversteiften zylindrischen Schalengewölbe mit kreissegmentförmigem Querschnitt. Ing.-Arch. Bd. 4 (1933) S. 43.

[*33.2*]   DONNELL, L. H.: The stability of thin walled tubes under torsion. Washington D. C.: National Advisory Committee for 'Aeronautics 1933, Rapport No. 479, S. 1.

[*33.3*]   GIRKMANN, K.: Berechnung zylindrischer Flüssigkeitsbehälter unter Zugrundelegung beobachteter Lastverteilung. Stahlbau Bd. 6 (1933) S. 45.

[*33.4*]   REISSNER, H.: Formänderungen und Spannungen einer dünnwandigen, an den Rändern frei aufliegenden beliebig belasteten Zylinderschale. Z. angew. Math. Mech. Bd. 13 (1933) S. 133.

[*33.5*]   SCHORER, H.: Design of large pipe lines. Trans. Amer. Soc. civ. Engrs. (1933) S. 101. Discussion S. 120.

1934

[*34.1*]   BEYER, K.: Die Statik im Eisenbetonbau. Bd. I u. II. Berlin: Springer 1934.

[*34.2*]   DONNELL, L. H.: A new theory for the buck ling ofthin cylinders under axial compression and bending. Trans. Amer. Soc. mech. Engrs. (1934), AER-56-12, S. 795.

[*34.3*]   FLÜGGE, W.: Statik und Dynamik der Schalen. Berlin: Springer 1934.

[*34.4*]   VALETTE, R.: Considérations sur les voutes minces autoportantes et leur calcul. Genie civ. Vol. 104 (1934) S. 85.

[*34.5*]   WINDENBURG, D. F., and C. TRILLING: Collapse by instability of thin cylindrical shells under external pressure. Trans. Amer. Soc. mech. Engrs. Vol. 56 (1934) S. 819.

1935

[*35.1*]   DISCHINGER, F.: Die strenge Theorie der Kreiszylinderschale in ihrer Anwendung auf die Zeiß-Dywidag-Schalen. Beton u. Eisen H. 16 u. 18 (1935).

[*35.2*]   GRUBER, E.: Die Berechnung zylindrischer biegungssteifer Schalen unter beliebigem Lastangriff. Int. Ver. Brück. u. Hochb. (1934) Bd. II.

[*35.3*]   FLÜGGE, W., and A. TEDESKO: Line load action on thin cylindrical shells. Proc. Amer. Soc. civ. Engrs. (1935) p. 1391.

[*35.4*]   PILARSKI, L. I.: Calcul des voiles minces en beton armé. Paris: Dunod 1935.

[*35.5*]   SCHORER, H.: Line load action on thin cylindrical shells. Proc. Amer. Soc. civ. Engrs. Vol. 61 (1935) S. 281.

[*35.6*]   SILVERMAN, I. K.: Line load action on thin cylindrical shells. Proc. Amer. Soc. civ. Engrs. (1935) S. 1112.

1936

[*36.1*]   DISCHINGER, F.: Das durchlaufende ausgesteifte zylindrische Rohr und
          Zeiß-Dywidag-Dach. Int. Ver. Brück. u. Hochb. Bd. IV (1936) S. 227.
[*36.2*]   FINSTERWALDER, U.: Zylindrische Schalengewölbe. Int. Ver. Brück. u.
          Hochb. Schlußbericht 2. Kongreß, S. 449.
[*36.3*]   GRANHOLM, H.: Massive Kuppeln, zylindrische Behälter und ähnliche
          Konstruktionen. Int. Ver. Brück. u. Hochb. Vorber. 2. Kongreß, S. 707.
[*36.4*]   RÜSCH, H.: Shedbauten in Schalenbauweise, System Zeiß-Dywidag.
          Beton u. Eisen (1936) S. 159.
[*36.5*]   SACHEPOTIEV, A. S.: Experimentelle Untersuchungen von Zylinder-
          schalen in Stahlbeton. Proekt i Standart (1936) S. 15 (in russischer
          Sprache).
[*36.6*]   SCHORER, H.: Line load action on cylindrical shells. Proc. Amer. Soc.
          civ. Engrs. (1936) S. 413.
[*36.7*]   TIMOSHENKO, S.: Theory of elastic stability. New York: McGraw-Hill
          1936.
[*36.8*]   ZVOLINSKY, N.: An approximate solution of several problems concerning
          the stability of a cylindrical shell. Trans. Aero-Hydrodynamical Inst.
          Moskau (1936), H 245.

1937

[*37.1*]   HANSEN, K. E.: Bending strength of thin-walled tubes. Bygnings-
          statiske meddelelser, Köbenhavn (1937) S. 1.
[*37.2*]   PILARSKI, L. I.: Voiles minces, voutes-coques. Paris: Dunod 1937.
[*37.3*]   SOKOLOVSKY, V.: Probleme der Schalentheorie. Berichte der Akademie
          der Wissenschaften der UdSSR (1937) S. 483 (in russischer Sprache).
[*37.4*]   TORROJA, E.: Le voile mince du Fronton Recoletos a Madrid. Int. Ver.
          Brück. u. Hochb. Abh. 5, S. 343.
[*37.5*]   WIEDEMANN, E.: Ein Beitrag zur Frage der Formgebung räumlich
          tragender Tonnenschalen. Ing.-Arch. Bd. 8 (1937) S. 301.
[*37.6*]   AAS-JAKOBSEN, A.: Zylinderschalen mit veränderlichem Krümmungs-
          halbmesser und veränderlicher Schalenstärke. Bauingenieur Bd. 18 (1937)
          S. 418 und 436.
[*37.7*]   AAS-JAKOBSEN, A.: Les voiles cylindriques de forme elliptique. Genie civ.
          (1937) S. 275.
[*37.8*]   AAS-JAKOBSEN, A.: Sur le calcul de la voute cylindrique circulaire.
          Travaux (1937) S. 529.

1938

[*38.1*]   GILMAN, L. S.: Berechnung von Zylinderschalen in Stahlbeton. Lenin-
          grad Ann. Inst. Ing. Bâtiments Industr. 1937 (in russischer Sprache).
          No. 5 (1938) S. 5.
[*38.2*]   MOLKE, E., and J. E. KALINKA: Principle of concrete shell dome design.
          J. Amer. Conc. Inst. (1938) S. 649.
[*38.3*]   AAS-JAKOBSEN, A.: Cylindriske skallkonstruktioner. Betong H. 4 (1938)
          (in norwegischer Sprache).

1939

[*39.1*]   WLASSOW, W. Z.: Handbuch für Platten und Schalen. Moskau 1939 (in
          russischer Sprache).

[*39.2*]   AAS-JAKOBSEN, A.: Über das Randstörungsproblem an Kreiszylinderschalen. Bauingenieur Bd. 20 (1939) S. 394.

1940

[*40.1*]   ODQVIST, F. K. G., u. E. REISSNER: Über die statische Berechnung von einer neuen Type von Großbehältern für Öl. Ingeniörvetenskapsakademien Abh. 154, Stockholm.

[*40.2*]   TIMOSHENKO, S.: Theory of plates and shells. New York and London: McGraw-Hill 1940.

[*40.3*]   AAS-JAKOBSEN, A.: Beregningsmetoder for skallkonstruksjoner. Bygningsstatiske meddelelser, Köbenhavn Bd. 11 (1940) S. 49 (in norwegischer Sprache).

1941

[*41.1*]   KÁRMÁN, T. v., and H.-S. TSIEN: The buckling of thin cylindrical shells under axial compression. J. Aeronautical Science Bd. 8(1941) S. 303.

[*41.2*]   REISSNER, E.: A new derivation of the equations for the deformations of elastic shells. Amer. J. Math. Vol. 63 (1941) S. 177.

[*41.3*]   STURM, R. G.: A study of the collapsing pressure of thin-walled cylinders. University of Illinois 1941, Bulletin No. 39, S. 77.

[*41.4*]   WILSON, W. M., and E. D. OLSON: Tests of cylindrical shells. University of Illionis 1941, Bull. No. 39, S. 129.

[*41.5*]   WOLF, K.: Kreiszylindrische Behälter auf nachgiebiger Unterlage. Ing.-Arch. Bd. 12 (1941) S. 259.

[*41.6*]   AAS-JAKOBSEN, A.: Einzellasten auf Kreiszylinderschalen. Bauingenieur 22 (1941) S. 343.

1942

[*42.1*]   GOLDENWEISER, A. L., u. A. J. LURJE: Gleichgewicht der elastischen Schalen nach der mathematischen Theorie. Prikladnaya Mathematika i Mekhanika (1942) S. 565.

[*42.2*]   KROM, A.: Beulfestigkeit von versteiften Zylinderschalen mit Schub und Innendruck. Jb. Luftf.-Forschg. (1942) S. 1596. — KROM, A.: Die Stabilitätsgrenze der Kreiszylinderschale bei Beanspruchung durch Schub und Längskräfte. Jb. Luftf.-Forschg. (1942) S. 1602.

[*42.3*]   LEGETT, D. M. A., and R. P. N. JONES: The behaviour of a cylindrical shell under axial compression when the buckling load has been exceeded. RAE Report SME 3204 (1942) (ARC. No. 6135).

[*42.4*]   LUNDGREN, H.: Einzellasten auf Zylinderschalen mit Ringversteifungen. Bygningsstatiske Meddelelser. Köbenhavn (1942) S. 1.

[*42.5*]   ODQVIST, F. K. G.: Om bäreverkan vid tunna cylindriska skal och kärlväggar. Ingeniörvetenskapsakademiens Handlingar 164, Stockholm 1942 (in schwedischer Sprache).

[*42.6*]   REISSNER, E.: Note on the expressions for the strains in a bent thin shell. Amer. J. Math. (1942) S. 768.

[*42.7*]   TSIEN, H. S.: A theory for the buckling of thin shells. J. Aero. Soc. Vol. 9, S. 373.

1943

[*43.1*]   DONNELL, L. H.: The stability of isotropic or orthotropic cylinders or flat or curved panels, between and across stiffeners, with any edge conditions between hinged and fixed, under any combination of compression and shear. National Advisory Committee for Aeronautics, Technical Note 918, S. 46.

[43.2] GALCIT (Guggenheim Aeronautics Laboratory of California Institute of Technology, Pasadena); Some investigations of the general instability of stiffened metal cylinders. Nat. Adv. Com. for Aer. Techn. Note no 905 and 908, (1943).

1944

[44.1] CICALA, P.: Il cilindro in parete sottile compresso assialmente, nuovo orientamente del'indagine sulla stabilita elastica. L'Aerotecnica H. 24 (1944).

[44.2] WLASSOW, W. Z.: The basic differential equations in the general theory of elastic shells (in Russian). Prikladnaya Matematika I Mekhanika Bd. 8 (1944) S. 109. Trans. Nat. Adv. Com. for Aero., Teckn. Memorandum no. 1241 (1951).

[44.3] WLASSOW, W. Z.: Calculations of thin-walled prismatic shells (in Russian). Prikladnaya Mat. I Mekh. (1944) S. 361. Trans. Nat. Adv. Com. for Aer., Techn. Memorandum no. 1951.

[44.4] AAS-JAKOBSEN, A.: Enkeltlaster på sylinderskall. Bygningsstatiske Meddelelser, Köbenhavn Bd. 15 (1944) S. 41 (in norwegischer Sprache).

1945

[45.1] DUMAS, A.: Sur le régime des déformations et des contraintes d'une enveloppe cylindrique de révolution d'épasseur variable, sollicitée par des efforts circulaires. Bull. techn. Suisse Rom. (1945) S. 199.

[45.2] JOHANSEN, K. W.: Beregning af jernbetonbjælker. Bygningsstatiske Meddelelser, Köbenhavn Bd. 16 (1945) S. 35 (in dänischer Sprache).

[45.3] KOITER, W. T.: Over de Stabiliteit von het elastisch Evenwicht. Technische Hochschule von Delft, 1945 (in holländischer Sprache).

[45.4] LUNDGREN, H.: Stabilitetsforsög med cylindriske jernbetonskaller. Ingeniörvidenskabelige Skrifter Köbenhavn (1945) H. 5 (in dänischer Sprache).

[45.5] LUNDGREN, H.: Analytical calculation of anisotropic circular cylindrical shells. Christiani og Nielsen Bulletin No. 43, Köbenhavn 1945.

[45.6] MARSHALL, W. T.: The elements of the design of cylindrical and elliptical shells. Concr. constr. Engng. (1945) S. 81 und 177.

[45.7] Roš, M.: Ergebnisse der Belastungsversuche an den Shed-Hallen des Fabrikneubaues, Mitteilungen der Eidgenössischen Materialprüfungs- und Versuchsanstalt, Zürich. Bericht Nr. 99 (1945) S. 47.

[45.8] SJÖSTRÖM, S.: Lösning av cylinderproblem med hjälp av hakintegraler. Flygtekniske Forsöksanstalten (F. F. A.) Meddelande No. 10, Stockholm 1945 (in schwedischer Sprache).

1946

[46.1] BESKIN, L.: Local stress distribution in cylindrical shells. J. Appl. Mech. (1946) P. A 137.

[46.2] GIRKMANN, K.: Flächentragwerke. Wien: Springer 1946 u. 1954.

[46.3] GOLDENWEISER, A. L.: Integrationsverfahren in der Schalentheorie. Prikl. Mat. i Mekh. (1946) S. 387 (in russischer Sprache).

[*46.4*] LURJE, A. J.: Spannungskonzentrationen in der Umgebung von Öffnungen in Kreiszylinderschalen. Prikl. Mat. i Mekh. Bd. 10 (1946) S. 397 (in russischer Sprache).

[*46.5*] NOVOZHILOV, V. V.: Neues Berechnungsverfahren für dünne Schalen. Izvestija Akademii Nauk (1946) S. 35 (in russischer Sprache).

[*46.6*] NOVOZHILOV, V. V.: Die Berechnung von Zylinderschalen. Izv. Ak. Nauk (1946) S. 803 (in russischer Sprache).

[*46.7*] VAN DER NEUT: The general instability of stiffened cylindrical shells under axial compression. National Luchtvaartlaboratorium, Structures Report 314. Amsterdam 1946.

[*46.8*] ODQVIST, F. K. G.: Action of forces and moments symmetrically distributed along a generatrix of a thin cylindrical shell. J. Appl. Mech. (1946) S. A 106.

[*46.9*] POLI, S. D.: Sul calcolo della pareti cilindriche compresso secondo generatici. Polytecnico di Milano, Juni 1946.

[*46.10*] POLI, S. D.: Il compartamento elastico delle pareti di forma cilindrica non perfetta so gette a compressione. Polytecnico di Milano, Okt. 1946.

[*46.11*] YUAN, SHAO WEN: Thin cylindrical shells subjected to concentrated loads. Quart. Appl. Math. (1946) S. 13.

1947

[*47.1*] BATDORF, S. B.: A simplified method of elastic-stability analysis for thin cylindrical shells. National Advisory Committee for Aeronautics (1947) Report No. 874, S. 25.

[*47.2*] BATDORF, S. B., and M. STEIN: Stability of thin cylindrical shells in torsion. Proc. Amer. Soc. civ. Engrs. Vol. 73 (1947), No. 8, S. 1302.

[*47.2b*] BATDORF, S. B., M. SCHILDEROUT, and M. STEIN: Critical stress in thin-walled cylinders in axial compression. N. A. C. A., Rep. No. 887.

[*47.3*] BERGMAN, S. G. A.: Temperatursbuckling hos cirkularcylindriska stålskall kringgjutna med betong. Swedish Cement and Concrete Research Institute, Stockholm 1947, Bulletin No. 7, S. 32 (in schwedischer Sprache).

[*47.4*] DONNELL, L. H.: Stability of thin cylindrical shells under torsion. Proc. Amer. Soc. civ. Engrs. Vol. 73 (1947) S. 1549.

[*47.5*] EGGWERTZ, S.: Theory of elasticity for thin circular cylindrical shells. Royal Institute of Technology Transactions, No. 9, Stockholm 1947.

[*47.6*] GOLDENWEISER, A. L., u. A. J. LURJE: Die mathematische Gleichgewichtstheorie der elastischen Schalen. Übersicht über Arbeiten aus der UdSSR. Prikl. Mat. i Mekh. (1947) S. 565.

[*47.7*] ILJUSHIN, A. A.: Stability of plates and shells beyond the proportional limit. Technical notes of the National Advisory Committee for Aeronautics 1947, S. 44.

[*47.8*] JENKINS, R. S.: Theory and design of cylindrical shell structures. The O. N. Arup Group of Consulting Engineers, Bulletin No. 1, London 1947.

[*47.9*] LURJE, A. J.: Statik der dünnwandigen elastischen Schalen. Moskau 1947 (in russischer Sprache).

[*47.10*] MURPHY, C.: Stability of thin cylindrical shells in torsion. Proc. Amer. Soc. civ. Engrs. (1947) S. 1448.

[*47.11*] STURM, R. G.; Stabilty of thin cylindrical shells in torsion. Proceedings of the Am. Soc. Civ. Eng. (1947) S. 471.

[47.12]   Sturm, R. G.: Stability of thin cylindrical shells under torsion. Proc. Amer. Soc. civ. Engrs. (1947) S. 873.

[47.13]   Tsien, H.-S.: Lower buckling load in non-linear buckling theory for thin shells. J. Appl. Math. (1947) S. 236.

1948

[48.1]   Baker, A. L. L.: The theory of thin vaults in reinforced concrete. Conc. const. Engng. Vol. 43, No. 4 (1948) S. 101.

[48.2]   Becker, H.: The optimum proportions of a long unstiffened circular cylinder in pure bending. J. Aeronautical Sciences (Oct. 1948) S. 616.

[48.3]   Chien, W.-Z.: Derivation of the equations of equilibrium of an elastic shell from the general theory of elasticity. Science Report of the National Tsing Hua University 1948, A. 5, S. 240.

[48.4]   Holmberg, A.: Cylindriska skal och „flytande balkar". Nomogram för berökning (Circular cylindrical shells and beams on elastic foundation acting like a fluid. Nomograms for calculation) Betong Vol. 33. (1948) No. 1, S. 15 (in schwedischer Sprache mit englischem Text zu den Abbildungen, sowie englischer Zusammenfassung).

[48.5]   Johansen, K. W.: Critical notes on the calculation and design of cylindrical shells. Int. Ver. Brück. u. Hochb. Schlußbericht, Liège (1948) S. 601.

[48.6]   Krall, G., and D. Caligo: On the buckling load of a vault. Pubbl. Inst. appl. Calcolo (1948) S. 22, ASS.

[48.7]   Kuhelj, A.: Angenäherte Berechnung der Zylinderschalen. Brünn 1948 (in tschechischer Sprache).

[48.8]   Lurje, A. J. Statik dünnwandiger, elastischer Schalen, Moskau 1948 (in russischer Sprache).

[48.9]   Malcor, R.: Les voiles minces. Travaux (1948). Novembre S. 559 et Décembre S. 605.

[48.10]   Odqvist, F. K. G.: Plasticity applied to the theory of thin shells and pressure vessels. Ann Arbor. J. W. Edwards, Reißner Anniversary (1948) S. 449.

[48.11]   Pippard, A. J. S., and L. Chittly: Experiments on the plastic failure of cylindrical shells. Institution of Civil Engineers. „The Civil Engineer in War" (1948) S. 2.

[48.12]   Shepley, E.: Approximate design of thin vault roofs. Civil Engineering and Public Works Review (1948) S. 574 und 578.

[48.13]   Smolira, M.: An analytical and experimental investigation of the behaviour of thin cylindrical shell roof structures. University of London, Ph. D. Thesis, Part 1, S. 60, Part 2, S. 54.

1949

[49.1]   Billig, K.: A simplified design of shell roofs. J. Inst. civ. Engrs. Vol. 33 (1949) No. 1, November, S. 57.

[49.2]   Duberg, J. E.: A numerical procedure for the stress analysis of stiffened shells. J. Aeron. Soc. (1949) S. 451.

[49.3]   Friedrichs, K. O.: The edge effect in bending and buckling with large deflections. Proc. Symposia appl. Math. Amer. Math. Soc., N. Y. (1949) S. 188.

[*49.4*]   KAZINCZY, C. DE: Beräkning av cylindriska skal med hänsyn till den armerade betogens egenskaper. Betong (1949) S. 239 (in schwedischer Sprache).

[*49.5*]   LUNDGREN, H.: Cylindrical shells. Cylindrical roofs. 1st Edition. Copenhagen: the Danish Technical Press 1949. The Institution of Danish Civil Engineers.

[*49.6*]   MARKOV, A. N.: Dynamische Stabilität der anisotropen Zylinderschalen. Prikl. Mat. i Mekh. (1949) S. 145 (in russischer Sprache).

[*49.7*]   MARSHALL, W. T.: A method of determining the secondary stresses in cylindrical shell roofs. J. Inst. civ. Engrs. (1949) S. 126.

[*49.8*]   NEUBER, H.: Allgemeine Schalentheorie. Z. angew. Math. Mech. Bd. 29 (1949) S. 97 u. 142.

[*49.9*]   PROKOPOV, C. K.: Gleichgewicht des elastischen, dünnwandigen Zylinders unter achssymmetrischer Belastung. Prikl. Mat. i. Mekh. (1949) S. 135 (in russischer Sprache).

[*49.10*]   ROY, K. C.: Membrane theory of cylindrical shells. Indian Concrete Journal (1949) S. 292.

[*49.11*]   SHANLEY, F. R.: Simplified analysis of general instability of stiffened shells in pure bending. J. Aeron. Sc. (1949) S. 590.

[*49.12*]   STEIN, SANDERS and CRATE: Critical stress of ringstiffened cylinders in torsion. N. A. C. A. Techn. Note No. 1981 Washington D. C. 1949.

[*49.13*]   WLASSOW, W. L.: Allgemeine Theorie der Schalen. Moskau 1949 (in russischer Sprache).

[*49.14*]   YUAN, SALERNO and BRICK: Moment and stress distribution in thin cylindrical shells subjected to concentrated loads. Polytechnical Inst. Brooklyn, Pibal Report (1949) No. 153, S. 30.

[*49.15*]   ZERNA, W.: Beitrag zur allgemeinen Schalenbiegetheorie. Ing.-Arch. (1949) S. 149.

1950

[*50.1*]   ALIEN, D. C.: Stresses in a stiffened circular cylinder under concentrated axial loads. Aeronautical Research Council. R. & M. 2405, (1946) S. 10. Published 1950.

[*50.2*]   ARTAZA, R. V.: Nota sobre las laminas cilindro-circulares. Rev. Obras Publicas (1950) S. 24.

[*50.3*]   BAKER, A. L. L.: A plastic design theory for reinforced and prestressed concrete shell roofs. Magazine of Concrete Research Vol. 4 (1950) S. 27.

[*50.4*]   DAREVSKIJ, V. M.: Die Wirkung einer Einzellast auf einer Zylinderschale. Doklady Akad. Nauk UdSSR (N. S.) (1950) S. 7 (in russischer Sprache).

[*50.5*]   DONNELL, L. H., and C. C. WAN: Effect of imperfections on buckling of thin cylinders and columns under axial compression. J. Appl. Mech. (1950) S. 73.

[*50.6*]   GIRKMANN, K.: Berechnung einer Rohrstange mit Gleitblechlagerung. Öst. Ing.-Arch. (1950) S. 115.

[*50.7*]   HAAS, A. M.: De berekening van gewapend betonen schaaldaken. De Ingenieur (1950) S. 9 und 43 (in holländischer Sprache).

[*50.8*]   KORNHAUSER, M.: Circular cylinder stresses. Mathematical determinations of stresses in thin-walled circular cylinders with axial temperature gradint, elastic and restraint. J. Amer. Soc. Naval Engrs. (1950) S. 55.

[*50.9*]   LAVALLAZ, P. DE: Mediciones en bovedas-cascaras. Primera Conferencia del Hormigon Buenos Aires (1950) S. 261.

[*50.10*] Lo, Crate and Schwarz: Buckling of thin cylinders under axial compression and internal pressure. N. A. C. A. Techn. Note 2021. Washington D. C.: 1950.

[*50.11*] Lurje, A. J.: Über die Gleichungen der allgemeinen Theorie der elastischen Schalen. Prikl. Mat. i Mekh. (1950) S. 558 (in russischer Sprache).

[*50.12*] Mehmel, A.: Beitrag zur Theorie der Zylinderschale. Bauingenieur (1950) S. 437.

[*50.13*] Mezhlumyan, R. A.: Dünnwandige Zylinderschalen, belastet über die Elastizitätsgrenze durch Biegung und Torsion. Prikl. Mat. i Mekh. (1950) S. 253 (in russischer Sprache).

[*50.14*] Micks, W. R.: Minimum weight of stiffened cylindrical shells in pure bending. J. Aeron. Soc. (1950) S. 211.

[*50.15*] Paris, A.: Voutes cylindriques autoportantes. Calcul graphique par epure isostatique. Travaux (1950) S. 268.

[*50.16*] Selvanayagan, P.: An analytical and experimental investigation of the distribution of stress in shell structures. Univ. of London, Senate House (1950) Ph. D. Thesis.

[*50.17*] Silvera, V. M.: A method of design for shell concrete roofs using prestressed edge beams. Magazine of Concrete Research (1950) S. 9.

[*50.18*] Sterne, Th.: A note on collapsing cylindrical shells. J. Appl. Phys. (1950) S. 73.

[*50.19*] Torroja, E., et J. Batanero: Introduccion al estudio de las estructuras laminares. Fasciculo 1, Cilindros. Instituto Tecnico de la Construccion (Madrid) (1950) S. 64.

[*50.20*] Vreedenbrugh, C. H. J.: Over de berekening van de membraanspanningen in doorgaande verstijfde cylindrische cirkelschalen. De Ingenieur (1950) S. 22 (in holländischer Sprache).

1951

[*51.1*] Cicala, P.: The effect of initial deformations on the behaviour of a cylindrical shell under axial compression. Quart. J. Appl. Math. (1951) S. 273.

[*51.2*] Craemer, H.: Einige Iterations- und Relaxationsverfahren für drehsymmetrisch beanspruchte Zylinderschalen. Öst. Ing.-Arch. (1951) S. 35.

[*51.3*] Darevskij, V. M.: Zur Theorie der Zylinderschalen. Prikl. Mat. i Mekh. (1951) S. 531 (in russischer Sprache).

[*51.4*] Gauda, M.: An experimental and analytical investigation of the stresses in reinforced concrete cylindrical shell roofs. Univ. of London, Ph. D. Thesis (1951).

[*51.5*] Hermes, R. M.: On the inextensional theory of deformation of a right cylindrical shell. J. Appl. Mech. (1951) S. 341.

[*51.6*] Hruban, K.: Lange Eisenbeton-Zylinderschalen. Prag (1951) (in tschechischer Sprache).

[*51.7*] Morice, P. B.: A theory and design method for cylindrical shells and an experimental determination of certain basic data. Univ. of London, Ph. D. Thesis 1951.

[*51.8*] Olsen, O.: Kontinuerlige skall. Dissertation Norwegische Technische Hochschule, Trondheim 1951 (in norwegischer Sprache).

[*51.9*] Parkus, H.: Die Grundgleichungen der allgemeinen Zylinderschale. Öst. Ing.-Arch. (1951) S. 30.

[*51.10*]　SHAKER, A.: An experimental and analytical investigation of the stresses in prestressed cylindrical shell roofs. Univ. of London, Ph. D. Thesis 1951.

[*51.11*]　SPRINGER, E.: Sobre la lamina cylindrica circular en union con grandes vigas de borde. Prima Conferencia del Harmigon, Buenos Aires (1951) S. 243.

[*51.12*]　STEIN, SANDERS and CRATE: Critical stress of ringstiffened cylinders in torsion. N. A. C. A. Rep. No. 989—1951.

[*51.13*]　VREEDE, F. S.: Berekening van de membraan spanningen in doorgaande verstijfde cylindrische schalen. De Ingenieur (1951) S. B 89 (in holländischer Sprache).

1952

[*52.1*]　*ASCE-Manuals* of Engineering Practice No. 31. Design of cylindrical shells. New York 1952.

[*52.2*]　BAKER, A. L. L.: Ultimate strength theory for short reinforced concrete cylindrical shell roofs. Magazine of Concrete Research (1952) H. 10.

[*52.3*]　CSONKA, P.: Beitrag zur Theorie der elastischen Kreiszylinderschale. Acta Techn. Ac. Sc. Hungaricae 1952.

[*52.4*]　GOLDSTEIN, A.: Flexibility coefficient methods and their application to shell design. Cement and Concrete Association, London 1952.

[*52.5*]　KUHELJ, A.: Beitrag zur Elastizitätstheorie der Schalen. Int. Ver. Brück. u. Hochb. Vorber. Kongr. Cambridge (1952) S. 199.

[*52.6*]　LARRAS, J.: La résistance des voiles cylindriques autoportantes aux charges verticales uniformément réparties. Travaux (1952) S. 41.

[*52.7*]　LARRAS, J.: Etudes en vraie grandeur sur la resistance des voiles cylindriques autoportantes aux denivellations d'appuis. Travaux (1952) S. 313.

[*52.8*]　McNAMEE, J. J.: Existing methods for the analysis of concrete-shell roofs. Cem. and Concr. Ass., London 1952.

[*52.9*]　NEUBER, H.: Aufstellung und Integration der Grundgleichungen der biegesteifen Kreiszylinderschale mit Hilfe der allgemeinen Schalentheorie. Wissenschaftliche Zeitschrift der Techn. Hochschule Dresden (1952/53) H. 4/5.

[*52.10*]　NISKANEN, E.: On short cylindrical shells stiffened by edge beams. Finland's Inst. of Technology, Helsinki 1952.

[*52.11*]　PADUART, A.: Calculation of shell roofs without stiffening beams. Concrete and Constructional Eng. (1952) S. 297.

[*52.12*]　ZERNA, W.: Zur Berechnung der Randstörungen kreiszylindrischer Tonnenschalen. Ing.-Arch. (1952) S. 357.

1953

[*53.1*]　BERGER, E. R.: Die Auflösung der charakteristischen Gleichung für Zylinderschalen durch Iteration. Beton- u. Stahlbetonbau Bd. 48 (1953) S. 62.

[*53.2*]　GIBSON, J. E.: Design calculations for cylindrical shell roofs. Civ. Engng. and Publ. Works Review (1953) S. 943, 1055, 1157 u. (1954) S. 72.

[*53.3*]　KENNARD, E. H.: A new approach to shell theory. J. Appl. Mech. (1953) S. 33.

[*53.4*]　LARRAS, J., et G. SARRAZIN: Effets de la solidarisation d'une suite de voiles cylindriques. Travaux (1953) S. 201.

[*53.5*]　MEHMEL, A., u. W. FUCHSSTEINER: Über ein Näherungsverfahren zur Berechnung der Kreiszylinderschale. Bauingenieur (1953) S. 116.

[*53.6*] Moe, J.: On the theory of cylindrical shells. Int. Ver. Brück. u. Hochb. Abh. Bd. XIII (1953) S. 283.

[*53.7*] Ohlig, R.: Räumliche Tragwerke des Stahlbetonbaues. Beton u. Stahlbetonbau (1953) S. 233.

[*53.8*] Okamoto, S.: Tables for the approximate calculations of stresses in cylindrical shells. Proc. 2nd Japanese National Congress of Appl. Mech. 1952.

[*53.9*] Paris, A.: Efforts tangentiels dans les voiles autoportantes. Travaux (1953) S. 383.

1954

[*54.1*] Proceedings of a Symposium on concrete shell roof construction. Cem. and Concr. Ass., London 1954.

[*54.2*] Berger, E. R.: Die Wurzeln der charakteristischen Gleichung für Zylinderschalen durch Iteration. Ing.-Arch. (1954) S. 156.

[*54.3*] Gibson, J. E., and D. W. Cooper: The design of cylindrical shell roofs. New York: D. van Norstrand 1954.

[*54.4*] Hoff, Kempner and Pohle: Line load applied along generators of thin-walled circular cylindrical shells of finite length. Quart. Appl. Math. (1954) S. 411.

[*54.5*] Hoff, N. J.: Boundary-value problems of the thin-walled circular cylinder. J. Appl. Mech. Bd. 21 (1954) S. 343.

[*54.6*] Rüdiger, D.: Beitrag zur Theorie der Kreiszylinderschalen. Ing.-Archiv (1954) S. 160.

[*54.7*] Strauss, E. E.: Le compartement statique des voutes autoportantes longues. Disserattion Zürich 1954.

[*54.8*] Tottenham, H.: A simplified method of design for cylindrical shell roofs. The Struct. Engng. (1954) S. 161.

1955

[*55.1*] Aas-Jakobsen, A.: Bjelke og modell. Preisarbeit Norwegische Technische Hochschule Trondheim 1955 (in norwegischer Sprache).

[*55.2*] Aas-Jakobsen, A.: Bemessungsverfahren in Beton und Stahlbetonbau. Beton- u. Stahlbetonbau (1955) H. 1.

[*55.3*] Leonhardt, F.: Spannbeton für die Praxis. Berlin: Ernst u. Sohn 1955.

[*55.4*] Rabich, R.: Die Statik der Schalenträger. Bauplanung u. Bautechnik (1955) H. 3 u. 4.

[*55.5*] Rüdiger, D., u. J. Urban: Kreiszylinderschalen. Leipzig: Teubner 1955.

1956

[*56.1*] Fuchssteiner, W., u. A. Schader: Allgemeine Schalengrundgleichungen. Beton- u. Stahlbetonbau (1956) H. 7, S. 145.

[*56.2*] Holand, I.: Design of circular cylindrical shells. Dr. Thesis Norwegische Technische Hochschule, Trondheim 1956.

[*56.3*] Hruban, K.: Lange parabolische Zylinderschalen. Int. Ver. Brück. u. Hochb., Vorbericht Kongr. Lisboa (1956) S. 303.

[*56.4*] Moe, J.: Stability of rib-reinforced cylindrical shells under lateral pressure. Lic. Thesis Norwegische Technische Hochschaule, Trondheim 1956.

[*56.5*] Rabich, R.: Die Statik der Schalenträger. Die Störung am Randträger. Baupl. u. Bautechn. (1956) H. 1.

Sachverzeichnis

(Die Zahlen bedeuten die Seiten)